京都大学学術出版会
生態学ライブラリー16

サバンナを駆けるサル

パタスモンキーの生態と社会

中川尚史

はじめに

1　執筆の動機

一九七〇年当時、『野生の王国』というテレビ番組があった。野生動物を紹介する番組で、パーキンス博士という初老の学者が登場し英語でコメントをする。番組最後の決まり文句「ワイルドキングダム（野生の王国）」だけは聞き取れたためか、やけに印象に残っている。今でこそ、野生動物の紹介番組には、世界中のあらゆる動物が登場するが、『野生の王国』ではおそらく映像になりやすい理由からだろう、アフリカのサバンナの中・大型獣にターゲットが当てられることが多かった。

三六〇度の大パノラマ。そこには見渡す限り緑のじゅうたん様の大草原が広がり、雨傘様の樹冠が特徴的なアカシアの木々が点在する。大草原を埋め尽くすオグロヌー、トピ、インパラ、トムソンガゼルなどのアンテロープやヘイゲンシマウマ、アフリカスイギュウ、そしてアフリカゾウ。多種多様な中・大型獣が同時に見られる場所として、アフリカのサバンナは私の脳裏に強く焼き付いた。

そこで展開される命がけのドラマはさらに私を魅了した。なかでも一〇〇万頭を超えるヌーが終結して一〇〇〇キロもの距離を大移動する様は圧巻である。餌である新鮮な草を求めての行動だという。途中、ワニの住む幅一〇〇メートルもの川を渡らねばならない。群れにためらいが走る。しかし、意を決した数頭が渡り始めると、みなせきをきったように川になだれ込む。川は時に濁流となってヌーの進軍を阻む。対岸にたどり着く前に力尽き、命を落とすものも少なからずいる。

大移動を終えたヌーやシマウマはじめ有蹄類の雌たちにとって、新鮮な草に恵まれた雨季は新しい命を生み育む季節でもある。立ったまま出産する彼女らは、まさに子を産み落とす。落とされた赤ん坊は弱々しくではあるが数分もすれば立ち上がって、母親について移動を開始する。実に早熟である。しかし、生後間もない赤ん坊が、ライオン、チーター、ジャッカルなどの肉食獣の狩猟の標的となることは避けられない。母親の抵抗むなしくその餌食となる。

肉食獣を含めてサバンナの動物たちにとって、その捕食者以上に脅威となるのが旱魃である。いつまで待っても雨が降らず、まんまんと水をたたえていた大きな沼までもが干上がり、さらには乾燥で大地がひび割れる。容赦なく照りつける灼けついた陽の光。水を求め食物を求め移動しつつも、やせ衰え最後には力尽きて屍となり土にかえる。

本書は、アフリカ・カメルーンにおいて私自身が調査を行ったサバンナ性霊長類の一種パタスモンキーの生態を紹介することを通じて、私がかくも魅了されてきたサバンナとそこに住む動物たちの魅力をぜひとも皆さんと共有したいという願いからきている。

ところで、『野生の王国』は、サバンナにたくましく生きる中・大型獣のこうした姿を描く一方で、ときに調査・保護に尽力する研究者にも焦点を当てた。命を張って密猟者を取り締まったり、保護区外の希少動物を麻酔銃を使って生け捕りにし保護区に戻す活動が印象に残っている。確か、ひとりはスターンさんというお名前だったと記憶している。

そして当時、小学四年生の私は、いつしかスターンさんの姿を将来の自分の姿とダブらせてみるようになっていた。つまり、この頃から、アフリカのサバンナで中・大型獣の研究をすることが私の将来の夢として定まった。そう、私にとってパタスモンキーの調査は幼少期からの夢の具現化そのものなのである。

子供にはやはり夢を持ってもらいたいし、本当に夢であるならばその夢をできるだけあきらめずにいてもらいたい。夢のためなら努力を厭わず精神的にも肉体的にも強くなれるから。努力をしていれば必ずや報われる。応援してくれる人も引きつけるし、運も舞い込んでくるから。本書の読者諸氏にも、ひょっとすると私と同様の夢の実現途上の方がいらっしゃるかもしれない。あるいは将来の夢を模索途上の方がいらっしゃるかもしれない。そんな読者を勇気づけることができたらという意図も本書の内容に反映されている。

2　本書の概要

第一章では、私がアフリカのサバンナで中・大型獣の研究をするという夢を実現させるまでの長く険しい道程の一部を紹介する。研究者になることそのものがまずたいへんだった。研究者となったあともパタスモンキーの調査を始めるまでに高いハードルがあった。また、調査地にたどり着くまでにも、さらに調査開始に漕ぎ着けてからも多くの困難に直面した。それら乗り越えてきた困難すべてが、自分の血となり肉となり、研究者として人間としての成長につながり、今の自分の財産となっていることは間違いない。ただし、本書では、アフリカのような途上国で野生動物を対象とした野外調査を行う研究者にとって役立ちそうな話に絞って紹介する。そしてそれは同時に、空間的にも遠く離れた調査地の位置の紹介を兼ねている。第二章は、調査地としたカメルーン・カラマルエ国立公園の環境の紹介。私の憧れの地であるサバンナとはどのような環境かを皆さんと共有し、第三章以降を理解するための基礎情報を提供する。そして第三章以降が、そのサバンナの地で行ったパタスモンキーを対象とした研究の紹介。

パタスモンキーは、私が想い描き続けてきたサバンナの獣としてのイメージを裏切らないばかりか、それ以上の姿を私にみせてくれた。パタスモンキーは「サバンナ性」であるということ自体から始まって、一般の霊長類からみるとかなり風変わりな特徴を持っている。日本の動物園ではほとんど見かけないパタスモンキーを紹介するのに都合がいいのは、「世界最速走行」というキーワード。時速五五キロメートルで駆けることのできるサル界一番のスプリンターなのである。哺乳類界の最速スプリンターであるチーターには遙かに及ばないものの、ライオン並みの速度で疾走する。背中をバネのようにしならせて前後の長い脚を交差させて全速力で駆けるさまは実に美しい。また、パタスモンキーはサル界の「世界最速歩行」者でもある。ヌーのような季節的な大移動こそしないものの、その高い移動能力を生かして食物や水を求めて日々、何キロも移動する。他方、サバンナの有蹄類のみならず、同所的に生息しかつ近縁種たるサバンナモンキーが雨季に出産するのに対し、パタスモンキーはなんとサバンナが枯れ草に被われ沼も干上がる「乾季に出産」するという、イメージとは一見異なる側面も見せてくれた。しかし、これも実は、高い移動能力があるからこその離れ業で、サバンナに住むパタスモンキーならではの特徴であることが分かった。そして時間的には「昼間に出産」する。おかげで一度きりではあるが誕生の一部始終を観察する機会に恵まれ、運よく写真にも収めることができた。生まれてきたアカンボウは、ヌーの子には遠く及ばないが霊長類としては早熟である。生後四週目に入るとよちよち歩きで自ら母親から離れるようになり、五ヶ月ほどで母親から完全に独立して移動可能になる。しかし、独立して移動することには危険を伴う。こちらもたった一度であるが、薮陰から突如現れたジャッカルがアカンボウをくわえて走り去る場面に遭遇した。今度はカメラを持っていなかったため印画紙には焼き付けることはできなかったが、私の脳裏にはしっかりと焼き付いている。さらに、調査期間外の出来事だったため、そのやせ衰えた姿も屍も目撃するには至らなかったが、一九八四年の大旱魃は間違いなく多くのパタスモンキーを死に追いやった。この年の降水量はなんと二七五ミリメートル。年降水量の平均値は四八〇ミリだからそのたった五七％に過ぎず、この年の前後でパタスモンキーはおよそ三分の一に数を減らした。この高い死亡率を補うごとく、早熟の彼らは三歳で初産を迎え、以後、毎年のように出産するという「高い繁殖率」を示す。

以上のような霊長類としては特殊ともいえる特徴が、霊長類、ひいては動物一般に広く通用する仮説の検証に大役を果たしてくれることになる。本書では、「乳母行動」、「平等社会」を含めた上記のようなキーワードで要約されるパタスモンキーの諸特徴を、「適応進化」をキーワードとした視点、言い換えれば生態学的な視点から解き明かしていく。しかし、ひとくちに生態学といっても幅広く様々な分科に細分される。上述のパタスモンキーの諸特徴をどの分科に位置づけて話をするか難しい側面があるのだが、本書では乱暴ながらも確信犯的にそれを犯すことにしてみる。一つには、特定の分科にしか興味のない読者諸氏にもとりあえず読みはじめて頂くためである。そして二つめは、パタスモンキーがいろいろな分科の研究対象としてふさわしいことをアピールするためである。章構成は、比較採食生態学的研究（第三章）、繁殖生態学的研究（第四章）、社会生態学的研究（第五章）。興味の湧きそうな章から読み始めて頂き、最終的には全部の章を読破され、パタスモンキーの面白さ、研究対象としての潜在的な可能性まで感じ取ってもらえれば、本書の試みは大成功といえよう。

サバンナを駆けるサル◎目　次

サバンナを駆けるサル

パタスモンキーの生態と社会

中川尚史

第一章◎

わが憧れの地、アフリカのサバンナへ

1　遠かった研究者への道

時は過ぎ一九七八年。大学進学にあたり、現実問題として進路を熟考することになった。「アフリカのサバンナで中・大型獣の研究をする」という夢は変わっていなかったから、この夢を実現させるにふさわしい大学・学部に進みたい。そして、高校生なりに調べた結果が京都大学と九州大学のいずれも理学部。京都大学の霊長類研究、特にアフリカでの調査研究はあまりにも有名だったが、対象はサバンナの中・大型獣ではなかった。かたや九州大学理学部では、当時、エチオピアでサバンナの中・

大型獣の調査を開始したところだった。かなり迷ったが、継続的に調査が行われてきていることのほうを重視して京大に決めた。しかし、結局学力が足りず、一浪しても京大理学部には入れなかった。かろうじて拾ってもらったのが京大農学部畜産学科（現在、農学部資源生物科学科）。野生動物ではないが、中・大型獣に関係した勉強ができるだろうとの判断だ。そしてあわよくば理学部に転学部できれば、あるいはそれが無理でも大学院から理学研究科へ進学できればと目論んだ。そして、最終的には後者の経路をたどることになった。一度目の受験で京大理学部に落ちてから京大理学研究科に入学を果たすまでの五年間、実に様々な出来事や出会いに彩られた努力と幸運のドラマが展開されたのだが、極めて個人的なことなので割愛する。しかし、学部入学後に果たしたアフリカ旅行と、大学院入学前の進路選択についてはどうしてもお話しておく必要がある。

一九八〇年八月某日。私はケニア・ナイロビ空港に向けて着陸態勢に入りつつある飛行機の機内にいた。機内の窓から臨む大地は紛れもないアフリカの大地。夢ではない。現実だ。志望した理学部ではなかったがなんとか京大入学を果たした年の夏休み。もう待ちきれなかった。ここまで頑張った自分への褒美の意味もあった。これまで子供ながらに貯めこんだ金を全額つぎ込み、親からの援助も仰いで、アフリカのいわゆるサファリツアーに参加していた。ナイロビを起点に、マサイマラ野生動物保護区、ボゴリア湖、ナイバシャ湖、アンボセリ国立公園、ナイロビ国立公園を四泊五日で回った。その間、幼い頃からあこがれ続けてきたアフリカのサバンナを満喫した。三六〇度、見渡す限りの大平原。その大平原を埋め尽くすオグロヌーやヘイゲンシマウマ（写真1-1）。トムソンガゼルを狙って

写真 1-1　子供の頃から思い描いていた私のサバンナ像の例．地平線を望める原野のヘイゲンシマウマとオグロヌー（ケニア・マサイマラ動物保護区）．

接近するチーター。ビッグ・ファイブと言われるライオン、ゾウ、サイ、カバ、バッファローにはすべて出会えたし、ライオンにいたっては目前で交尾まで披露してくれた。興奮に震えた私の手元には、手振れの写真しか残っていないが。さらに興奮したのは、アフリカ最高峰キリマンジャロ山の山頂が雲の間から姿を現した瞬間。みな思い思いのポーズをとって山をバックに記念撮影。すべてが、『野生の王国』で見た世界そのままだった。しかし、裏を返せばそれしか見なかったということである。瀟洒なロッジ、高級ホテルを泊まりあるく短期間の団体旅行では無理もなかった。自分の憧れてきたのは、「アフリカのサバンナで中・大型獣の研究をする」ことであって、単に「見ること」ではなかったことに改めて気づかされた旅行でもあった。

次は、大学院入学前の進路選択の話。理学研究科でアフリカの霊長類調査を行っている研究室は同じ動物学専攻に二つあった。一つは人類進化論研究室。もう一つは霊長類研究所・生活史研究部門。前者は、故伊谷純一郎教授が主宰するアフリカの類人猿や狩猟採集民・牧畜民の研究が中心の研究室。後者は、河合雅雄教授が主宰する同じアフリカの霊長類でも、普通のサルの研究が中心の研究室。さて、どちらの研究室を希望するか。この選択に最も効いたのが生活史研究部門(現在、社会生態部門・生態機構分野)で当時助手をされていた大沢秀行先生の存在であった。河合先生が組織する調査隊の一員として大沢さんという方がエチオピアの高地草原に住むゲラダヒヒの調査をされていたことは、高校生の頃に河合先生が書かれたものを読んで知っていた。しかし、その後の一九七八年から二年間、ケニアのサバンナでヘイゲンシマウマの調査をされていたことは全く知らなかった。あとから考えれば、ちょうど、私が進路を絞ろうとしていた頃である。このことを教えて下さったのは、農学部に入学後、私の進路相談に親身になってアドバイスして下さっていた、当時、教養部(現在、総合人間学部)におられた故小林恒明先生だった。小林先生は、わざわざ私を大沢さんに引き合わすために、霊長類研究所のある愛知県犬山市まで足を運んで下さった。この訪問で大沢さんと面識のできた私は、学会に参加されるため京都に来られた大沢さんの口からさらなる朗報を耳にする。カメルーンでサバンナに住むパタスモンキーの調査を始められるという。正直言って、幼い頃から思い描いていたサバンナの中にサルの姿はなかった。しかし、そこにシマウマの姿はあったし、うまく私が入学を果した時には、現在進行形でサバンナで調査をされている先生がいらっしゃることになる。私にとって大沢さんは、私と夢の世界の間を取り持ってくれる夢先案内人に見えた。これで心は決まった。第一志望を霊長類研究所にして大学院入試に臨んだ。面接では霊長類の研究所を志望していることを忘れていたわけではなかったが、つい「サバンナで有蹄類の研究がしたい」と口を滑らせてしまった。ただ、「まずサルで経験を積んでから」というフォローが功を奏したのか、なんとか試験をパスした。

一九八四年四月、霊長類研究所にて修士課程の学生としての生活が始まった。霊長類研究所では入学後の四ヶ月あまり、様々な領域の霊長類学をみっちりと叩き込まれたのち、正式に自分の所属する研究室を決めることになる。当然、私は河合先生が主宰する生活史研究部門を選ぶ。河合先生はできるだけ若いうちに海外調査の経験を積むべきだとの持論をお持ちだったから、修士課程からアフリカに連れて行ってもらえる可能性もあった。しかし、当時助教授の杉山幸丸先生の方針は若干違った。「修士課程ではまずニホンザルを対象に調査研究を行うべきだ」とおっしゃる。「まずサルで経験を積んでから」という面接での発言は本心だったから、修士課程でサルの研究をすることに不満はなかった。しかし、パタスモンキーではなくニホンザルとは。大沢さんはカメルーンで調査中。相談のしようもない。杉山さんの方針に従えばせっかくほぼ手中に収めた夢の実現が二年間先延ばしになる。私にとって大問題だったのは杉山さんのさらなる方針。「ニホンザルを対象にいい研究ができなければ、アフリカには行かせない」という。これはえらいことになってきた。二年間どころかへたをすると永遠に行けなくなってしまう。でも逆に私の決心は固まった。「ニホンザル、やってやろうじゃないの。

ええ研究やれば文句ないんやろ!」ってな気持ちである。杉山さんからのこのきつい脅し(?)があったからこそ研究者としてのトレーニングを積むことができたし、これをバネにいい研究をやろうと努力した。修士課程では「生息地の質の低下に対するニホンザルの採食戦略」というテーマで研究を行った。河合さん、そして杉山さんからも合格点をもらい、一九八六年六月、大沢さんについてパタスモンキーの調査に出かけることになる。なお、修士課程を中心に私がこれまで行ってきたニホンザル研究については、前著『食べる速さの生態学——サルたちの採食戦略』(1)をご一読願いたい。

2 まだまだ遠かったアフリカ

一九八六年六月二〇日午前一〇時、私にとっての夢前案内人たる大沢さんと私を乗せたKE七六七便が名古屋国際空港(中部国際空港ではない)を勢いよく離陸した。しかし、たった一時間半で着陸。それもそのはず。到着したのはソウル金浦空港。当時、ヨーロッパへの格安航空券が利用可能である航空会社の一つとして大韓航空が有名で、かつ確か名古屋空港発便がある曜日の関係で直行便ではなくソウル乗り換え便を選んだと記憶している。パリ行きの乗り継ぎ便の出発時刻までおよそ八時間。せっかく立ち寄った異国の地。社会勉強にとトランジット客向けの市内観光ツアーに参加。われわれのお目当ては、二年後に迫ったソウル五輪に向けて建設中のスタジアムや景福宮（李氏朝鮮時代の王宮）ではなく、プルコギ（韓国焼肉）をたらふく食べることではあったが。金浦空港に戻ったわれわれは、大学院の先輩星野次郎さんと合流後、ＫＥ九〇一便に搭乗。同機は午後七時四〇分、パリに向けて出発した。

およそ八時間後無事着陸。パリまで八時間？　速すぎはしまいかと思われたことだろう。そう、着いたのはパリではなくアンカレッジ。アラスカである。今度のこいつらの目的はトナカイ肉か、はたまたセイウチ肉か、などと思われることなかれ。目的はわれわれのエネルギー補給ではなく飛行機のそれ、つまり給油である。当時はまだ米ソの冷戦時代。韓国の飛行機がソ連の上空を飛ぶことはあり得ず、ヨーロッパへの最短ルートはアンカレッジ経由であったのだ。そして再離陸後八時間半。フランス時間で六月二一日午前六時五〇分、ようやくパリ・シャルル・ド・ゴール空港に到着した。日仏の時差はサマー・タイムで七時間だから、出国後二八時間あまりが経過したことになる。飛行時間だけでも一八時間に達する。今ではロシア上空を通過することにより、格安航空券を利用しても一二時間しかかからないことを考えると隔世の感がある。

ところで、そもそもこんなにも時間をかけてなぜパリまでやってきたのか、不思議に思いながらここまで読み進んできた読者も少なくあるまい。そしてそのうち多くの方が、「もしやグルメ旅行では？」と疑いを持たれていることと想像する。強く否定はすまい。しかし、第一義的目的はほかにある。一つはカメルーンのビザ（査証）の取得である。一九八八年、東京に在日カメルーン大使館ができるまでは日本国内でビザを取得することは不可能で、フランスはカメルーンの旧宗主国だったからパリで取得するのはごく自然なことだった。もう一つは植物標本の同定依頼である。やはり旧宗主国だったことが理由で、パリ自然史博物館にはカメルーン産植物の標本とその専門家がそろっていた。また、同じ理由で思わぬ専門書も入手できる。私にとっての掘り出し物は、カルチェラタンのとある本屋の奥まった書棚でたまたま目に留まった『フランス圏赤道アフリカの動物相──第二巻──哺乳類』（一九四九年刊）[2]だろう。フランスとじという数ページ単位で袋とじになった古典的装丁で、もちろんフランス語で書かれているが、写真もぜいたくに盛り込まれた図鑑である。ほかにも、当時、日本では入手困難だった抗マラリア薬や、安価なカメルーンまでの航空券も購入せねばならなかった。そんなこんなでこのときは結構慌しかったこともあり、さほどグルメに走ることもなく、六月二五日午後一〇時一五分パリを後にした。向かうはいよいよアフリカの地カメルーン。所要時間はマルセイユ経由で七時間半。翌朝四時五五分（カメルーンにはサマータイムがないから、この時期フランスと一時間の時差がある）、われわれの乗ったUT七〇七便はカメルーン・ドアラ空港に着陸した。出国からのべ二五時間半のフライトを含んで正味六日が経過していた。やはりアフリカは遠かった。

3　サバンナに向けての出発準備（一）——商業港湾都市ドアラにて

タラップを降りて機外に出、徒歩で空港ビルへ向かう。まだ日の出前であるにもかかわらず、なんという蒸し暑さ。気温摂氏三〇度以上、湿度八〇％以上であることは間違いない。北緯四度に位置する港湾都市だから予測されたことではある。階段を上ってビル内へ。その先、ゆうに一〇〇メートルは続く薄暗い通路を先に進む。調査機材を一切合財詰め込んだショルダーバックが肩に食い込む。その重さおよそ一五キログラム。みるみるうちに全身汗だくとなる。後から考えれば、この長い通路は、憧れのサバンナに到達するまでのまだまだ遠くて困難な道程を象徴しているように思えた。

空港内で待ち構えていたのは目つきの悪い手荷物検査官、無愛想な入国審査官、物欲しげな税関官、そしておせっかいなポーターたち。しかしこのときはたいしてからまれることなく通過。それでも到着からすでに一時間一五分が経過していた。大沢さんと星野さんが以前から付き合いのあった三井物産の運転手の出迎えを受け、ドアラ市内のホテルまで約一〇分。さすがカメルーン随一の商業都市の主要道路。空港周辺だけでなく中心部に入ってからもよく整備されている。

ホテルはボーセジュール。訳せば〝よき滞在〟という名前の中級ホテル。一泊シングル一万九六五セーファー・フラン（約五五〇〇円）、ツイン一万二二一〇セーファー・フラン（約六〇〇〇円）。殺風景で活気があるようには見えないが、バス、トイレ、エアコンが備わっておりなにより清潔なのがよい。ただ、当たり前の話だが盗難には気をつけたほうがよいらしい。貴重品はスーツケースに入れて施錠し、それ以外のものでもその気を起こさせないためにバックにしまう。できれば南京錠か何かで施錠しておくのがよいと教わった。なんとか〝よき滞在〟となりますように。

ホテルで朝食をすませたのち八時四〇分活動開始。まずは近くの銀行へ換金に。外国に到着すると当面必要な現金分くらいは空港で換金しておくのが普通だろうが、ドアラ空港には銀行はないので持ち合わせの現地通貨がなかったのだ。現地通貨は、セーファー・フラン。アフリカ中西部の旧フランス植民地であったカメルーン、コンゴ共和国、チャド、コートジボアール、セネガルなど一二カ国と旧スペイン植民地の赤道ギニアの共通通貨である。セーファー・フランは、当時、五〇セーファー・フラン＝一フランス・フランという固定レートでフランス・フランとの交換を保証されていた。他方、日本円とフランス・フランとの交換レートは、当時、一フランス・フラン＝二四円程度。つまり、二セーファー・フランはおおむね一円に相当する。このときは、とりあえず四〇〇フランス・フランの現金を二万セーファー・フラン、つまり一万円相当額の現金に交換。

その後、タクシーで三井物産のオフィスへ出向く。タクシーは黄色と決まっているので、黄色い車を見つけたら手を挙げる。正確に言えば、人さし指を軽く突き出した腕を斜め下前方に出して止めるのが慣習になっているようようだ。相乗りだから空車である必要はないが、当然満車なら止まってはくれない。いくらでもタクシーは走っているのだがそれ以上に客はいるらしく、満車のことが多いし停めようとしている客も多い。乗車場所によっては一台のタクシーが停まると何人もの客がいっせいに群がってわれ先にと行き先を告げる。そして同乗の客と行き先が同方向の客だけが乗せてもらえる。問題は行き先名だ。運転手が知っている行き先を言えないと永遠に乗れない。目的地である三井物産のオフィスは、カメルーン商工国際銀行ビルの四階にあったから、その略称のＢＩＣＩＣ（ビシック）とでも言ったのだろう。うまく乗車に成功。到着後、市内中心部の均一料金である一〇〇セーファー・フラン支払って下車。

三井物産のオフィスを訪れた主目的は在留届けの提出。在留邦人が事故や事件に巻き込まれた可能性がある場合の安否確認などに活用される。三ヶ月以上滞在するときは提出し、隣国ガボンの日本大使館に届けてもらうことになっていた。当時はまだ在カメルーン日本大使館がなかったためだ。実は今回、われわれが滞在中に大事故が起こった。八月二三日、カメルーン北西部州のニオス村を中心とした周囲およそ一〇キロメートルにも及ぶ地域で、多数の人と牛の死体が発見された。最終的に、一七四九名の人とおよそ二万頭の牛が犠牲になったという。地震、竜巻、洪水などが起きた形跡は見られず、死者の多くは寝ているままの即死状態。毒ガスか、はたまたウイルスがばらまかれたかなど珍説、奇説が流布したが、どうやらニオス村からおよそ三キロメートル離れたニオス湖の湖底に溜まっていた火山性ガスが何かの拍子に地上にあふれ出たとの説が有力となった。このニュースはすぐさま世界中を駆け巡った。だが、事故当日調査地にいた大沢さんと私の耳には届かなかった。我々がこのニュースを知ったのは九月一五日。調査を終えてドアラに戻り、出国の連絡をするために再び三井物産のオフィスを訪ねた時のことだった。今回の事故直後、在フランス日本大使館より在留邦人の安否を確認せよとの命を受けたが、われわれふたりは確認のしようがなかったとのこと。もちろん、われわれの調査地がニオス湖から八〇〇キロメートル以上も離れているので、確認するまでもないことを承知のうえでの未確認だったが。

次に向かったのはＳＵＭＯＣＡ（スモカ）。住友モータースカメルーンの略で、こちらは住友商事がやっている三菱自動車専門のディーラーである。ここでは星野さんが使っている車（トヨタのハイラックスというピックアップ）を預かってもらっていた。すでに整備は完了しており、星野さんの運転で中華料理屋に昼食へ。フランスで中華料理屋といえば安食堂のイメージだが、ここカメルーンでは高級料理店である。定食が三四〇〇セーファー・フラン。二で割って円に換算すれば分かるが一七〇〇円である。ハイラックスの給油も済ませ（一リッター一七四セーファー・フラン、八七円）、ホテルへ戻る。しばしの休息後、当面の生活用品や田舎では入手困難なものの買出しへ。以下、おおよその物価を理解してもらうために、この時購入したものの値段を例示する。アルカリ単三乾電池四本六〇〇セーファー・フラン、ウィスキー（カティーサーク）二五一〇セーファー・フラン、国内産ミネラル水（タンギ）一・五リッター二三〇セーファー・フラン、エビアン一・五リッター二七五セーファー・フラン、中国製蚊取り線香一箱二五〇セーファー・フラン、カレー粉二〇七〇セーファー・フラン、ドアラ市内地図とカメルーン道路地図各二七五〇セーファー・フラン。盗難防止のために入り口でカバン等を預けねばならないような高級スーパーでの価格ではあるが結構高い。この日は生ビール（五八〇セーファー・フラン）を飲んで就寝。

4　サバンナに向けての出発準備（二）――首都ヤウンデにて

六月二七日、カメルーンに着いて二日目がスタートした。ドアラでの用事は前日中に片付いたので、七時三七分星野さんの運転で首都ヤウンデに向かう。ヤウンデまではほぼ真東へおよそ二四〇キロメートル。比較的最近、全線開通したという舗装道路を快走する。傾いて荷物が今にもこぼれ落ちそうなトラック、すし詰め状態のブッシュタクシーやそれに比べてかなり快適そうな長距離バスを追い越しながらも、追い越されたかと思いきやあっという間に見えなくなるベンツ。およそ一時間経ってエディアの町に近づいた頃、先で次々と車が停められている。検問のようだ。極力なんくせをつけられないよう、きちんとウインカーを出して指示どおりの場所に停止するのが肝要とのこと。初体験の私は若干緊張するも、自動車登録証と各自パスポートを見せここは難なく通過。町のガソリンスタンドで給油。ここでは店員がメーターをゼロに戻してから給油を始めているかを確認しておかなければならないことを教わる。再度快走を始めて二時間後の一一時四五分、ヤウンデ郊外の動物学研究所（I

RZ）に到着。日中であるのに日陰に入ると心地よい。ヤウンデは標高七〇〇メートルの台地上に位置するため、ドアラに比べ平均で三度ほど気温が低いそうだ。

さて、今回のように調査期間が三ヶ月未満の場合には、ここIRZで調査許可証を取得することになっている。申請書は出国の数ヶ月前に二度にわたり送付済みである。所長のE・テボン氏と面会。聞き取り難いが英語だ。これなら少しは理解できる。そう、まだきちんとお話していなかったが、カメルーンの公用語は旧宗主国の影響でフランス語。いや正確に言えば、旧英領の西部カメルーンでは英語の話者が多いので英語も公用語である。ただ、ドアラ、ヤウンデ、そして私の調査地含めて国土の九一％はフランス語圏で、テボン氏のようなエリートを除けば英語は通じない。明朝にも許可証は発行できること。預かってもらっていた大沢さんと私が使う車の存在も確認し、とりあえず安堵。一二時四〇分、IRZを出て軽い昼食の後大沢さんの定宿ホテル・ドラシテへ。そろそろフランス語会話の練習や！　という教育的配慮で私が空室の有無を尋ねに言ったが、あいにく満室とのこと。次のインペリアル・ホテルも満室。三件目のヤウンデ・グランドホテルでようやくシングルを三室確保（八五〇〇セーファー・フラン／泊）。しばしの休息後、昼休みがあける午後三時を待って、IRZの上位組織である科学技術省（MESRES）のV・バリンガ氏と面会。来年度の調査は三ヶ月以上だから、ここに調査許可証を申請せねばならない。お次は、自動車保険会社へ。われわれの車の任意保険の更新のためである。今回の調査期間は三ヶ月だが、終了後も預かってもらうIRZである程度乗っておいてもらったほうが車にとってもよかろうとの判断で、一年間の保険に入る。保険料は七万セーファー・

フラン。本日の仕事はこれまで。

六月二八日、今日は宿替え。ホテルをチェックアウトして、星野さんの友人宅に居候することにする。荷物を置かせてもらった後、すぐにＩＲＺへ向かう。九時には到着して調査許可証をすんなりゲット。さらに、預かってもらっていた車もゲット。車種はダイハツ製一六〇〇ＣＣの四輪駆動車。日本ではタフトという名前で売られていたが、ここカメルーンではダイハツと呼ばれている（正確に言えば、フランス語ではＨを発音しないのでダイアツだが）。大沢さん運転のダイハツに私は乗り、三井物産のヤウンデオフィスへ。所長と会食。郵便局や市場、スーパーで買出し後、友人宅に戻る。

二九日は日曜でお役所が開いていないため安息日とし、翌三〇日午前九時活動再開。今日の大仕事はビザの延長。パリで取得したのは一ヶ月間有効の観光ビザなので三ヶ月に延長してもらうために移民局へ。ＩＲＺで取得した調査許可証のコピーと延長願い書、そしてパスポートを提出。ところが収入印紙を買い忘れていた。これからがたいへん。移民局内にはなく、市役所、郵便局、トレゾール（国庫）、どこへ行っても手に入らない。三井物産で譲ってもらおうとするも、やはりないとのこと。一時間ほど駆けずり回った末この日はあきらめることにする。移民局へ戻りパスポートを返してもらい出なおすことに。気を取り直して、国立植物標本館、三井物産、地形図購入のため国立地理センターなどを回って帰宅。

七月に突入。今日の最初の仕事はビザ延長の再挑戦。なんとしても収入印紙を手に入れなければ。別の郵便局を二つ回ったがなく、最終的には昨日なかったトレゾールで入手。喜び勇んで移民局に行くと、今になっていらないとの弁。これまでの努力はいったい何やったんやと思っていると、呼び返されやはりよこせとのこと。「どっちやねん！」と心の中でツッコミをいれる。でも無事ビザの延長も片付いたと思いきや、われわれにもう一つ大きな難儀が浮上していた。ハイラックスとダイハツの調子がおかしい。ともにスモカで整備してもらうこととなる。ただ、前述のとおりスモカは三菱自動車のディーラーだから、トヨタとダイハツの車のパーツは在庫がない。そこで自分らそれぞれのディーラーを探し回るはめに陥る。

七月二日。われわれの調査地は国立公園なのでもう一つ取得せねばならない許可証がある。国立公園無料入園特別許可証である。発行してくれるのは観光局。ＩＲＺ発行の調査許可証とその申請書をコピーして願い書とともに提出せねばならない。しかしこの日は担当官が誰もいず提出できずじまい。翌三日、なんと八時三〇分から再挑戦。副局長はいるも局長は留守。出直した午後一五時四〇分、ようやく局長に面会でき提出。許可証は後日郵送するとのことでとりあえずこの件は完了。残るは車の整備。午後四時、今日もスモカへ。いちおうエンジンの調子はよくなったので引き取って帰るも、今度はブレーキの片効きがひどい。明朝いちばんで修理してもらい、その足でヤウンデを出発することに決める。

七月四日、午前七時半。マンドリルの調査のためカンポ動物保護区に向かう星野さんとその友人宅で別れを告げ、大沢さんと私は再びスモカへ。ブレーキの片効きくらいはすぐに直ると思いきや結構手間取る。待ちくたびれて動物園へ。動物園とは言っても猫の額くらいの敷地の野っ原に狭い檻がいくつかあり、哀れな動物たちが詰め込まれている。入場料を取るわけでもないから、子供たちが入ってきてサッカーに興じている。でもさすが在来種、特に霊長類はそこそこいた。チンパンジー、マンドリル、ドリル、シロエリマンガベイ、ハナジログエノン、そしてサバンナ性のものとしてはアヌビスヒヒ、サバンナモンキーはいたが、パタスモンキーはいなかった。閉園時間まで粘って再びスモカへ。なんとか修理は済んだがもう暗い。スモカの方は申し訳なく思われたのか、宿のないわれわれを自宅で泊めてくださった。ヤウンデに着いてまる八日。ＩＲＺの許可証、任意保険の更新までは簡単に片付いたが、収入印紙という思わぬところで躓き、観光局長のルーズな出勤時間に余計な時間を食うはめに。そしてとどめは車の故障。今回は居候のはしごをさせてもらい幸運だったが、これがすべてホテル住まいだったとすると懐具合が怪しくなるところだった。感謝！

5　遠かったサバンナ

七月五日午前八時五〇分、いよいよ憧れの地サバンナへ向けて出発した。ここから先はカメルーンの地図（図１‐１）を参照しながら読み進めて欲しい。調査地カラマルエまでは北北西へ直線距離でおよそ一〇〇〇キロメートル。青森・広島間を若干下回る距離である。東部州の州都ベルトア、北部州

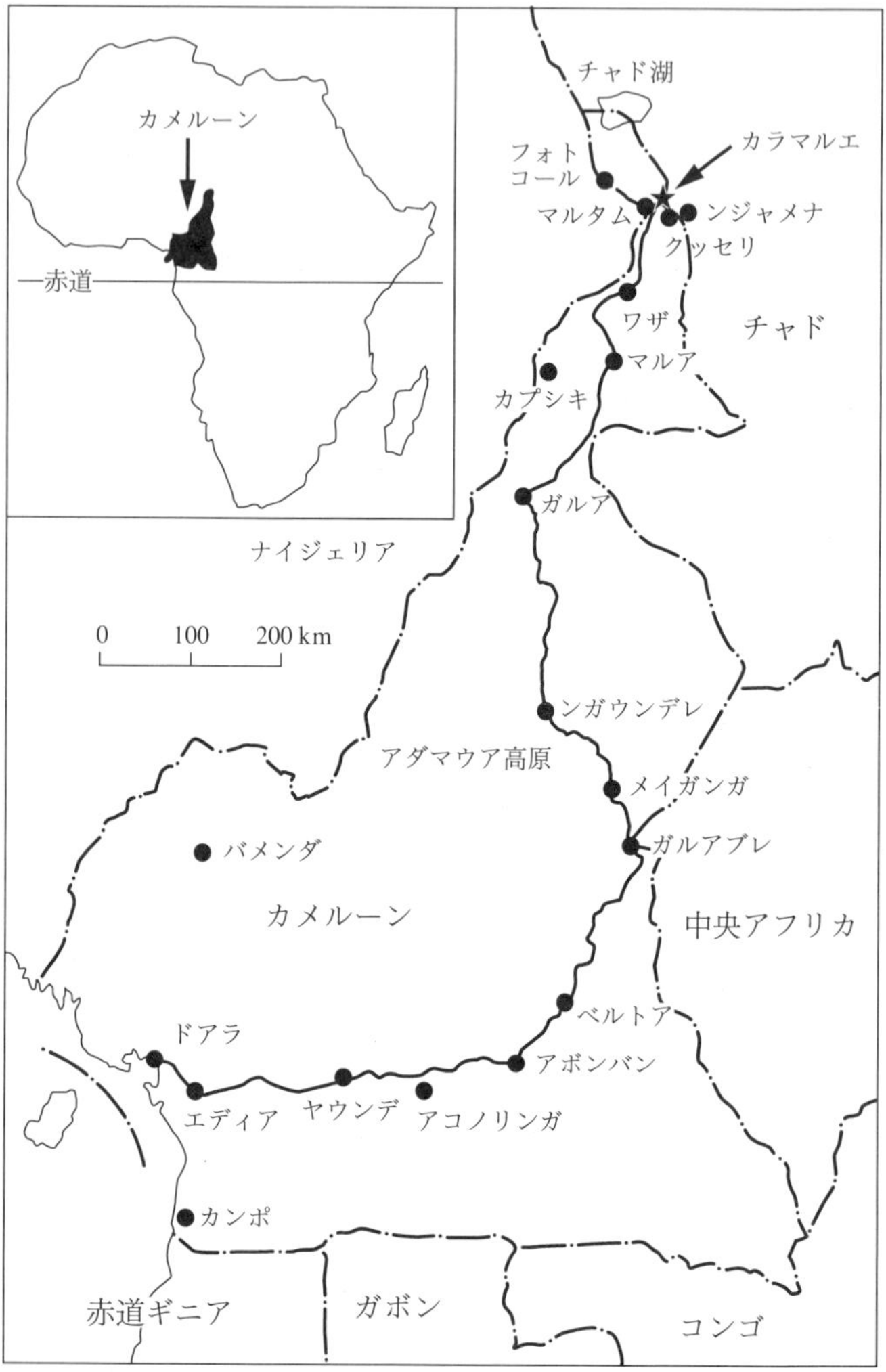

図 1-1　カメルーンの位置，およびカメルーン全図．商業港湾都市ドアラ，首都ヤウンデから調査地カラマルエまでの道程．

の州都ガルアを経由する最短の主要幹線道路沿いに走れば一六四〇キロメートル。青森から東北道、首都高速、東名道、名神道、中国道、山陽道と乗り継いで山口まで、ちょうど本州を縦断するほどの距離である。この間に植生景観が、熱帯季節林から徐々にサバンナへ移行していくのが体感できるはず。実はドアラからヤウンデの間でも、その景観は季節性がみられない熱帯降雨林に始まり、季節林でも常緑樹のみで構成される常緑林から落葉樹が混じる半落葉林へと移行していたはずだ。残念ながら、道路を車で走っただけではパラソルツリーと呼ばれる二次林の林縁部に生える木が目立つばかりで、その変化までは体感できなかったが。森林からサバンナへの変化は道路からでも見逃すことはあるまい。これが何よりもの楽しみであったがそれはまだ先の話。四泊五日の長丁場。高速道路はないし車に若干の不安を抱えている。いつサバンナは私の前にその姿を見せてくれるのだろうか。とりあえず今日の目的地ベルトアまでは三五〇キロメートル。暗くなる前には着きたい。ところがである。走り始めて五分も経たないうちに警察官に呼び止められる。どうやら信号無視を犯してしまったらしい。出鼻をくじかれるとはまさにこういうことだ。先を急いだわれわれは、良くないこととは思いつつ求められるままに三〇〇〇セーファー・フランを彼の袖の下へ。

さあ、気を取り直して再出発。快調！　快調！　と思ったのもつかの間。エンジンが燻りだす。パワーが出ないのだ。再出発後四〇分の一〇時一五分いったん停止。大沢さんの診断によればキャブレター詰まり。われわれの不安が的中してしまった。今ならまだスモカへ引き返せる距離だということで、一二時半Uターンを決断。ところがUターンしたとたんエンジンは快調になる。うまく詰まりの原因が除かれたのだろうか。そこで一二時五五分、再度Uターン。つまりベルトアに向かうことにする。このあとはドキドキしながら、エンジンのご機嫌を伺いながらの運転である。午後一時三〇分、ようやくアワエという町に着く。

まだ、五九キロメートルしか進んでいない。奮発してハイオクガソリン（一八一セーファー・フラン／リッター）を給油後再出発。どうやらもうご機嫌は直ったようだ。道は標高七〇〇メートルほどの台地上の熱帯季節林を縫って走る赤土の未舗装路。ただ比較的平坦なので、直線が続くところでは時速一〇〇キロメートルで走行可能である。土煙を上げ、所々に開いた穴を跨ぎ、多少のスリップも覚悟しながらの爆走、ついついラリーにでも参戦している気分になる。ただあまり調子に乗っていると、跨げないほどの大きな穴に落ち、天井に頭を打ちそうな衝撃を受ける。へたをすれば横転しないまでもポンコツ車の貧弱な板バネが折れてしまう。こうなっては一歩も進めない。道幅も大型車がちょうどすれ違えるほどほどの幅だから、対向車には注意が必要なことは言うまでもない。また幹線道路沿いだから村も多い。村間を歩いている人たちは車が近づくと道路脇の薮へ避けてくれるが、村の中ではかなりスピードダウンせざるを得ない。子供たちはもちろん、犬やニワトリ、ブタ、オオツノウシなどの家畜・家禽がいつ飛び出してくるとも限らないからだ。狩られて道端に無残な姿でぶら下げられている動物たちには特に目が行ってしまう。アフリカオニネズミ、センザンコウ、ダイカー類、そしてブラザモンキーというサルもいる（写真1-2）。だがこの時はともかく先を急がねばならなかった。アコノリンガ、アボンバンを経由して、ベルトアの町に入ったのはすっかり夜も更けた午後七時五五分。アワエ以降で言えば平均時速五〇キロメートル。まあまあの速さである。ホテル・レストというツイン一泊四八〇〇セーファー・フランの安ホテルに荷物を置き、すぐさまノボテルという高級ホテル（一泊一万六八四五セーファー・フラン）に夕食へ。「ホテルはケチって食事に金をかける」、これが大沢さん流である。

七月六日。今日の目的地であるアダマウワ州の州都ンガウンデレまでは北へ五四〇キロメートルの道程。距離だけでも前日の一・五倍。さらにンガウンデレは標高一一〇〇メートル、ベルトアとの差は四〇〇メートル。つまり上り坂が予想される。六時半に勢い込んで起きるも車のタイヤを見て愕然。パンクである。タイヤ交換と朝食の買出しを済ませて出発したのは七時四五分。町を出て間も

写真 1-2　狩られて道端に無残な姿で吊り下げられたブラザモンキー.

写真1-3　ベルトア北部近郊の景観.

なく景観がかなりオープンになっていることに気づく(写真1-3)。あとで聞いた話だが、これは人為サバンナらしい。本来は熱帯季節林に被われていたのだが、焼畑や周期的な火入れなどの人間の経済活動の結果、草原に置き換えられたのだという。ただし、草原といっても草丈が二メートルにも達するウシクサ属(*Andropogon* sp.)などが優占する。(3) 私の憧れであるサバンナとの出会いはまだ先だ。一二時二〇分、東の隣国中央アフリカ共和国との国境の町ガルアブレで給油。ほぼ中間地点である。平均約時速五五キロメートル。快調そのものだ。その後、川を渡ったあたりから登り道に入り、下ってメイガンガで再給油。この間の平均時速は四四キロメートル。途中雨が降り始めたこともありやはりスピードダウン。ここから再び登り道が続く。メイガンガからの登り道を上がるにつれ、いくつかの変化に気づき始める。これまでの四角い家が丸くてトンガリ屋根の家になった。家畜もブタやオオツノウシ

写真 1-4　アダマウア高原の疎開林.

が消え、雑品種だろうか、角の大きなコブウシに加え、やがてロバも目にするようになる。そして登りきってアダマウア高原に入ると目前に広がる一面の疎開林（写真1-4）。ジャケツイバラ科のダニエリア・オリヴェッティ（*Daniellia oliveri*）とオクナ科のロフィラ・ランセオラータ（*Lophira lanceolata*）という落葉低木が草原に疎生する。サバンナ・ウッドランドとか湿潤サバンナ、そして西アフリカではスーダン・サバンナと呼ばれるが、私の憧れているサバンナはもっとオープン。だから本書では疎開林という呼称で通す。とは言ってもここはサバンナだと言わんばかりに、サバンナモンキーの一亜種タンタルスモンキー一頭が道端に顔を出す。われわれの調査地にいるのと同じ亜種だ。しかしここは先を急いで、午後五時六分、ンガウンデレの手前四〇キロメートルにある湖畔のホテル（ツイン九〇〇〇セーファー・フラン）に到着。メイガンガからは平均時速六〇キロメートル近くで走った計算になる。疲れてはいたが清涼感（平均気温でヤウンデより三度低い）と峠は越えた安心感から、暗くなるまでバードウォッチングを楽しむ。

七月七日。今日の目的地は北部州の州都ガルアまでの北へ三三〇キロメートル余り。八時七分、再びバードウォッチングの後出発。ンガウンデレの町からは舗装路となり楽勝と思いきや、レギュラーにしたせいでもあるまいが、給油したとたんにエンジンの不調が再発。五〇〇セーファー・フランで麻袋いっぱい分手に入れたマンゴを食べながら、燃料フィルターの掃除後、再出発。しばらく順調に走ってアダマウア高原に別れを告げ一気に下り坂。眼前に広がる大平原に見とれていては危険なほどのヘアピンカーブの連続である。下りきったらあとはほんとに一直線の高速道路。途中、道沿いにあるベヌエ国立公園に立ち寄るも、雨季のため道路状態が悪くさほど奥までは入れず。それでも、セネガルコーブやマングース、そしてなんと一頭だがパタスモンキーも現れた。余計だったのはツェツェバエ。ご存知眠り病（トリパノソーマ）を媒介する虫に刺された。小さいくせに痛い！　ンガウンデレ―ガルア間で問題なのは、ガソリンスタンドがないこと。念のために、途中、道端に売っているガソリンを入れておくことにする。二五〇セーファー・フラン／リッターとンガウンデレに比べ単価で六九セーファー・フランも高いが、やむを得ず一〇リッターだけ給油。しかし、その直後、再びエンジンが燻りだす。どうもガソリンを入れた直後の調子が悪い。午後四時半、それでもなんとか今日の目的地ガルア着。ホテル・ガラという安ホテル（ツイン一泊七九〇〇セーファー・フラン）に宿をとる。その後、大沢さんの共同研究者ＩＲＺガルア支所のＮ・ハンソンさん、その友人Ｐ・フランシスさんと会食。フランシスさんは明日以降、今回のわれわれの調査が終了するまで使用人として雑用全般を引き受けてくれる運びになる。

七月八日。朝起きて車を始動させるが、エンジンの具合がますます悪い。さっそくフランシスさんに働いてもらって彼の知っている整備工場へ。整備工らしい兄ちゃんがやってきておもむろにキャブレターを分解しはじめる。きれいなガソリンで洗浄するつもりのようだ。元通りになるのかという不安を覚えながら眺める。洗浄後、組み立て開始。なんかビスが一本余っているように見えるのだが、「問題ない」という。本当にいいかげんな作業なのだが、これで直るから不思議である。修理費として四〇〇〇セーファー・フランを支払う。昼になってしまったのでフランシスさんに連れられて庶民向けの食堂へ。牛肉片の入ったシチューと白飯で四〇〇セーファー・フラン。これは安い。すっかり出遅れたが、一二時四二分、出発。本日の走行予定は極北州の州都マルアまでの舗装路二一二キロメートルだから、車の調子さえよければひとっ走りで着く。ガルアより先、西はナイジェリア、東はチャドの国境が迫ってくる地域である。西側、つまりナイジェリア国境沿いには、マンダラ山地という標高一〇〇〇メートルを超える山が連なっており、道路も高くはないが点在する岩山の間を縫って走る。このあたりまで来ると木の密度がかなり低くなってきたようにも思えるが、岩山が多いせいかさほどオープンな感じはしない。およそ三時間でマルアに到着。インドセンダンの街路樹が植えられ清潔感漂う町である。マンダラ山地の一角、カプシキは溶岩が侵食されて形成された奇岩群で有名な景勝地。この先にあるワザ国立公園と合わせて近くに国内随一の観光名所を有し、観光拠点となっているため瀟洒なホテルがいくつもある。今日はそのうちの一つホテル・サレに宿泊（ツイン一万八七〇〇セーファー・フラン）。

七月九日。銀行で換金と若干の買い物を済ませてから、午前一一時七分、調査地の最寄りの町、クッセリに向かう。六〇キロメートルほど行った町モラで岩山とはほぼおさらばである。道沿いを走っているからどうしても畑が目に入ってしまうのだが、私が憧れ、イメージしていたサバンナがようやく目前に開けてきた。厳密には、乾燥サバンナとか西アフリカではサヘルサバンナと呼ぶ。見渡す限りのイネ科草原と点在する木々。もちろんアカシアの木も見える。再び、高さ一〇〇メートルほどの岩山が近づいてくる。大沢さんによれば、これより先サハラ砂漠までこれ以上に高い場所はないという。一二時四五分、岩山のふもとのワザ村着。マルアから時速およそ八〇キロメートルで飛ばしてきた計算になる。ワザ国立公園の観光客用ロッジは岩山の上に建つ。この時は叶わなかったが、ロッジからの一望できるサバンナは絶景の一言に尽きる（写真1-5）。公園内サファリへ。ベヌエ同様、雨季で走行できる箇所が限られたが、いたいた。トピ、ローンアンテロープ、レッドフロンテッド・ガゼル、イボイノシシ、キリン、ハゲワシ、ハゲコウ、ヘビクイワシなど、私のイメージどおりのサバンナの動物たちが。最後は、遠くを走り去るパタスモンキーの一団にも会えた。その後、恰幅のよいワザ公園管理人が若い奥さんをふたりも娶っていることに憤り、パンクした車に苛立ったりしているうちに夕暮れ時となる。午後六時、あわてて出発。地平線に沈む夕陽を眺めながら、これまでの遠かった道程に思いをめぐらせ、いっとき感傷的な気分に浸る。しかし、それもつかの間、陽が沈んだあとは真っ

写真 1-5　岩山の上に建つワザ国立公園のロッジからの眺め．

暗闇が待っていた。真っ平らだからうっかりしていると道から外れる。村もないからとたかをくくっていると突然路肩を歩く人に出会い、驚かされる。午後七時一〇分、マルタム着。この村の分岐を西に向かうと九九キロメートルでナイジェリア国境の町フォトコール、そして東へ向かうと六キロメートルで調査地カラマルエである。一息ついた後、今晩はカラマルエを素通りしクッセリの町へ。午後七時四五分、ホテル着。ついに四泊五日一六四〇キロメートル、日本を出てから数えれば二〇日間の旅が終わった。

旅は終わったが、昨晩カラマルエは素通りしてきたので厳密にはまだ調査地には着いていない。翌七月一〇日、カラマルエ国立公園の管理人とともにカラマルエへ。一直線の舗装路二〇キロメートルだから、二〇分程度で入口に到着。昨晩は暗くてよく分からなかったが、私が憧れていた景観とは若干違うことに気づく。確かにイネ科の草原の中にアカシアの木々が点在している。ワザ付近で出会ったサヘルサバンナと同じである。しかし、自然植生が残されているはずの道路から北側の国立公園内をみると、数キロメートル先には東西方向に帯状の林が続いている。チャド湖へ注ぐシャリ川沿いに形成される川辺林である。見渡す限りのサバンナという景観はここにはなかったのである。だが、そんなことを気にしている場合ではない。閉まったゲートの脇をすり抜けて園内へ。われわれの車はポンコツといえども四輪駆動車であるから、草原地帯ならこんな芸当も可能である。しかし今は雨季。しかも昨晩のホテル到着後に見舞われた豪雨のせいであたり一面池に近い状態である。地面が硬そうなところを選びながら数キロメートル走ると土壁の家々が見えてきた。われわれの調査小屋は、公園監視員が住んでいる三軒の家と、ごくまれに訪れる観光客用のバンガロー一棟がある敷地の片隅に建てられているのである。日干し煉瓦を積み上げた壁にトタン屋根の広さ六畳ほどのちっぽけでちゃちな造り（写真1-6）。留守の間に壁が風化しはじめ、梁がシロアリにやられてやせてきている。入居前に補修の必要ありと判断して、とりあえず大沢さんともどもバンガローに泊まることにして荷物を置く。公園監視員に挨拶を済ませたあと、買出しのためクッセリに戻る。米、肉、野菜、缶詰、調味料などの食品、石鹸、洗剤、歯ブラシ、トイレットペーパー、殺虫剤、シーツ、蚊帳などの生活用品はもちろん、そしてビールやワイン、コーヒー、紅茶、タバコなどの嗜好品にいたるまで、たいがいのものは車でたった二〇分のクッセリまで行けば手に入るのがこの調査地の魅力である。小屋の補修はまだだし、まだまだ足りないものも多いのだが、バンガローに泊まっての調査は一応明日から

写真 1-6　日干し煉瓦を積み上げて作られた調査小屋.

可能な状態となった。

　本章第二節以降では、出国から調査開始に至るまで、時系列に沿って起こった出来事を逐一紹介してきた。研究者の卵にまでは育った私が、長い旅を経て憧れ続けたサバンナに出会ったときの感動は伝わっただろうか。また、海外で調査を開始するまでには、いろいろと面倒なことを処理していかねばならないことをご理解頂けただろうか。もちろん、面倒なことは調査開始後も引き続いて起こり対処が必要となる。とはいえ、今回、実際に対処したのは大沢さんや星野さんで、私はほとんど眺めていただけなのだが。しかし、翌一九八七年度の調査はおよそ六ヶ月間の単独行であり、自分ですべて乗り越えざるを得なかった。さらにその後四度の調査を含めれば、今回、ご紹介したよりはるかに面倒な問題も起こったし、その内容も実に多岐にわたった。入国審査・通関、ビザ・調査許可証、車、使用人、ことば、食事、物価、通信手段、すり・引ったくり、泥棒、部族間抗争、雨、暑さ、ゾウ、毒ヘビ、病気、災害、砂漠化、密漁などに関する諸問題である。これらについて、話の流れで一部は本書の中で紹介する機会もあろうが、基本的には拙著『カメルーン・トラブル紀行』（新風舎刊）[4]をご参照願いたい。

第二章◎

調査地カラマルエ国立公園

1 位置

紀行文で書き始めてしまったが、本書は本来、科学書である。だが学術論文ではないので若干躊躇したのだが、調査地の概要を独立した章に起こすことにした。理由は三つ。一つは、何度も書いてきたように、サバンナという環境が私の憧れであったこと。二つめは、皆さんの多くはサバンナという環境になじみがないこと。そして三つめは、本書の主要な内容が生物と環境の相互作用を明らかにする生態学をベースにしていることである。

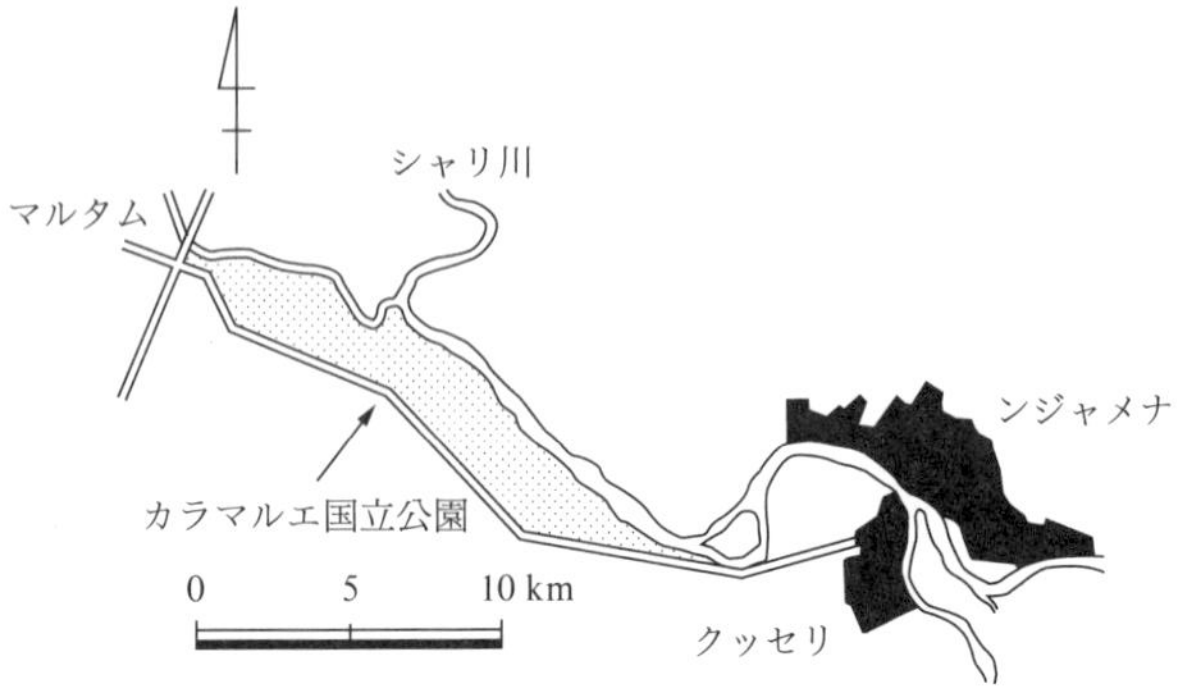

図 2-1　カラマルエ国立公園の位置.

まずは調査地カラマルエ国立公園の位置。これについては第一章でおおよそご理解頂けていることだろうが、もう少し詳しく示せば図2-1のようになる。隣国チャドの首都ンジャメナとチャド湖へ注ぐシャリ川をはさんで対岸にあるカメルーン極北州の州都クッセリから公園の主要な入口まで舗装路を東へ二〇キロメートル。その舗装路とシャリ川にはさまれた南北二キロメートル、東西一五キロメートル、面積二七〇〇ヘクタールの小さな国立公園である。

小さなといってしまったが、現実に調査に使っているのはそのうちのごく一部。しかしその分だけより精密な位置情報が必要になってくる。ヤウンデの国立地理センターで入手できたのは二〇万分の一の地図だから、もちろんこれでは役に立たない。幸い大沢さんが公園管理人の手元にあった手書きの地図を二万五千分の一に拡大して若干修正を施した地図があったが、それでも情報量が不足していた。サバンナでは起伏もなく木も疎らなため見晴らしは利くのだが、目印がない分自分がどこにいるのか定位が意外と難しい。だから、正確に定位しようと思うなら、できるだけ多くの目印を自分で決めてあらかじめ地図上にプロットしておく必要がある。そこで本調査の一九八七年度には、まず調査地の地図作りから始めることになった。とは言っても本格的な測量器具があるわけでなし。今なら、おそらくGPS受信機で緯度経度情報を得て作成するところだろうが、当時はまだ市場に出回っていなかった。そこで用いたのはコンパスと車の距離計。調査小屋のあるキャンプサイトの中心を基点にして、道路に沿って走りながら距離とその方向を記録していく。道路が曲がっていると角度を何度も測らねばならないから手間がかかる。さて、その道路だが、舗装路、そして舗装路沿いの入り口からキャンプサイトに至る道のほかに、はっきりした道路はあと一本しかない。舗装路が出来る前、クッセリとマルタムを結ぶ唯一の道路であった公園を横断する未舗装路である（今後、こちらをメインロード、舗装路をニューロードと呼ぶことにする）。大沢さんの地図にはこれら以外の道路が描かれていたのだが、草が生え風化してはっきりしなくなってしまっている。そこで、車から下りて丹念に歩いて調べてみる。すると確かに土が盛り上がって路肩にみえる場所がある。道から逸れぬよう注意しながら測量していく。この結果、新たに再発見できた七本を含めた合計一〇本の道路を測量し終えるのにおよそ二週間を要した。もちろんそれと並行して、サルの予備観察も行ってはいたのだが。驚くほどいいかげんな測量方法だったが、別ルートでたどった道路の交点が見事に一致したし、また大沢さんの地図とも概ね一致し、結果的に満足のいく地図ができた。しかし、道路だけでは目印としては不十分なので、再び道路を走って各道路の基点から一〇〇メートルご

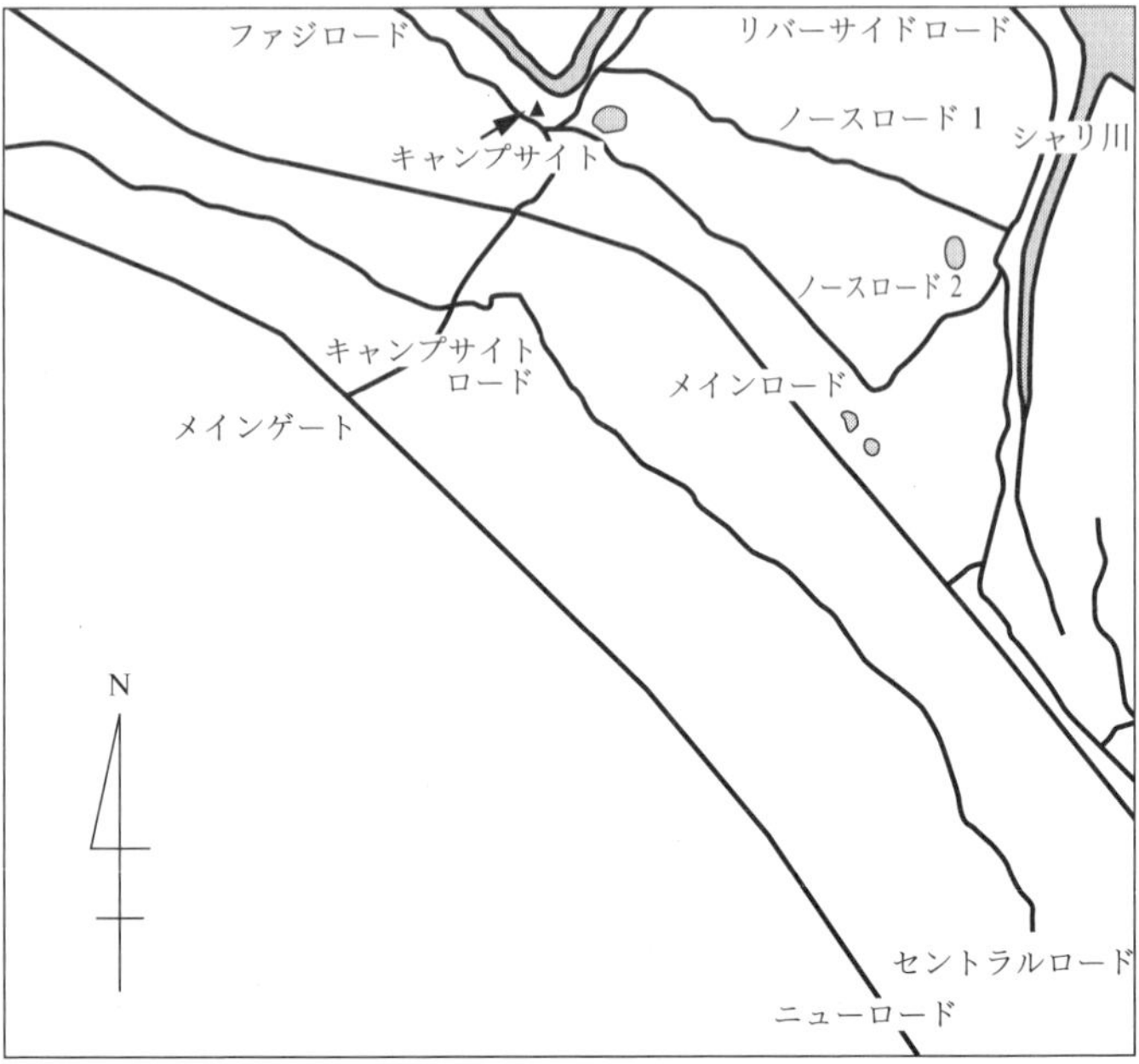

図 2-2　調査地の自作地図．太実線：道路，▒：シャリ川本流，および支流（排水路），あるいは池．

とにナンバーを付したビニールテープを最寄りの木に付けて行くことにした。最寄りといってもほかに木がないため、道路から一〇〇メートル以上距離がある場合も出てきたが、道路と垂直に交わる線上にのる木を選んだ。メインロードなら一〇〇番台で、一〇〇メートルごとに一〇二、一〇四、一〇六と偶数番号を付し、その中間でも遠くから目印になるような大木があれば奇数も使うことにした。このほかにも、その時点で沼地となっていた場所に加え、どういうわけか土が高く盛られた場所、看板、放置された車の残骸など、目印になりそうなものも位置を記録する作業を含めて四日間を要した。こうして完成した地図が図2－2。四ミリが一〇〇メートルに相当する、つまり二万五千分の一の縮尺の地図である。

2 気候

図2－3は、一九八五年四月から一九八九年八月までのクッセリにおける月別降水量と月別平均気温とを示している。一九八九年八月にクッセリの測候所まで出向いて、手書きの表から書き写したものである。一九八五年四月以降しかデータがないのは単に書き写すのに疲れたため。一九八五年から一九八八年までの四年間の平均年間降水量は四九七ミリ。東京は一四六七ミリ（一九七一年から二〇〇〇年の平均値）だからそのおよそ三分の一に過ぎない。また、雨が降るのは五月終わりから九月に限られる。もっと長期的な資料を見ると、四月と一〇月に降雨が見られる年もあるが量は少なく、十一月から三月に測定可能な量の雨が降ることは皆無に近い。よって、本書では五月から九月を雨季、それ以外の月を乾季と呼ぶことにする。最も雨の多い八月の降水量は平均一〇七ミリ。ちなみに東京では六月の一六五ミリ。量としてはやはりたいしたことはない。ただ、日本に比べればしとしと降り続くことは少なく、一時にバケツをひっくりかえしたように降ることが多い。だから調査中、遠く彼方の上

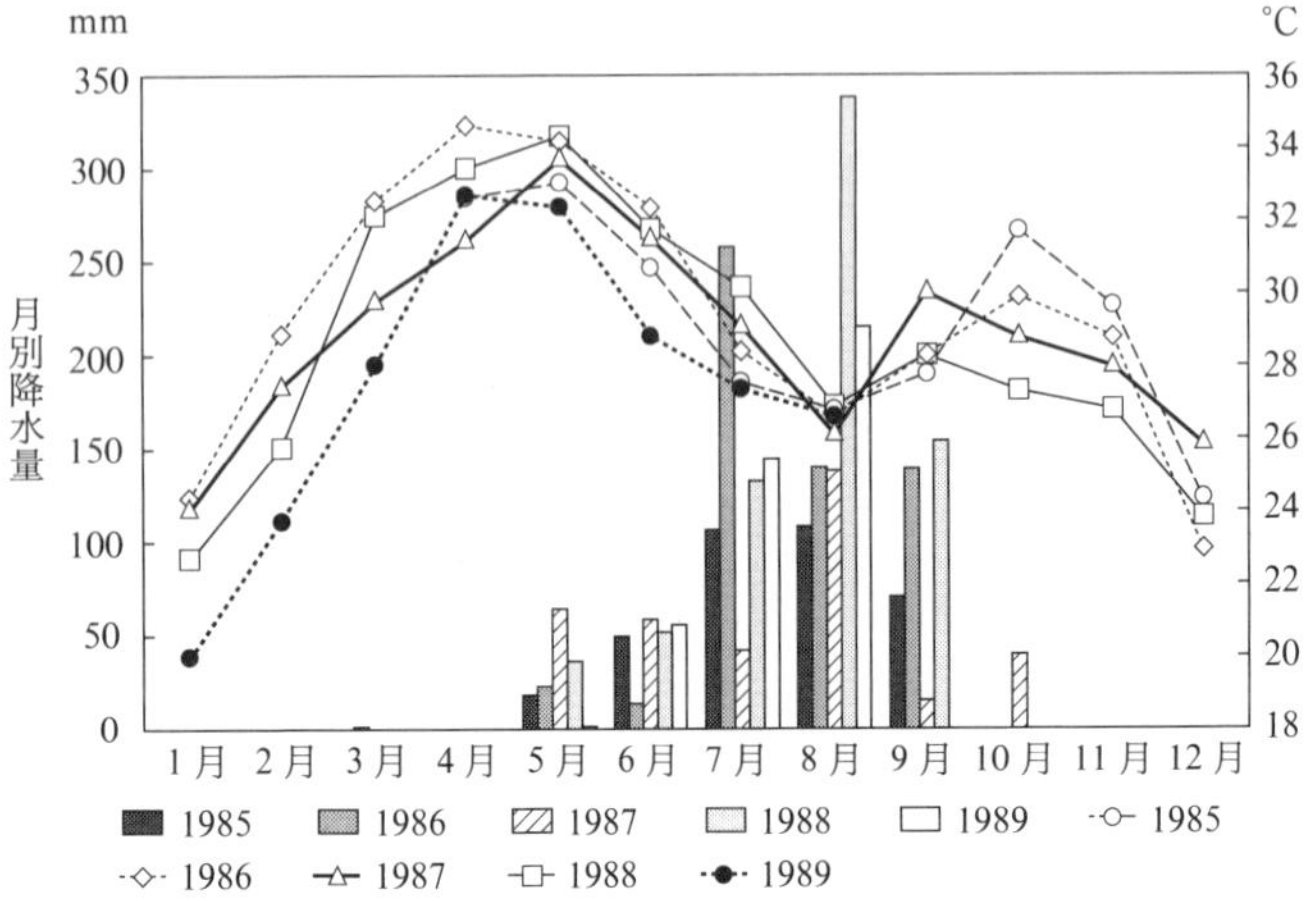

図2-3　クッセリにおける月別降水量と月別平均気温（1985年4月〜1989年8月）（測候所提供）.

空が怪しげな雲で覆われはじめると逃げの体制に入る。雨で冷やされた空気が風で運ばれてきて、実に心地よいのだが、そんな快感に浸っている暇はない。雨雲との競争である。なんとか車まではたどり着かねばならない。数分の遅れだけでも致命的である。

雨が多いとやんだあともやっかいなことになる。このあたりは水はけが悪い場所が多く、そうした場所は一面湿地と化す。長靴でないと歩けないし、長靴を履いても靴が泥にとられて抜けなくなる。当然、車では走れないし無理に走るとスタックする。完全にスタックしたら、あとは泥との格闘が待っている。車の腹が着くほどまでに沈んだ車体の下をシャベルで掘り起こし、積んでいた板とジャッキを挿入するスペースを作る。板を台にしてジャッキをかませ、ジャッキアップ。さらにタイヤ周辺の泥を取り除き、できた隙間に集めてきた木の枝をかませる。泥まみれ汗まみれになった体で車に乗り込み、エンジンをかけ思い切り吹かす。祈るような気持ちで、ギヤをローに入れクラッチをつなげる。だめならギヤをバックに入れ直す。こうして車を前後に揺らす。轟音とともに車が動きだし、脱出成功となれば歓喜の声を挙げるに至る。しかし、轟音だけが空しく響き、再び車体が泥にめり込むことになれば虚脱感だけが残る。気力と体力を振り絞り二度、三度チャレンジするも結果は同じとなれば、あと頼るべきは人力しかない。疲れ果てた体に鞭を打って助けを呼びに行く。同様の手順でタイヤの下に木の枝をかませたら、あとはひたすらみんなに押してもらう。ハンドルを握る私の手は、大勢の期待を背負って緊張し汗が滲む。飛び散る泥を浴びながらみな懸命に力を込めて押す。僅かでも車が進め出せばしめたもの。成功だ。拍手喝采。車を降りた私も、その輪に加わり握手を求める。みなとの一体感を感じることのできる瞬間である。

話が若干横道にそれたが、次は気温。一年を通じたデータがある一九八六年から三年間の平均値で二八・九度。東京で一六度。沖縄でも二三・四度。カラマルエの緯度は北緯一二度九分。沖縄の那覇と比べても緯度で一四度も違うから当然にせよ、やはり暑い。しかし、赤道直下というわけではないので月によってかなり変動する。日本の冬同様、十二月、一月は太陽高度も低く日照時間も短いため気温が最も低い時期に当たる。最寒月の一月で平均二二・七度。東京で言えば九月頃の気温である。二月以降ぐんぐん気温は上昇し、五月の平均気温は三三・七度に達する。月平均気温としては日本ではあり得ない値である。その後、雨季の訪れとともに下がり始め、最も雨の多い八月には二六・五度

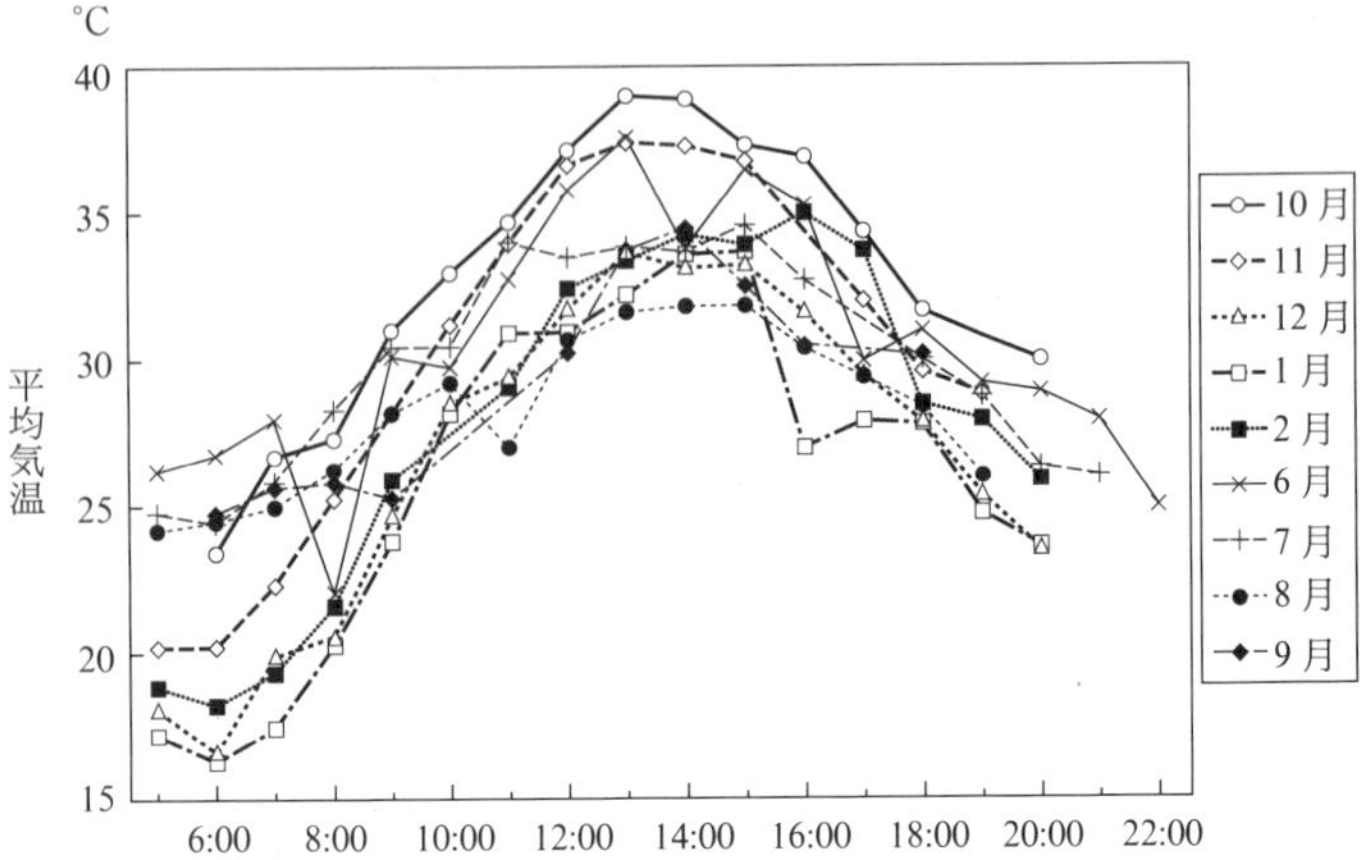

図2-4　カラマルエで計測した日内気温変化（1987年10月〜1988年2月，1989年6月〜9月）．

までいったん低下する。下がるといっても、東京で言えば真夏の気温である。雨季の終わりが近づくと、気温は再び上昇するが十月（二九・四度）をピークに再度下がり始める。

平均気温だと今ひとつ暑さが伝わらないだろうから、日中の暑さを理解してもらうために一日の気温の変化を表した図2-4も合せてご覧にいれよう。このグラフは、一九八八年十月から翌年二月、一九八九年六月から九月の間に、調査基地において私自身、あるいは私がいない時はフランシスさんやもうひとりの使用人B・ミッシェルさんが測定してくれたものである。私自身が調査基地にいるのは時間帯としても日数的にも限られているし、使用人たちだって外出もするし、基地にいても毎時間測定するなんてことは不可能である。できる限り測定するよう頼んだ朝九時、正午、午後三時、午後六時前後のデータを除けば、数少ないデータに基づいている。データにでこぼこがあるのはそのためである。だいたいの傾向だけ見て欲しい。

当然早朝の気温は低い。特に、十二月、一月には一六度前後にまで下がっている。こうなると結構寒い。寒いとは大袈裟なと思われるかもしれないが、いくら涼しい季節といっても日中は三〇度を越えるためか、はたまた乾燥が激しい季節のためか、一六度がこんなに寒かったかと思うくらいに感じる。このデータをとった期間中で最も暑かったのは一〇月である。朝九時には三〇度を超え、午後三時頃には三八度くらいにまで上昇。夜も八時を過ぎないと三〇度を下回らない。日本の夏もかなり暑いから、この程度の気温ではそれほど驚かれないかもしれない。では四〇度を超えるとなればどうだろう。一九八九年度の調査では調査地に到着したのは六月六日。午後二時には温度計は四三・三度を示していた。例年なら本格的に雨季が始まり気温も下がる頃だが、聞くところによると二週間前に一度雨が降ったきりだという。調査小屋から荷物を出し、生活を始める準備をしなくてはならないが少し動くだけで息が上がる。日陰なのにただ立っているのさえつらい。暑さに体がまだ慣れていないせいもあろうが、四〇度というのが私にとっての活動可能な気温の臨界点であるように思えた。夜になってもなかなか気温が下がらず、疲れているはずなのに寝付けない。ほとんど眠れないまま翌朝を迎えた。温度計を見ると三〇度。朝六時半である。六月七日はさらに暑く、午後一時半の気温は四五度。夕方になって今回初めてサルの観察に出かけるべく車を走らせる。ところで皆さん。暑い最中エアコンの効かない車を走らせる場合、どのように涼をとろうとされるだろうか。おそらくは窓を全開にして風を受けようとされることだろう。ところが本当に暑い時は、熱風に耐えきれず、窓を閉めざるを得なくなるのだ。それほどの暑さである。こんな調子では、少なくとも日中、調査するなんてことは不可能だと思い始めていると、翌八日、昼の最中に待望の雨。たいして降ったわけではないが、午後二時だというのに気温は二八度。なんとも涼しく感じられた。この日を境にようやく本格的な雨季が始まり、気温は徐々に下がり始め、なんとか一日通して観察が可能な気温となった。

ところで、上記の気温はすべて調査小屋の外壁の日陰で測定した値だ。日中直射日光下の気温が四〇度を超えることはざらに起こる。そんな中、延々とサルたちについて歩くことを想像してもらいたい。実は、サルたちも日中、正午をはさんで二～三時間程度、暑さを避けて大木の樹上で昼寝をむさぼる。その間、私も木陰に入ってしばし休息。ただ雨季には、そうもいかない場合がある。湿地状を呈した草原の真ん中の木にサルが上った時だ。腰を下ろすに下ろせない。「思わず、場所変えようや」と語りかけるも、答えてくれるはずもない。耐えるに耐えられないときの手段。サルたちと同じ大木に登って休む。登るといっても一番の下枝だが、それだけに時たま投下される爆弾（糞と尿）には気をつけねばならない。さて、一番つらいのはその休息後である。午後二時～三時と言えば、まだまだ暑い時間帯。なのに彼らは移動を開始。しかたたく重い腰を上げる。午後五時ともなれば陽もだいぶ傾いてくるし、今日の調査終了まであと一時間少し。先が見えてきて気分的にも楽になる。この二時から五時の時間帯をいかに耐えるか。忍耐あるのみ。もう、気持ちは修行僧である。そんな気持ちを知ってか知らずか、サルは小さな潅木の陰に入ってしばしの休息。周囲に私が入れるほどの陰はない。「それはないやろ」と語るも、やはり反応なし。そんな時の強い味方が水筒の水である。喉の渇きを癒してくれることはもちろん、皮膚を湿らせば水が蒸発するまでのわずか数分、冷気で体が生き返る。この時間帯、水筒の水はもう湯になっているから、飲むよりむしろ気持ちよい。もちろん本当なら思い切りかぶりたいくらいだが、そこは貴重な水である。水は飲むならまだひんやりしている午前中がうまい。だが、そんな時間帯に水を減らしてしまっては、夕方まで持たない。少なくとも、水で皮膚を湿らすなどという贅沢な使い方はできなくなる。なんと馬鹿らしいことを考えながら調査をしているんだと思われる向きもあろうが、私にとっては深刻なジレンマである。本当に水不足に悩まされた翌日は、もう一本水筒を持って出ようか、しかしそうすれば荷物が重くなるし、といったジレンマが加わる。

3 植生

次は植生。イネ科の草原にアカシアの木々が疎生していることは、ひとめみて分かった。スケールは小さいが私のイメージどおりのサバンナ景観が広がっていることは間違いない。しかし、イネ科の草本、アカシア属の木といってもいろいろ種類があるだろう。これら以外の植物もたくさんあるはずだ。また、シャリ川沿いなどには違った植生景観が広がっていることも明らかだったし、場所による景観の違いはほかにもありそうだ。だから、サルがどういう植生景観を好んで利用するかを調べるためには、場所によるその違いも調べる必要があった。そこで、第一節で紹介した地図作成に引き続き、植生調査にとりかかった。とは言っても基礎情報が全くない。前年一九八六年の予備調査で雨季のおよそ二ヶ月間にサルが採食した植物については概ね同定は完了していたが、それ以外は同定どころか区別すらできていない。これからの時期利用するのかしないのかもちろん不明である。どういった種同士が同じ群落を構成するのかに至っては知る由もない。だからこそ調べる価値があるんだ、先入観なく調べることができるのだ、とわり切ってやるしかなかった。

私が採用した方法は、地図作成同様カバーする必要がある地域が広かったせいもあり、やはりかなり大雑把なものである。大雑把ではあるが、丁寧に説明すれば結構複雑になるので、ここは説明も大雑把に済ませることにする。調査は二つのステップからなる。第一のステップは、区画ごとの大雑把な植生景観の把握。第二のステップは、植生景観ごとの構成種の把握である。第一ステップの一区画には、作成した地図上の一格子（グリッド）分をあてた。つまり、一〇〇メートル四方面積一ヘクタールの区画である。道路沿いの樹木に最低一〇〇メートルごとに付けたナンバーテープを頼りにグリッドの境界にあたる道路上の基点を決め、そこからコンパスを頼りに南北に車を走らせる。あとは車の距離計で一〇〇メートルを測りグリッドの境界を見定めていくことで、それぞれのグリッドを踏査する。そして、格子ごとの植生景観を記録する。植生景観は、A）植物に被われた地表面の割合（植被率）

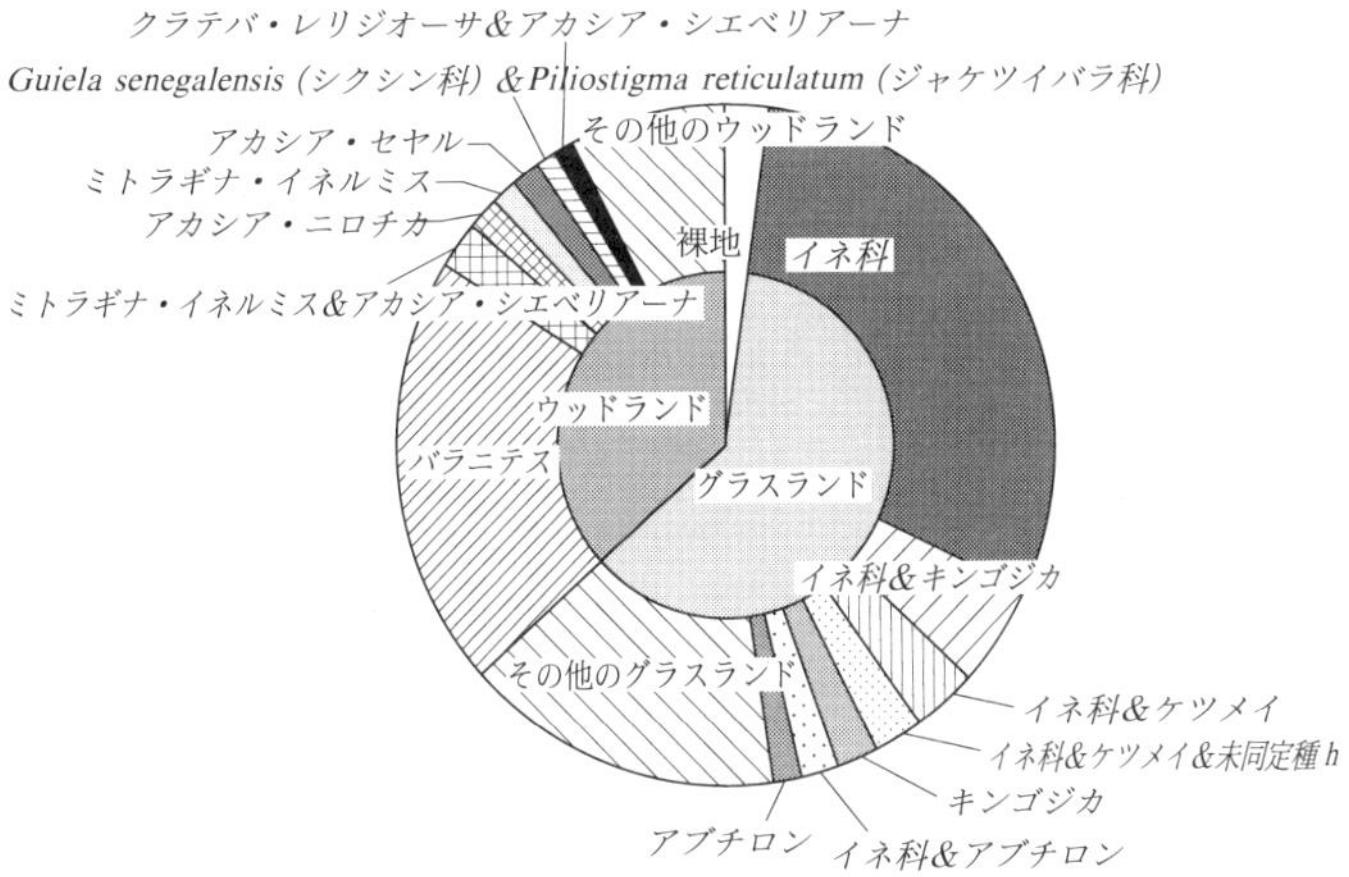

図2-5　カラマルエ国立公園調査地における各植生景観タイプが占める割合（文献4のFig. 2を改変）.

が二〇%未満の場合を裸地、B）植被率が二〇%以上で、うち木本植物の樹冠が地表を覆う割合が二〇%未満の場合をグラスランド、C）植被率が二〇%以上で、うち木本植物の樹冠が地表を覆う割合が二〇%以上の場合をウッドランド、の三タイプに分類して記録。さらに、ざっと見渡すことによりグラスランドでは優占している草本植物、ウッドランドでは優占している木本植物を最大四種記録した。ただし、イネ科は遠目では識別困難なため、一部の種を除いてここではひとまとめとして扱った。

合計九六一ヘクタールの面積の植生景観タイプを記録した。その内訳は、裸地二%、グラスランド六一%、ウッドランド三七%（図2-5）であり、ウッドランドは主に川沿いとメインロード沿いに多かった。また、グラスランドの中では、イネ科のみが優占するグリッド（写真

(a)

写真 2-1　カラマルエでみられる代表的な植生景観．イネ科のみが優占するグリッド(a)，アオイ科アブチロン属の 1 種のみが優占するグリッド(b)，ハマビシ科バラニテス属バラニテス 1 種のみが優占するグリッド(c)，アカシア・セヤルのみが優占するグリッド(d)，アカシア・ニロチカのみが優占するグリッド(e)，アカシア・シエベリアーナとアカネ科ミトラギナ・イネルミスの 2 種が優占するグリッド(f)．

2-1 a）がおよそ半分を占め、それ以外では、イネ科とアオイ科キンゴジカ属の一種（*Sida* sp.）、アオイ科アブチロン属の一種（*Abtilon* sp.）（写真 2-1 b）やジャケツイバラ科カワレケツメイ属ケツメイ（*Cassia tora*）が混生するグリッドが続いた。こうした他種との混生グリッドを含めれば、イネ科が優占するグリッドはグラスランドの八割、全体の五割を超え、イネ科草本が優占した植生帯であることが分かる。前二つの混生グリッド

(b)

(c)

第2章　調査地カラマルエ国立公園

46－*47*

(d)

(e)

(f)

は、ニューロードとメインロードの間をやはり東西に走るセントラルロード沿いの水はけの悪い地域に分布する。残りのイネ科とケツメイの混生グリッドは、キャンプサイトからメインロードの北を東西に走ってシャリ川の支流沿いの道（リバーサイドロード）に合流する二本の道路（南からノースロード1、ノースロード2）にはさまれたやはり水はけの悪い地域に多い。なお、今、ここで支流と呼んだが実はそう呼ぶにはふさわしくない。地図上ではそう見えてしまうが水の流れは本流からくる。シャリ川の流量が増えると水が流れ込んでくる天然の排水路のようなものである。キャンプサイトの北のU字型の水場もそうである。たが、本書では面倒なので川、あるいは支流と表現させて頂くことにする。さて話を植生に戻そう。キンゴジカは黄色い小花をつける丈数一〇センチの草本で、日本にも二種が帰化植物として自生している。他方、アブチロンは同じアオイ科でも背丈は一メートルを超え、ハイビスカスのような黄色い大型の花をつける。これまたイチビとして知られる種が帰化し自生している。ケツメイも草丈は一メートルを超え黄色い花をつける。その豆果が決明子（ケツメイシ）の名で生薬として、また現在では、健康茶であるハブ茶の原料として有名である。他方、ウッドランドに目を向けると、ハマビシ科バラニテス属バラニテス（*Balanites aegyptiaca*）のみが優占するグリッドが半分強を占め、その多くはメインロード沿いの水はけのよいところに分布している（写真2－1c）。また、キャンプサイトから北西方向、ファジという村へ向かう道路（ファジロード）沿いには、密な純林を形成する場所がみられた。その黄緑色の果実は食用にされるらしいが、こんなにもあるのに果実をつけている木は見た記憶がない。不思議に思って図鑑[1]を調べてみるとめったに実をつけないとのことである。次に目立つのは三種のネムノキ科アカシア属、アカシア・セヤル（*Acacia seyal*）、アカシア・ニロチカ（*A. nilotica*）、そしてアカシア・シエベリアーナ（*A. sieberiana*）。われわれは樹皮の色にちなんでそれぞれアカアカシア、クロアカシア、シロアカシアなどと呼んでいた。前二種は、それぞれの種のみ優占するグリッドが、セントラルロード、およびニューロード沿いの水はけの悪い地域に集中してみられた（写真2－1d、e）。ただし、アカシア・ニロチカは強シロアリ性建材、あるいは薪炭材として価値が高いため、アクセスの容易なニューロード沿いのこの林は、違法に伐採されほぼ姿を消してしまった。他方、アカシア・シエベリアーナは最も高木になるアカシアで、フウチョウソウ科ギョボク属ギョボク（*Crateva religiosa*）やアカネ科のミトラギナ・イネルミス（*Mitragyna inermis*）などの中低木と川沿いなどで混生することが多い（写真2－1

f）。ギョボクは木の大きさには不釣合いなミカン大の食用可能な実をつける。他方、ミトラギナ・イネルミスは、ハンノキやヤシャブシのような小さな球果を付けるため食用にはならないばかりか、葉にはミラトギンと呼ばれるアルカロイド系の毒を含む。

さて、これで植生景観と主だった構成種は分かったが、あまりにも主観的で大雑把である。そこで第二のステップとして、植生景観ごとの構成種をもう少し客観的な方法で調べることにした。第一ステップで分類された植生景観タイプ中、主要なものについて方形区法により調べた。ウッドランドの場合は、一〇メートル四方の大方形区を各グリッドごとに一個ずつ設定し、その中の木本植物すべての個体について、種名、胸高直径、樹高を記録。そして、さらにその中に、一メートル四方の小方形区を一～八個設定し、植物が地表面を覆っている割合（植被率）と草本植物種ごとの被度および自然高を記録した。他方、グラスランドの場合には、小方形区のみを各グリッドごとに一～八個設定し、ウッドランド内の場合と同様の項目を記録した。カラマルエでは使用人に調査を手伝ってもらうことはないがこの調査だけは違った。大方形区を設定する際、外枠に沿ってロープを張る必要があるが、この作業をひとりでやるのは骨が折れる。記録をとる際も、二人いれば一人が計測しもうひとりが記録すれば効率的である。この年の使用人フランシスさんは字も書けたから彼には記録係をしてもらった。

次にデータの集計。まずは、植生景観タイプごとの優占種を定量的に出すべく、表2-1にある計算をする。草本植物については、植被面積と植被体積という二つの尺度を用いた。まず、植被面積は、その小方形区の植被率に種ごとの被度割合を掛け合わせたものを、調査した小方形区数で割って求め

表 2-1　植生景観タイプ毎の種組成計算方法

- 草本植物種 A の総植被面積
  =Σ(植被率×被度割合)/サンプル小方形区数
- 草本植物種 A の総植被体積
  =Σ(植被率×被度割合×平均自然高)/サンプル小方形区数

- 木本植物種 B の総胸高断面積=(Σ 胸高断面積)/サンプル大方形区数
- 木本植物種 B の総材積= [Σ(胸高断面積×樹高)]/サンプル大方形区数
- 木本植物種 B の総個体数=(Σ 個体数)/サンプル大方形区数

表 2-2　イネ科 1 種優占タイプの種組成

学名	科名	植被面積 (cm^2)	植被面積 (%)	植被体積 (cm^3)	植被体積 (%)
Abutilon sp.	アオイ科	1	0.01	27	0.01
Sida sp.	アオイ科	16	0.18	792	0.27
Acalypha sp.1	トウダイグサ科	2	0.02	67	0.02
Casia tora	ジャケツイバラ科	55	0.64	3,321	1.12
Indigofera sp.1	マメ科	149	1.72	14,039	4.72
Indigofera sp. 6	マメ科	42	0.49	885	0.30
Ipomoae sp. 1	ヒルガオ科	9	0.10	159	0.05
Chloris sp.	イネ科	34	0.39	1,203	0.40
Echinochloa colona	イネ科	845	9.76	19,806	6.66
Echinochloa staginana	イネ科	94	1.09	2,375	0.80
Graminae sp. 12	イネ科	359	4.15	17,267	5.81
Loudetia simplex	イネ科	223	2.58	12,719	4.28
Oryza longistaminata	イネ科	107	1.24	6,509	2.19
Panicum sp.	イネ科	3,659	42.28	99,873	33.58
Penuisetum pedicellatum	イネ科	134	1.55	9,598	3.23
Schoenefeldia gracilis	イネ科	448	5.18	21,702	7.30
Setaria sp.	イネ科	98	1.13	2,619	0.88
Zornia glochidata	イネ科	2,255	26.06	82,268	27.66
Scleria sp.	カヤツリグサ科	124	1.43	2,166	0.73
		8,654	100.00	297,395	100.00

た。つまり、小方形区の面積は一平方メートルだが、そのうち何平方メートルをそれぞれの種が覆っているかという値である。次に植被体積。これは私の造語だが、植被面積に草丈を加味した場合の値である。他方、木本植物については、総胸高断面積、総材積、総個体数の三つの尺度で、優占度を表してみた。例として、グラスランドとウッドランドについて一タイプずつ結果を紹介する。まず、グラスランドの代表としてイネ科一種優占タイプ（表2-2）。先に述べたとおりイネ科の場合、遠目では種ごとの違いを識別できないため、第一ステップではイネ科一種優占とみなしたタイプだが、実際にはどれだけのイネ科の種が含まれていたかが分かる。植被面積、植被体積いずれの指標でみても最も値が高かったのは、キビ属の一種（*Panicum* sp.）で三〜四割を占めていた。次も同じくイネ科でゾルニア・グロキダータ（*Zornia glochidata*）、さらにイヌビエ属の一種（*Echinochloa colona*）、ショネフェルディア・グラシリス（*Schoenefeldia gracilis*）といずれもイネ科が上位を占めた。イネ科以外で最も優占していたのはマメ科コマツナギ属の一種（*Indigofera* sp. 1）であった。次にウッドランドの代表として、アカシア・シエベリアーナとミトラギナ・イネルミスの二種優占グリッドの種構成を紹介する（表2-3）。胸高断面積で見ると、ミトラギナ・イネルミスの占める割合が圧倒的で八〇%を占めるが、次はギョボクの一一%でアカシア・シエベリアーナの九%より高く、植生景観タイプと矛盾した結果である。しかし、樹高を考慮した材積割合でみると、アカシア・シエベリアーナはきっちり二番手の位置を占める。また、個体数でみると、木本性つる植物であるカパリス・コリンボーサ（*Capparis corymbopsa*）やカダバ・ファリノーザ（*Cadaba farinosa*）というい ずれもフウチョウソウ科の植物が上位二種を占めた。

表 2-3　アカシア・シエベリアーナとミトラギナ・イネルミスの 2 種優占タイプの種組成

学名	科名	胸高断面積 (m²)	胸高断面積 (%)	材積 (m³)	材積 (%)	個体数	個体数 (%)
Mitragyna inermis	アカネ科	0.6221	79.34	3.4952	84.11	2	6.90
Acacia sieberiana	オジギソウ科	0.0707	9.02	0.4239	10.20	1	3.45
Boscia senegalensis	フウチョウソウ科	0.0001	0.01	0.0001	0.00	1	3.45
Capparis corymbosa	フウチョウソウ科	0.0031	0.40	0.0048	0.12	12	41.38
Crateva religiosa	フウチョウソウ科	0.0860	10.97	0.2279	5.48	6	20.69
Cadaba farinosa	フウチョウソウ科	0.0010	0.13	0.0013	0.03	2	6.90
Tamarindus indica	ジャケツイバラ科	0.0003	0.04	0.0002	0.00	1	3.45
Balanites aegyptiaca	ハマビシ科	0.0003	0.04	0.0004	0.01	1	3.45
Ziziphus spina-christi	クロウメモドキ科	0.0001	0.01	0.0012	0.03	1	3.45
Ziziphus mucronata	クロウメモドキ科	0.0003	0.04	0.0005	0.01	1	3.45
未同定種 b		0.0001	0.01	0.0001	0.00	1	3.45
		0.7841	100.00	4.1556	100.00	29	100.00

表 2-4　調査地全体の種組成計算方法

- 草本植物種 A の植被面積(植被体積)＝Σ［各植生景観タイプにおける種 A の総植被面積(総植被体積)×10000×各植生景観タイプのグリッド数］
- 木本植物種 B の胸高断面積(材積・個体数)＝Σ［各ウッドランドタイプにおける種 B の総胸高断面積(総材積・総個体数)×100×各ウッドランドタイプのグリッド数］

最後に、集計の第二ステップとして、調査地九六一ヘクタール内全域の種組成を計算してみた(表2-4)。草本植物については、植生景観タイプごとの一平方メートル内における植被面積、および植被体積を、一万倍することによってグリッド面積である一〇〇メートル四方に換算し、各植生タイプのグリッド数を掛け合わせたものを、さらにすべての植生タイプについて足し合わせた。木本植物についても、植生景観タイプごとに得られている値が一〇〇平方メートルの大方形区における値であることを除けば、同様の方法で求めた。まさに力技でエイヤッと計算する。まず、草本植物の種構成。植被

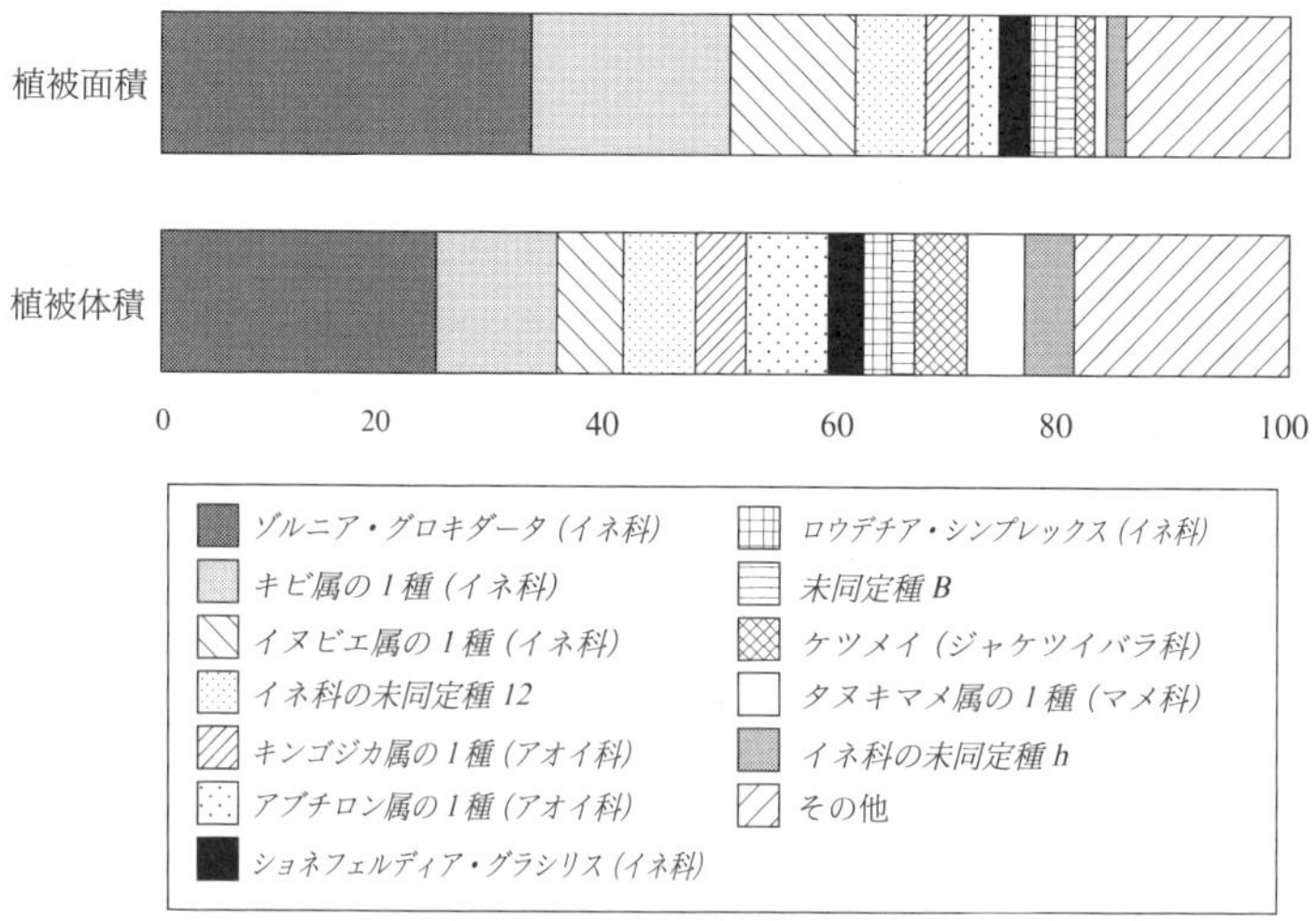

図2-6　調査地における草本植物の種構成．植被面積割合，植被体積割合いずれかの指標で上位10種に入ったもののみ．

面積、植被体積、いずれかの指標で上位一〇種に入った種だけは個別に表し、それ以外はまとめて表示すると図2-6のようになる。いずれの指標でみても上位一〇種で八〇%程度を占めた。また、いずれの指標でみても、ゾルニア・グロキダータ、キビ属の一種、イヌビエ属の一種のいずれもイネ科が上位を占め、草本としてはイネ科が優占していることが確認できた。イネ科以外では、アブチロンやキンゴジカ（以上、アオイ科）、ケツメイ（ジャケツイバラ科）、タヌキマメ属の一種（*Crotalaria* sp.）（マメ科）が上位一〇種に入った。次に木本植物の種構成。ここでもやはり、胸高断面積、材積、個体数のいずれかの指標で上位一〇種を占めたものだけを個別に示した（図2-7）。胸高断面積と材積は似通った傾向で、いず

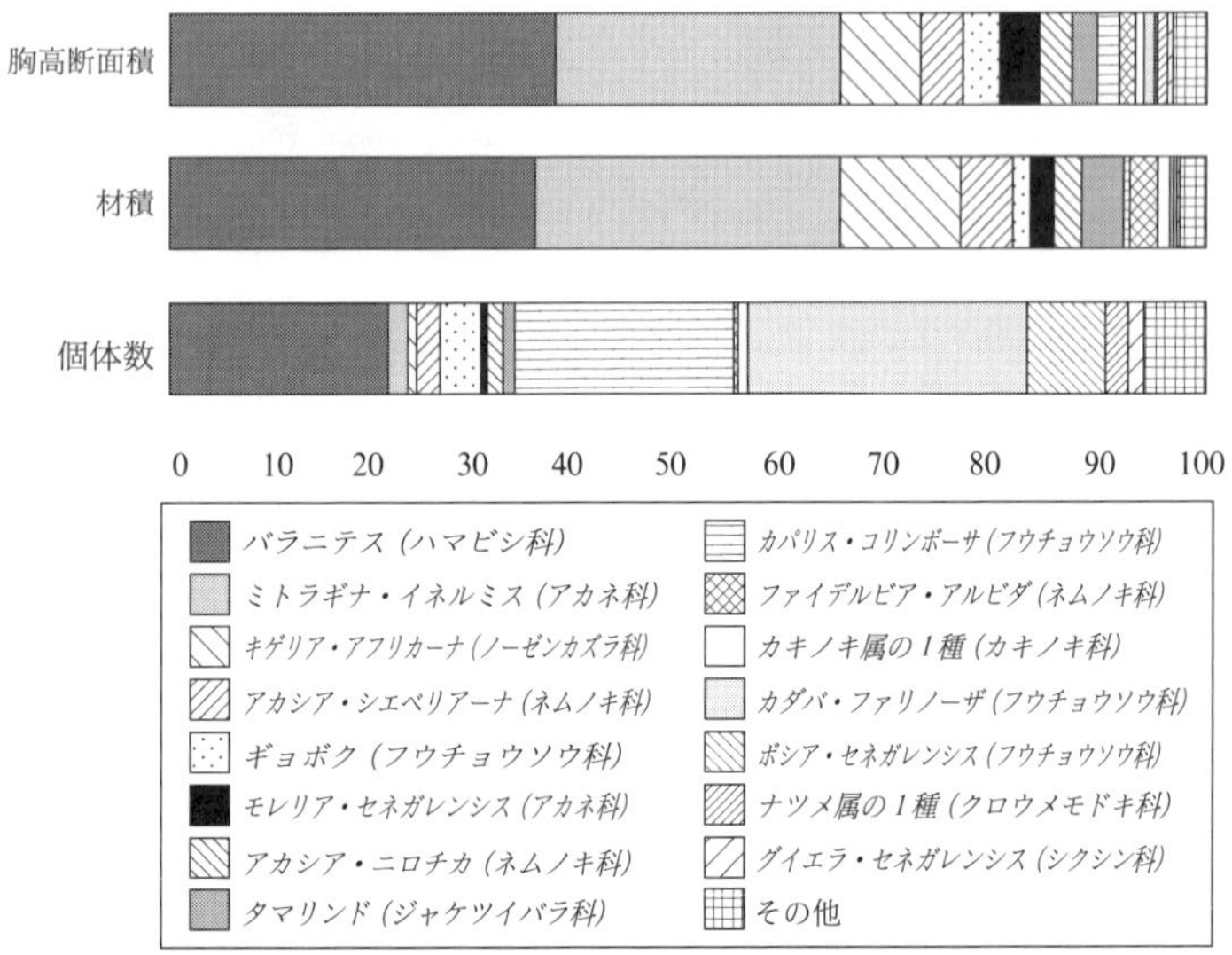

図 2-7　調査地における木本植物の種構成．胸高断面積，材積，個体数いずれかの指標で上位 10 種に入ったもののみ．

れもバラニテスが四割近くを占め、ミトラギナ・イネルミス、キゲリア・アフリカーナ（*Kigelia africana*）（ノーゼンカズラ科）、アカシア・シエベリアーナ、ギョボクなどが続いた。キゲリア・アフリカーナは、長さ五〇センチにも達するほどのソーセージ状の大きな果実をつけるため、ソーセージツリーと呼ばれている。この樹種が優占種としてここで初めて登場することになったのには理由がある。中高木であるがほとんど群生しないため、第一ステップで採用した一〇〇メートル四方のグリッドの中で優占種を四種選ぶという方法では引っかかりにくかったのだ。

個体数では、カパリス・コリンボーサ、カダバ・ファリノーザ、ボシア・セネガレンシス（*Boscia senegalensis*）のいずれもフウチョウソウ科の潅木やつるが上位を占めた。ボシア・セネガレンシスの名が登場したので、この一連の調査の最大の欠点を明かしておこう。思い返してもらえれば分かるとおり、グラスランドについては木本の調査をしていないのである。実はこの潅木、グラスランドに疎生していることが多いのでかなり過小評価となってしまっていることをお断りしておく。

4　動物相

カラマルエにどんな動物、特にどんな大型哺乳類がいるのかは、私にとっては大切なことだった。第一章で書いたように、私のサバンナへの憧れはそこに住む動物から来るものであって、私にとってそこに住む動物とは、子供の頃みたテレビ番組によく登場した大きな哺乳動物たちだったから。具体的に言えば、いわゆるビッグ・ファイブと言われるライオン、ゾウ、サイ、カバにバッファロー、そしてキリン、シマウマ、アンテロープの仲間、イボイノシシなど。残念ながらサルは「憧れ」には含まれていなかった。もちろん、今はサルを研究しにここにやってきているわけだから大切なのは言うまでもないが、上記のような大型哺乳類は研究とは無関係に大切な動物だった。

しかし、このうちカラマルエにいるのはアフリカゾウ（*Loxodonta africana*）、アンテロープの仲間、イボ

写真 2-2　カラマルエを訪れたアフリカゾウの大群.

イノシシ (*Phacochoerus aethiopicus*)、そしてカバ (*Hippopotamus amphibiuius*) だけ。ライオンとキリンはワザにはいて私も出会ったが、カラマルエにはいない。キリンは以前少数の個体が導入されたが、定着しなかったという。サルの調査のことを考えれば、ライオンなんていたら怖くて調査にならないからいなくてよかったのだが、キリンは危害を加えそうにないのでいて欲しかった。逆に、いて困ったのはゾウ。カラマルエには、乾季の半ばに入る十二月末から一月頃、数百頭にも達するアフリカゾウの大群が、水と食料を求めてやってくる。数百頭のゾウの大群は壮観だし、子ゾウでもいればほほえましい光景をみせてくれるのだが、そばに寄りたくはない(写真2-2)。ところがパタスは、大群に周囲を完全に取り囲まれることさえなければ、近づいてきても意外と悠然と構えている。サルは調査せねばならないが、ゾウの大群が迫ってくるという状況に陥るのだ。おかげで一度、一〇メートルほどの距離から鼻を高々と挙げて威嚇され逃げ帰ったことがある。調査小屋で睡眠中にも何度も恐怖を味わった。夜半、小屋からから数十メートルのところを、ゾウたちの大群がしばしば通過する。時にはうち一頭が、小屋で寝ている私と壁を挟んで五メートルほどのところにあるクロウメモドキ科ナツメ属の一種（*Ziziphus spina-christi*）の木で、がさごそと果実を食べ始めることもあった。日干し煉瓦の掘っ建て小屋。彼らに本気で体当たりされたらひとたまりもないだろうと思うと、眠れるわけもなかった。さらに、ゾウが過ぎ去ったら過ぎ去ったでまた難儀なことが起こる。彼らは、ブルドーザーの如く木々の枝をへし折り、ひどい時にはなぎ倒して移動していく。鋭い棘をもったアカシアといえどひとたまりもない。そこらじゅうにアカシアの棘が撒き散らされることになる。今度はその棘を踏んだ車がひとたまりもない。もちろん避けて運転してはいるがすべて避けきれるわけではない。釘なんかとは違ってたちが悪いのは、刺さってからパンクするまでに時間的な遅延がある点だ。棘など全く落ちていないニューロード上でもパンクする。どうやら走っているうちにじわりじわりと徐々にタイヤに食い込み、チューブに到達した時にパンクするためだ。また、細いトゲの場合は空気も徐々にしかぬけないためか、朝起きてさあ調査に出かけようと思ったらパンクしており、出ばなをくじかれることも多々あった。カラマルエにいるアンテロープは、セネガルコーブ（*Kobs kob*）、ブッシュバック（*Tragelaphus scriptus*）、レッドフロンテッド・ガゼル（*Gzaella rufifrons*）、グリムズダイカー（*Sylvicapra grimmia*）の四種。英国・サセックス大学のM・カバンナフさんという霊長類学者によれば[2]、一九七四年から一九七五年には普通に見られると報告されていたデフォッサウォーターバック（*Kobus defassa*）とトピ（*Damaliscus korrigum*）という比較的大型のアンテロープ二種、稀に見られた小型種リードバック（*Redunca redunca*）はどうやらいなくなってしまったらしい。また、今いるアンテロープの中で最も大型で、メインロードの南の開けた草原にいるセネガルコーブについても、一九八三年以降、目に見えて減少しているという大沢さんと私の共通の印象がある。私が調査し始めた一九八六年には、毎日とは言わないまでも二日に一度程度は見かけたが、今では一週間に一度見られるかと言われると自信がない。カバンナフさんの報告でも、一九七四年当時セネガルコーブは普通に見られたとされている。普通がどの程度のものか推し量るしかないが、一週間に一度も見られないものを普通とは言うまい。やはり開けた場所にいるレッドフロンテッド・ガゼルは、以前からさほど多くはなかったと思う。ただ、日頃はコーブに比べて臆病なのに、交尾季となると目の前にいる私の存在など気にもかけずに顎を上げた特有のディスプレーで雌を追いかけていた姿が印象に残っている。ブッシュバックは必ず川沿いでみかけた。川を挟んで対岸にいる時はゆっくりその美しい容姿を眺めることができるのだが、そうでない時の出会いはいつも一瞬。それこそブッシュに潜んでいるときに、近づいてくる私を限界まで耐え、おそらく耐え切れなくなって直前で飛び出して逃げるものだからいつもこちらが驚かされた。最小のグリムズダイカーは、中程度に開けたメインロードのすぐ南で出会うことが多かったように思う。彼女は隠れているわけではないのに私がじっとしていると、気づかずにいくらでも近づいてくる。そして、数メートルの距離でようやく気づいて慌てて逃げていく。イボイノシシは、こちらの存在を知ってか知らずか、いつもお得意の尻尾を上げたひょうひょうとした独特の小走りを、目前で披露してくれた。また、前肢を正座するごとく肘より先を後ろに折ってお行儀よく（?）草を食む姿も印象に残っている。まだ、出会いを紹介していないカバ。実は、シャリ川本流と支流で一度ずつ会っただけだ。会ったと言っても日中だったから、夜行性の彼女らは水中で休息中。その大きな背中しか見えなかったがそれでも感動的だった。

次にその他の中型、そして小型哺乳類。ここでまず紹介せねばならないのが二種の霊長類。私の夢の世界では登場さえしなかったのだが、今は調査対象であり本書の主役であり準主役である。主役はパタスモンキー（*Erythrocebus patas*）（以後、単にパタスと呼ぶ）。そして準主役は、タンタルスモンキー（*Cercopithecus aethiops tantalus*）（以後、単にタンタルスと呼ぶ）というサバンナモンキーの一亜種。日本に自然分布する唯一のヒト以外の霊長類であるマカク属のニホンザルと同じオナガザル亜科に分類される（図2-8）。オナガザル亜科といってもニホンザルなどのように尾の短いサルも含んでいるのだが、共通した特徴としては頬袋を持つことが挙げられる。亜科の一つ下の分類区分である「連」レベルでは、マカカ属などとは別のオナガザル連に分類され、通常、グエノンと総称される。ちなみにグエノンはすべて頭胴長と同等かそれ以上の長さの長い尾を持っている。

さて、個別に紹介していこう。まず主役のパタスは、スマートな体軀にすらりと伸びた長い四肢が特徴的なサルで、いかにも地上を駆けるのに適した体型をしている。現に車で追いかけたら、なんと時速五五キロメートルで走ったという。霊長類としてはもちろん最速の記録である。頭頂部から背中

●パタスモンキー *Erythrocebus patas*

大きさ

体　重	オス約 12kg	メス約 6kg
頭胴長	オス約 62cm	メス約 49cm
尾　長	オス約 62cm	メス約 51cm

分　布

サハラ砂漠南縁，西アフリカのセネガルから東はエチオピア，南はタンザニアまで (図 2-9 参照).

にかけての赤褐色の毛、白い口髭も印象的である。パタスは、一頭のオトナ雄、および複数のオトナ雌、加えてその子供たちからなる単雄複雌群を形成する。一般に単雄複雌群を形成する種では雌を巡る雄同士の競合が強く働くから性的二型が大きくなると言われているとおり、オトナ雄の体重はおよそ一二キログラム、体重六キログラム程度の雌の二倍近

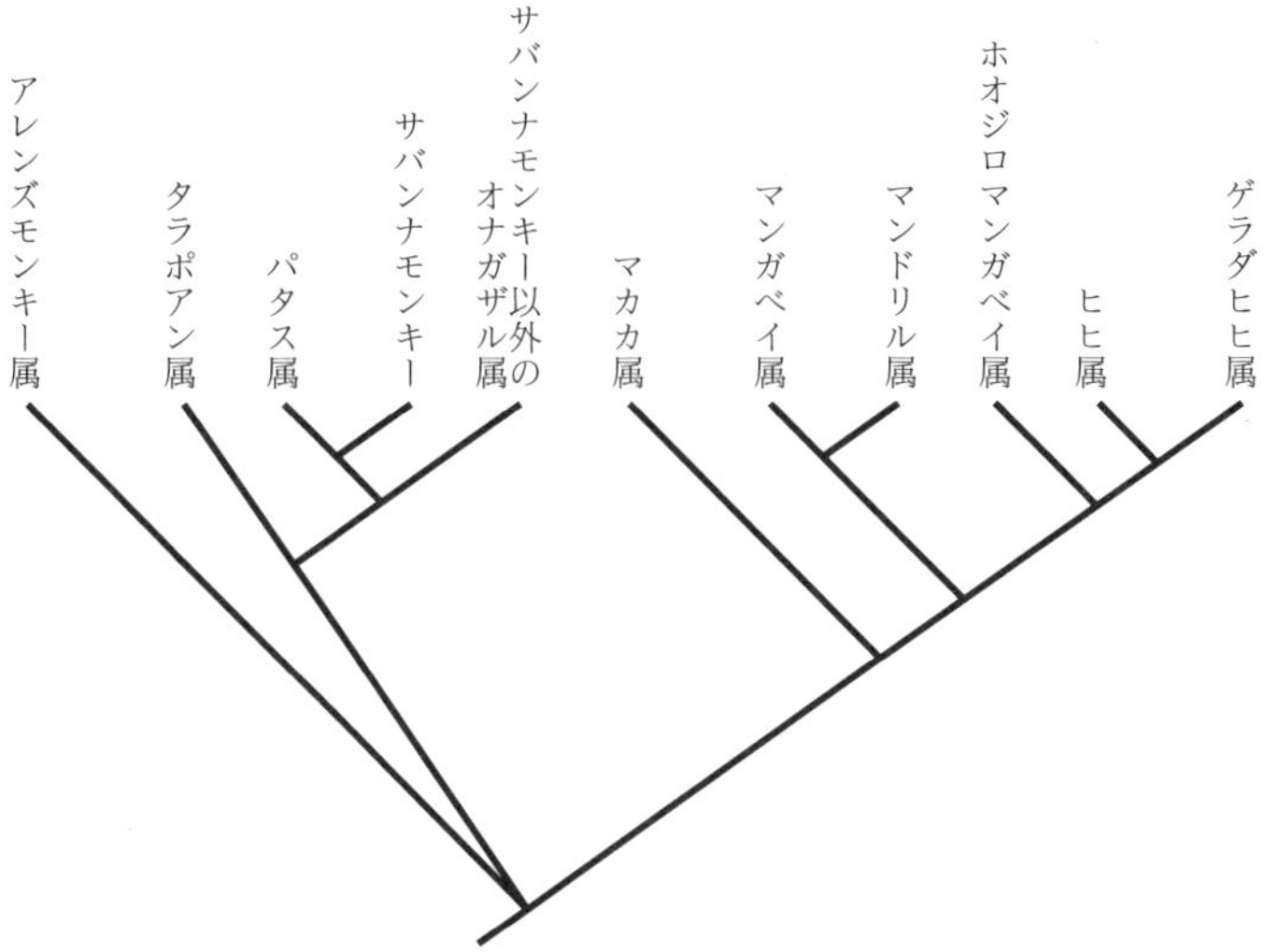

図 2-8　オナガザル亜科におけるパタスモンキーとサバンナモンキーの系統的位置づけ（文献 5 の Fig. 5 を改変）.

くにも達する。こうした顕著な特徴のため古くから一種のみで近縁種とは独立のパタス属（*Erythrocebus*）の地位を与えられてきた。パタスは、サハラ砂漠の南縁に分布するサヘルと呼ばれるサバンナを中心にアフリカ大陸東西に広く分布している。西アフリカのニシアフリカパタス（*E. p. patas*）、東アフリカのヒガシアフリカパタス（*E. p. pyrrhonotous*）、ニジェールの孤立個体群（*E. p. villersi*）とタンザニアのセレンゲティの孤立個体群（*E. p. baumstarcki*）の四亜種に分類されている（図2-9）。本稿の主役であるパタスは、もちろん基亜種であるニシアフリカパタスである。ヒガシアフリカパタスほど黒い顔と白い鼻筋というコントラストが強くない個体が多いようだ。

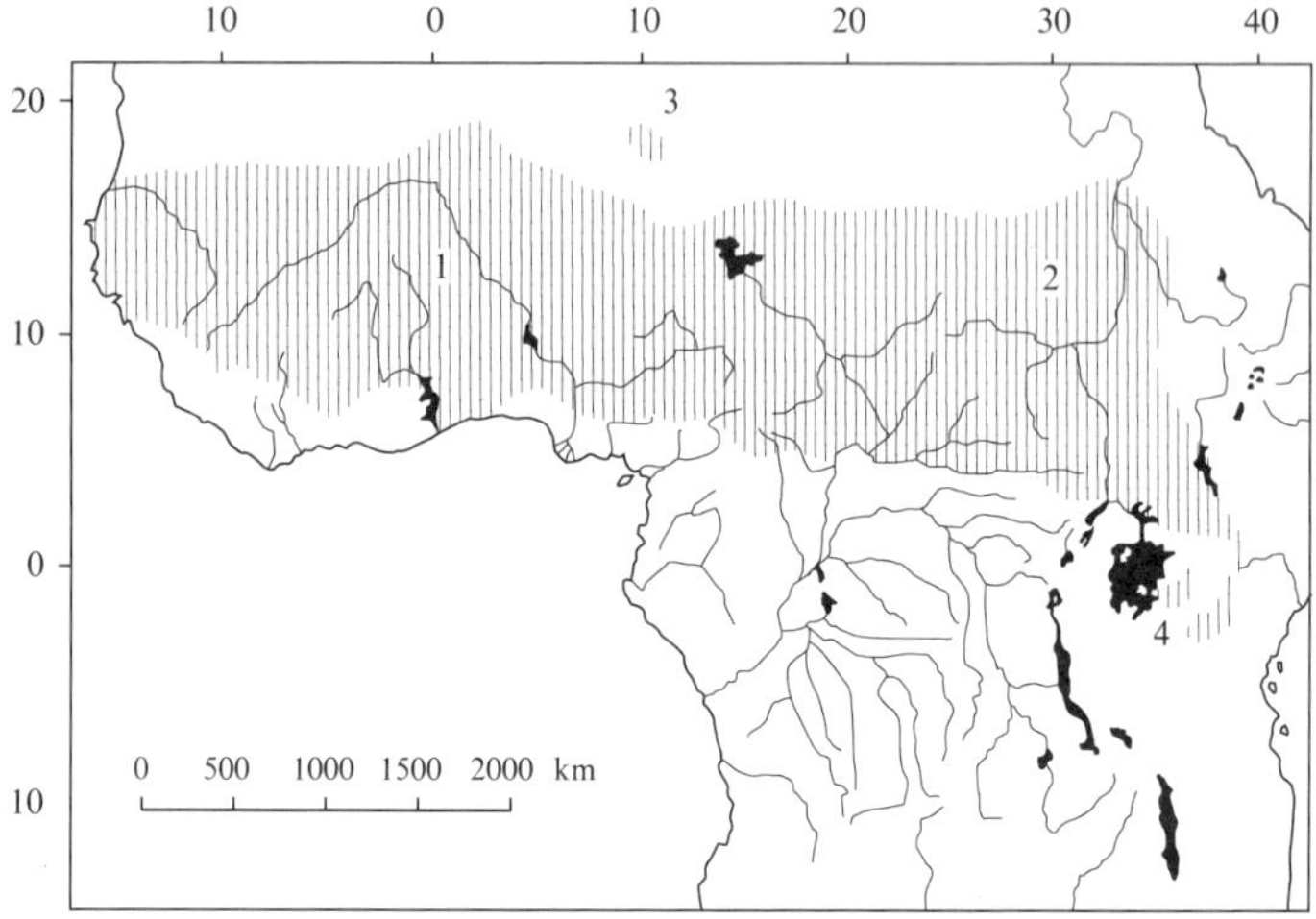

図 2-9　パタスモンキー 4 亜種の分布．(1)ニシアフリカパタス（*E. p. patas*），(2)ヒガシアフリカパタス（*E. p. pyrrhonotous*），(3)ニジェールの孤立個体群（*E. p. villersi*），(4)タンザニアのセレンゲティの孤立個体群（*E. p. baumstarcki*）（文献 6 の Fig. 4.1 を改変）．

次に準主役のタンタルス。タンタルスを含むサバンナモンキーはどの種も顔全体が真っ黒。頭頂部から背中にかけての毛はパタスと対照的に灰緑色で、カメルーンの公用語の一つフランス語でサンジュ・ベール（緑色のサル）と呼ばれる。ちなみに、パタスのフランス語名はサンジュ・ルージュ、つまり赤い色のサルである。複雄複雌群を形成するサバンナモンキーは、パタスの雌よりさらにひと回り小さく、おとな雄で体重五キログラム、おとな雌で四キログラムである（定型写真付きボックス）。サバンナモンキーは森林性のオナガザル属（*Cercopithecus*）と近縁と見なされ同じ属に分類されてきたが、近年むしろパタスとの近縁性が高いことが分

●サバンナモンキー *Cercopithecus aethiops*

大きさ

体　重	オス約 5kg	メス約 4kg
頭胴長	オス約 49cm	メス約 43cm
尾　長	オス約 63cm	メス約 56cm

分　布

ギニア湾沿岸，コンゴ盆地，カラハリ砂漠を除いたサハラ砂漠以南のアフリカほぼ全土（図 2-10 参照）．

かってきた（図 2-8 参照）。これを受けて、パタスをオナガザル属に入れるか、サバンナモンキーのみ、あるいはパタスとプロイスモンキーとその近縁種をあわせてサバンナモンキー属（*Chlorocebus*）という新属に入れるべきであるという方向で検討がなされている。また、サバンナモンキーは通常六亜種に分けられるが、それを種レベルに格上げすべきであるという議論もある。どちらもこうした方向に移っていくことはおそらく間違いはないと思われるが、門外漢の私にはその妥当性は評価できない。こうした分類学上の幾分混乱した状況を収拾すべく、二〇〇〇年二月に国際会議が開催され、当面従来通りの伝統的な分類体系が用いられることで合意が得られたので、本稿でもその体系に従った。[3] サバンナモンキーはサバンナの川辺林が主な生息地だが、時には熱帯雨林の林縁部にまで進出する。南端は南アフリカまで達し、東西だけでなく南北にも広く分布している。ガーナのボルタ川以西に分布するミドリザル（*C. aethiops sabaeus*）（図2－10の1）、ボルタ川以東から南スーダン、コンゴ民主共和国（旧ザイール）北東部、ウガンダ、ケニアのツルカナ湖の西までに分布するタンタルス（*C. a. tantalus*）（同図の2）、エチオピア北西部に分布するグリベット（*C. a. aethiops*）（同図の3）、その分布の南東端に位置するバレ山脈に生息するバレ山脈グリベット（*C. a. djamdjamensis*）（同図の4）、アンゴラ、コンゴ民主共和国南部、ザンビアに分布するマルブロックモンキー（*C. a. cynosuros*）（同図の5）、残りエチオピア南東部、ケニアから南アフリカまで大陸の東側に分布するベルベット（*C. a. pygerythrus*）（同図の6）の六亜種に分類されている。本稿の準主役タンタルスは、白く長い頬髯と、前額の帯状の白い毛にそりこみが入っているのが特徴的な亜種である。

次に本書の脇役といえる存在がサルの捕食者である食肉目の獣たち。キンイロジャッカル（*Canis aureus*）とブチハイエナ（*Crocuta crocuta*）は、草原の掃除屋として腐肉食者のイメージが依然強いがもちろん狩りをする。後述するように、前者がサルを捕食するのは実際目撃した。サバールキャット（*Felis serval*）は飛んでいる鳥をジャンプして捕らえることで有名な中型のネコ科の獣。彼らがサルの捕食者となりうるかは若干疑問である。あと野生動物ではないが、サルの反応を見る限りは野犬は捕食者となって

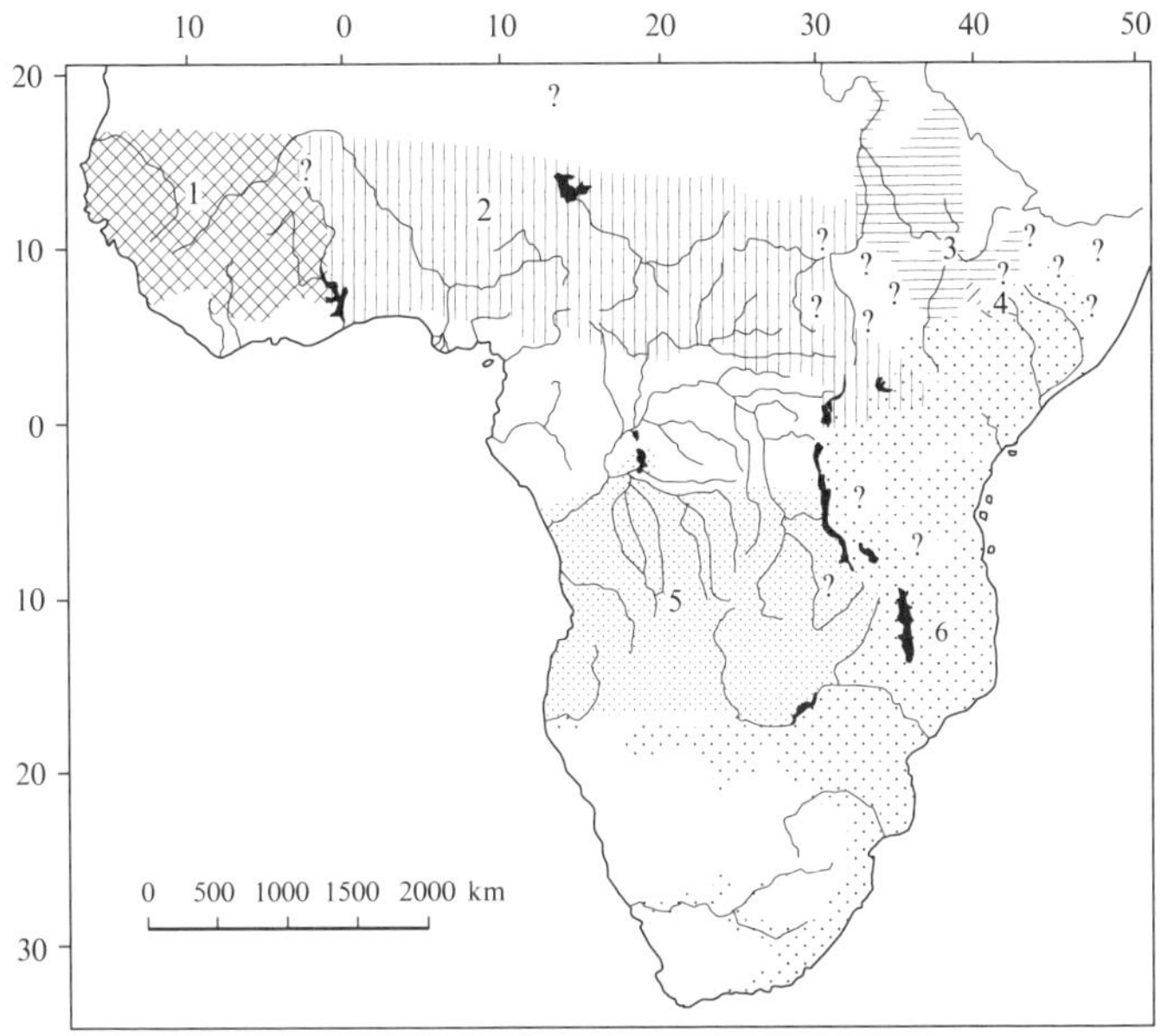

図 2-10　サバンナモンキー 6 亜種の分布．(1)ミドリザル（*C. aethiops sabaeus*），(2)タンタルス（*C. a. tantalus*），(3)グリベット（*C. a. aethiops*），(4)バレ山脈グリベット（*C. a. djamdijamensis*），(5)マルブロックモンキー（*C. a. cynosuros*），(6)ベルベット（*C. a. pygerythrus*）（文献 6 の Fig. 4.3 を改変）．

いる。

小型の食肉目の獣で私が目撃したことのあるのは、リビアヤマネコ（*Felis libyca*）、シママングース（*Mungos mungo*）、ジェネット（*Genetta genetta*）、そして野猫だが、いずれもサルの捕食者とはなりえない。ほかに見たことがあり同定できているのは、ケープノウサギ（*Lepus capensis*）とアカアシアラゲジリス（*Xerus erythropus*）のみ。ノウサギは、車のヘッドライトで眼がくらむのか車から逃げ惑っている姿を、ジリスは調査小屋の周辺をうろつく姿をよく見かけた。そのほか私は見たことはないのだが、大沢さんが確認された哺乳類として、ツチブタ（*Orycteropus afer*）、ラーテル（*Mellivora capensis*）、タテガミヤマアラシ（*Hystrix cristata*）。ツチブタは、アリクイのようにアリを専食しており歯が完全に退化している管歯目の哺乳類。草原のところどころにみられる大きな穴は、彼らが巣として利用するために掘ったものらしい。大沢さんは、夜、彼らが巣から出て活動しているところを見かけたという。鼻面はブタ、その姿勢はアリクイのような、なんとも風変わりなシルエットに驚かれたそうだ。ラーテルは、ほかの大型のイタチ科の獣同様獰猛なことで有名。大沢さんが食料とすべく飼っていたニワトリが襲われ彼らの食料になってしまった。ヤマアラシについては、散乱していた棘状の体毛が生息の証し。最後に、カバンナフさんの報告にあるその他の哺乳類としては、エジプトマングース（*Herpestes ichneumon*）とオジロマングース（*Ichneumia albicauda*）、シマハイエナ（*Hyaena hyaena*）、そしてヒョウ（*Panthera pardus*）。彼の報告によれば、一九七四年にはマルタムの村のそばで雄ヒョウが目撃されていたという。

鳥の中にも、私の憧れていたサバンナ像に組み込まれていたものがいる。ハゲワシの仲間やアフリカハゲコウ（*Leptoptilos crumeniferus*）、そして水場ではカンムリヅル（*Baleari capavonina*）やペリカン（*Pelecanus rufescens*）。カラマルエでも頻度は高くなかったがたまには出会えた。やはりいずれも大型の鳥たちである。調査対象たるサルと直接関係しそうな鳥類といえば捕食者になりうる猛禽類だが、実に多様なれどチョウゲンボウ大の中型のものが多く捕食者と言えそうな種はいなかった。腐肉食のハゲワシ類やヘビ専食者として有名なヘビクイワシ（*Sagittarisu serpentarius*）以外の猛禽類としては尾羽が極めて短いダルマワシ（*Terathopius ecaudatus*）をよく見かけたが、同じ木にいてもパタスはなんら気に留めることもなかった。彼らもヘビ食者らしい。

その他、中・大型の鳥としては、アフリカクロトキ（*Threskiornis aethiopica*）、ハダダトキ（*Bostrychia hagedash*）、アフリカヘラサギ（*Platalea alba*）などトキ類、アオサギ（*Ardea cinerea*）、クロガシラサギ（*A. melanocephala*）などサギ類、クラハシコウ（*Ephippiorhynchus senegalensis*）、アフリカトキコウ（*Tockus erythrorhynchus*）などコウノトリ類、ホロホロチョウ（*Numida meleagris*）、シャコ（*Francolinus* sp）などキジ類、ツメバガン（*Plectropterus gambensis*）、シロガオリュウキュウガモ（*Dendrocygna viduata*）コブガモ（*Sarkidiornis melanota*）などガン・カモ類、ツメバゲリ（*Vanellus spinosus*）などシギ・チドリ類、オナガヨタカ（*Caprimulgus climacurus*）などヨタカ類、セネガルバンケン（*Centropuys senegalensis*）などカッコウ類、アオエリネズミドリ（*Colius macrourus*）などネズミドリ類、ニシブッポウソウ（*Coracias abyssinica*）などブッポウソウ類、キタベニハチクイ（*Merops nubicus*）、アカノドハチクイ（*M. bulocki*）などハチクイ類、アカハシコサイチョウ（*Tockus erythrorhynchus*）、ハイイロコサイチョウ（*T. nasutus*）などサイチョウ類、ヒメヤマセミ（*Ceryle rudis*）、オオヤマセミ（*C. maxima*）などカワセミ類をみた。この中でその出会いの頻度からいって付き合いの深いのはホロホロチョウ。セントラルロードなど幅員の狭い道路を車で走っていると、望む、望まないにかかわらず必ず彼女らを追っかける形になる。でも最終的にはぎりぎりのところで、精一杯の飛翔力を発揮してはねられることはない。しかし、ニューロードでは車の速度が桁違いなため、はねられてしまう輩が出てくる。その犠牲者の命を無駄にしてはならぬ、という精神に則って何度かその肉を賞味

写真 2-3　魚を捕らえたヒメヤマセミ．くちばしでくわえ，頭を振って獲物を何度も止まり木に叩きつける．

する機会を得た。出会いの頻度としては高くはないが、貴重な瞬間に出会えた気がするのはヒメヤマセミ。川辺林でタンタルスを観察中、偶然にも彼らの漁に出会えた。低空飛翔とダイビングを何度も繰り返したのち、見事獲物の魚をゲット。捕った魚の胴体中央をくちばしでくわえ、頭を振って魚を何度も自分の止っている木の枝に打ちる。飲み込みやすくなるまで弱らせるつもりらしい。ところが、勢い余って魚を落としてしまう。でも事態がなかなか飲み込めない様子。しばらくしてやっと魚を落としたことに気づき、探したのち魚を拾う。魚は命拾いし損ねる。この一連の行動を写真に収めることができた（写真2-3）。スズメ目の小鳥としては、器用に巣作りに励むハタオリドリの仲間（*Ploceus* sp.）、ピーピーと喧しいオナガテリムク（*Lamprotor-*

nis caudatus）、飛ぶのに邪魔なほどの長い尾羽を持つオビヒロホウオウジャク（*Vidua orientalis*）などが印象に残る。

爬虫・両生類でもっともお付き合いの深いのはヤモリとヒキガエル。夜、小屋のランプに集まってくる虫を狙って集まってくる。そして、ヤモリはともかくヒキガエルまでもがそのまま家の棚下などに住み着いてしまう。彼らだけならいてもらってもいいのだが、困るのは彼らを狙ってヘビが来ること。ある日、昼寝をしようと蚊帳付ベッドに転がり込むと、背中の一部分だけマットに厚みを感じる。ヘビ、しかも毒ヘビの上に、寝転がってしまったらしい。もっと肝を冷やしたのは、ブラックコブラに鎌首をもたげて威嚇されたとき。木の枝下を腰をかがめて潜り抜けようとして、ふと見上げるとその枝にコブラが横たわっていたこともある。これら毒ヘビ以外には、身に危険を覚えるほどの存在の爬虫類はいない。ワニも何度か目撃したが全長一メートル程度。川に引きずり込まれそうな大きさはない。オオトカゲもしかり。キノボリトカゲは活発な、片やカメレオンは超スローな動きで、逆にわれわれの眼を楽しませてくれる。

第三章◎比較採食生態学的研究

1　比較採食生態学とは

採食生態学。この学問との付き合いは、修士課程でニホンザル研究を始めて以来続いており、私の研究の支柱になっていることは間違いない。私は処女著作『サルの食卓～採食生態学入門』（平凡社刊）(1)で、採食生態学を次のように定義した。「採食生態学とは、採食行動の〈5W1H〉を調べる学問、すなわち、誰が（Who）、いつ（When）、どこで（Where）、何を（What）、どのように（How）食べるか観察し、なぜ（Why）そうなのかを調べる学問である。」と。例えば、パタスのオトナ雄が七月のある日、川辺近くに生えているある植物の大きな果実をむさぼり食っていたとする。この時、なぜ雄ザルは川辺近くを訪れたのか、なぜこの大きな果実を食べたのか、なぜ七月にはむさぼり食っていたのか、等々の疑問が湧いてくる。「なぜ」というのは、生態学では究極的な理由を問うている。つまり、意識・無意識は別にして、ある振る舞いをすることが、「なぜ」その個体の生存上・繁殖上、有利となるのかが問題となる。そして、こうした採食行動に関わる様々な「なぜ」に答えていくのが採食生態学なのである。

本書で紹介する採食生態学は、これに種間比較という手法を前面に押し出した比較採食生態学である。他種と比較することによりその種の特徴を浮き彫りにしようという手法は生物学の常套手段であるから、ここでことさら種間比較というのを強調するのには至近的な理由がある。一つには、同所的に生息する種を比較していること。ある植物種の果実をパタスは食べるが、タンタルスがそれを食べなかったとしても、タンタルスの生息場所にはその植物種がなかっただけかもしれない。二つめは、同時期に比較していること。せっかく同所的な二種を比較しても、時期が違えばその果実が実っていなくて食べることができないということは普通に起こる。三つめは、パタスとタンタルスは同属に分類されてもおかしくないほど互いに近縁種であること。パタスとは亜科レベルで違うクロシロコロブスが同所的に生息していたとする。同時期に二種を調査した結果、パタスが食べる種の果実をクロシロコロブスが食べなかったとしてもある意味当たり前。コロブス亜科のサルは、消化管の構造からして葉食に適応しているからである。そして最後に、同じ調査者である私が同じ方法を用いて収集したデータに基づいて比較していること。ある果実を食べる食べないというレベルでは方法による違いは生じないだろうが、どれだけ食べるかというレベルでは違いが生じることは想像に難くない。

さらに、種間比較を強調する究極的な理由もある。一九八六年に私がパタスの調査を開始した時点でその採食生態について量的なデータに基づいた研究は皆無であったのだが、後述するように潜在的には出てくる可能性があった。また、タンタルスのそれについては、カバンナフさんによって一九七四年、一九七五年に同じカラマルエで行われていた。さらに言えば、サバンナモンキーという種レベルでは、ベルベットやミドリザルを中心にかなり詳細な研究が行われていた。だから、タンタルスはもちろん、パタス単一種だけ対象としていたのでは二番煎じ、三番煎じの研究になってしまう可能性があったのである。

2 パタスの採食生態学的研究小史

さて、ここで私が調査を開始するまでのパタスの採食生態学的研究史について簡単に触れておく。野生パタスのパイオニアワークとしては、英国・ブリストン大学の故R・ホール博士により著され、一九六五年に動物学雑誌に掲載された八七ページに及ぶ論文がある。[2] 博士はウガンダのマーチソンフォールズ国立公園において、一二一日間六三八時間に及ぶパタスの観察を行い、その採食生態のみならず、社会構造、社会交渉、性行動、音声などなど様々な側面について記述を残している。その鋭い観察眼には眼を見張るものがあるが、採食生態に関係する量的なデータは移動距離と若干の活動リズムのみ。採食品目について植物一三種一四品目、キノコ二種、バッタとアリ、そしてアガマトカゲが記載されているものの、それぞれをどれだけ利用しているのかについて量的な記載は全くなかった。高い草丈による視界の悪さと、パタスの用心深さには相当悩まされたようだ。執念深く観察を続けることにより博士とパタスの距離は四〇〇メートルから一〇〇メートルには縮まったが、これ以上に縮まることは疑わしいと嘆いている。その後一九六七年と一九六八年に、米国・ロックフェラー大学のT・ストルゼーカー博士とS・ガルトラン博士がなんとカメルーンのワザ国立公園で調査を行っている[(3)]。彼らは、三度の調査を合計しても二三日間四六時間の観察を行っただけであるが、乾季限定される水場を頻繁に訪れるパタスに焦点を絞ることにより、群間や異種間の敵対的交渉について詳細な記述をしている。また、生後間もないアカンボウを確認したことから乾季が彼らの出産季にあたり、ウガンダとも共通の特徴であることを指摘している。これは後述するように私の研究にとって大変重要な知見であった。しかし、彼らの論文においても量的なデータはほとんど見当たらない。彼らは、マーチソンフォールズよりパタスの密度が高そうで、またそれほど逃げないことからワザの観察条件の良さを主張していたが、その後彼らが調査を継続することはなかった。逃げないといってもそれはあくまでもマーチソンフォールズに比べての話であって、逃げはじめる臨界距離は一〇〇メートル未満と言っているから、パタスの用心深さに悩まされたことにその一因があるのかもしれない。あるいは、われわれが経験したように、ワザでは雨季に土地が冠水し車による調査が不可能になるためかもしれない。

一九七九年、初めての長期継続調査を開始したのは、米国・カリフォルニア大学バークリー校のT・ラウエルさん率いるチームである。バークリー校では面積一〇〇平方メートルの屋外放飼場にパタスを飼育しており、これを対象にラウエルさんの学生であるJ・チズムさんが行動の発達学的研究を行っていたが、彼女はこれに飽き足らず野生パタスの調査に乗り出した。彼女らの調査地はケニア北東部に位置するライキピア台地のムタラ牧場。牧場といっても広大な面積で柵はあるものの完全に囲われているわけではない。とはいえ牧場だから低密度にせよウシはいるが、野生動物もたくさん住んでいる、そんな場所である。チズムさんの関心からして採食生態学的な研究が主要テーマになる気はしなかった。しかし、遊動域のどのあたりで、何を、どれだけの時間食べるか、といった基礎的な研究ならやろうと思えば片手間にでもできる。先に、採食生態について量的なデータに基づいた研究が潜在的には出てくる可能性があると書いたのはこのためである。

ここでいよいよわれらが大沢秀行さんの登場となる。大沢さんがカラマルエで調査を開始したのは一九八四年一月。パタスの調査地を求めてカメルーンを北上してきた末、たどり着いた地であった。先行研究はもちろんご存知だったからワザも訪れられたそうだが、その広大さに躊躇されたと伺っている。ご英断というしかない。カラマルエなら雨季であってもメインロードとニューロードは車で走行可能だから、あとはなんとか徒歩でも調査が可能な面積である。

3　予備調査

私が大沢さん率いるチームの一員として採食生態学的な調査を開始したのは一九八六年七月。前述のとおり、この時点でパタスの採食生態について量的なデータに基づいた研究はラウェルチームの研究を含めても皆無であった。この年の調査はあくまでも翌年に始める調査に先駆けて行う三ヶ月ほどの予備調査であったのだが、量的なデータさえ取れればそれだけで価値のある論文になり得るとの読みがあった。

七月一〇日にカラマルエに到着して後、大沢さんに教えてもらって調査小屋での生活環境を整えつつ、調査の準備をする。大沢さんが主に調査対象としていたパタスの群れはＫＫ群、ＢＢ群、ＫＢ群の三群で、それぞれ一六頭、一二頭、そして二八頭＋αの群れである。このうち私の調査対象にしたのはＫＫ群で、オトナ雄一頭、オトナ雌六頭、ワカモノ雄一頭、ワカモノ雌六頭、コドモ雌一頭、アカンボウ（性不明）一頭という構成であった。これまでの多くの研究者と同様、調査開始当初、大沢さんもパタスの用心深さには随分悩まされたらしい。気づかれたら最後、パタスは俊足を飛ばして地の果てまで逃げていく。炎天下で木陰もない中、大沢さんは鈍足（失礼！）で追い駆けるということの繰り返し。実は、大沢さんは最低限の餌付けを導入されていた。使用する餌は主にミレット（トウジンビエ）と殻つきピーナツ。餌付けはサルを慣れさせるための手段であり、かつ、観察条件の良さを利用して個体識別や順位の確認を行う。実際データを収集するのは、こうした人工的な餌を食べ終わり自然の遊動に入ってからという具合。はじめは餌には慣れても餌から離れた途端逃げられるから、それでも執拗に繰り返すことが肝要である。大沢さんの努力のおかげで、私が調査を開始した時点で、ＫＫ群の個体は餌にはもちろん人にもほぼ慣れていた。ただ、大沢さんによる前回の調査とだいぶメンバー構成が変わっていたし、新たに加わったアカンボウは当然、慣れていなかったので餌を与えた。個体識別の際、ニホンザルと違い顔に毛があるので最初戸惑ったが、鼻筋から上唇にかけての白い毛のパタンに変異があるため、慣れてしまうと識別は困難ではなかった。数日間の練習ののち、本格的に量的なデータを採り始めたのは八月六日。対象は、オトナ雄一頭（ＲＣＴ）とオトナ雌一頭（Ｔｒ）。ＲＣＴは観察開始時にはＫＫ群の唯一のオトナ雄、つまりハレムのリーダー雄だったのだが、その後リーダー交代が起こった。たださらにその後、新リーダーが一時的に消失し、リーダー雄として群れに舞い戻ってきた。そんな時に彼のデータをとった。他方、Ｔｒは唯一のアカンボウの母親。彼らのうち一頭を追跡個体として選び、朝起きてから夕方寝るまで同じ個体にずっとついてまわり、その個体の行動を秒単位で事細かに記録する。ただ単につきまとうだけでなく記録もするわけだから、ストーカーより悪質。プライバシーの侵害も甚だしい話だが、あまり近づきすぎたとき以外は、それほど嫌な顔もせずに付き合ってくれた。ただ、Ｔｒの生後半年のアカンボウは私の存在に慣れていなかったから、しばらくは影響を与えただろう。しかし、アカンボウというのはいったん慣れ始めると限りなくなれるもので、データを採り終えた九月四日には私の足元にいても平気な状態にまでなった。

さて、予備調査の結果のうち、パタスの一日の活動リズムに関するものだけここで紹介しておこう。彼らの生活パタンを大雑把にイメージしてもらうには好都合なデータだからだ。パタスは、夜明けから午前七時三〇分頃までの間に泊まり木から下り、午後五時三〇分以降に泊まり木に上って眠る。この間がいわば彼らの活動時間に当たり、パタスはそのおよそ六〇%を地上で過ごすのだが、夜眠るのは必ず樹上である。彼らの一日の活動には、二つの顕著な採食のピークがみられる（図3－1）。午前八時から一〇時と午後三時から五時。言い換えれば、その二つのピークの間、午前一〇時三〇分から午後一時三〇分の間に二時間程度の長い休息が入る。この長時間の休息は、群れの大半がたいていタマリンドというこんもり茂った、そしてトゲもない大木一本に登って、その葉陰で行われる。たいていはただ休んでいるか眠りこけているが、中には互いに毛づくろいし合っている個体もいる。そして、夕方五時頃から好ましい泊まり木を求めての移動時間が増える。

実は、マーチソンフォールズ国立公園のパタスとベヌエ国立公園のタンタルスでも、明確な二山型の活動リズムと日中の長時間にわたる休息が報告されている。また、セネガルのアシリク山のサバンナモンキーの別亜種ミドリザルでは、一年のうちで暑い月（気温二九・四度から三四・九度）にあたる一月から三月には、採食時間割合と気温が負の相関を示すことが報告されており、パタスが暑い日中を

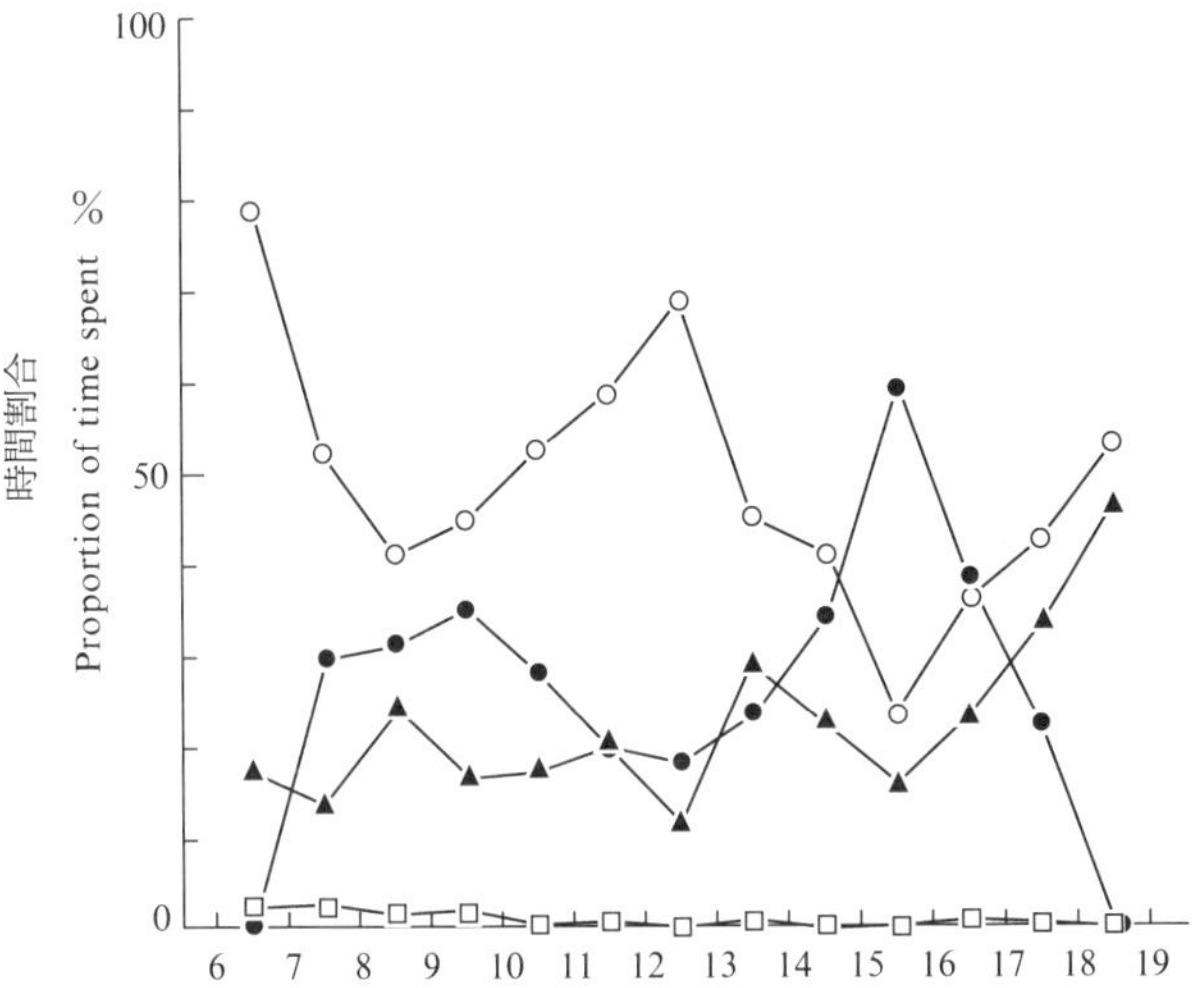

図 3-1　パタスモンキーの 1 日の活動リズム．1 日の活動時間を 1 時間ごとの時間帯に区切って，その各時間帯の中で示す行動を移動（▲），採食（●），休息（毛づくろいを含む）（○），その他（□）の 4 つのカテゴリーに分けて，各行動カテゴリーが占める時間割合で示した．（文献 4 の Fig. 2 を改変）．

避けて採食を行うというのは、サバンナモンキーにも共通に見られる暑さを避けるための適応的な行動と考えるのが妥当なようだ。ただ図2-4に戻ってもらえれば分かるとおり一番暑いのは午後二時台だから、もう少し先まで休息すればサルも、そしてそれを観察するわれわれも助かるのだが。

調査開始時の目論見どおり、パタスの採食生態について量的なデータがとれたから、これを整理して論文にまとめて、一九八九年一月、無事出版までこぎつけた[4]。今、紹介した一日の活動リズムについてはお気づきのとおりすでに先行研究があったのだが、「何をどれだけの時間食べるのか」については、パタスでは初めての報告だった。一九八八年『霊長類の適応放散』と題する本が出版された。それまでのグエノン（アフリカのオナガザル属とパタスなどその近縁種のサル）研究の集大成と呼ぶべき大著である。実は、チズムさんとラウエルさんが『パタスモンキーの自然史』と題する一章を執筆し、採食生態学的研究を披露していたのだ。[5]私の予想は杞憂ではなかったのだ。しかし幸運だった。「どこで食べるのか」については量的に表されていたが、「何を」についての記載はあるものの「どれだけの時間食べるのか」については量的なデータがなかったのだ。こうしてきわどく「初めて」を保って出版された論文だが、今となってはここでわざわざご紹介するほどの価値はない。後述する本調査の結果をご覧いただければじゅうぶんだから。どうしてもという方は原著にあたって頂くか、概ねその日本語訳が掲載されている河合先生の退官記念本『人間以前の社会学――アフリカに霊長類を探る』（教育社刊）[6]をお読み頂きたい。

4　どこで食べ、どこで眠るのか（一）――遊動域面積

順を追って読み進めてきた方にはたいへんお待たせしたが、本節からようやくサルの本調査の話に

入る。時系列上で言えば、第二章第三節で紹介した植生調査に引き続いて行った調査である。さんざんお待たせしたのでいきなり結果に進みたいところだが、本節のみならず第三章で扱う本調査について共通の基礎情報をお伝えしておく。本調査は一九八七年度と一九八九年度に行った。実際サルの行動データを収集したのは、パタスでは乾季初期（一九八七年十一月下旬〜十二月中旬）、乾季中初期（一九八七年十一月下旬〜十二中旬）、乾季中期（一九八八年二月前半）、雨季（一九八九年七月末〜八月上旬）の四期。タンタルスでは、乾季中期（一九八八年一月後半）と雨季（一九八九年六月末〜七月上旬）の二期。パタスの乾季中初期を除いて、すべてパタスはKK群の、タンタルスはS1群の、いずれもオトナ雄、オトナ雌各一頭ずつを対象とし、それぞれ五日ずつ泊まり木から泊まり木まで終日追跡してデータを収集した。残るパタスの乾季中初期は、KK群のすべてのオトナ（雄一頭、雌六頭）をそれぞれ二日ずつデータ収集した。タンタルスS1群は、初めての登場だから多少説明を加えておく。この群れは一九八四年、大沢さんの共同研究者であるハンソンさんにより餌付けされ、大沢さんも一部識別していたが一九八六年も含めてほとんど調査しなかった。よって、タンタルスの乾季中期のデータ収集に先立ち、一九八八年一月前半に再度餌付けして慣らしつつ個体識別に取り掛かった。顔が真っ黒なため識別は困難が予想されたが、尾や耳に怪我をしている個体が多く、また追跡個体には毛染めをして補ったので、二週間ほどでオトナとワカモノ合計一六頭の識別を完了した。

まず本節から第六節にかけて扱う遊動。[7] 追跡はあくまでも個体を対象にしたが、樹上はもちろん地上であっても一〇メートルくらいの単位で個体の動きを記録するのは困難である。よって、こうした個体の細かい動きは無視して、あくまでも記録するのは群れの動きを記録するというスタンスで、群れが一〇〇メートルほど動いたら、一辺一〇〇メートルに相当する格子入り自作地図に位置を記録していった。一日平均、パタスでは乾季初期四・四キロメートル、乾季中初期四・八キロメートル、乾季中期六・二キロメートル、雨季五・三キロメートルの移動が見られるのに対し、タンタルスでは乾季中期二・五キロメートル、雨季一・三キロメートルとパタスの二四〜四〇%に過ぎない。これだけでも両種がかなり違うことがご理解頂けることと思う。

さて、こうして得られた日々の遊動ルートを描いた地図に、第二章第三節で紹介した九六一ヘクタールにわたって調べた植生景観タイプ図を重ね合わせる。各季節一度でも群れが通過したグリッドか、四方を通過したグリッドで囲まれた未通過グリッドをその季節の遊動域とみなして、パタスＫＫ群、タンタルスＳ１群それぞれに描いてみたのが図3-2である。図にはグラスランド（裸地含む）かウッドランドかだけでなく、いずれかの霊長類種における主要食物種（総採食時間に占める採食時間割合が雌雄の平均値で一%以上の種）を優占種として含むグリッドを描いてある。一見して分かる通り、タンタルスＳ１群はシャリ川の支流に広がる川辺林を中心とした狭い遊動域を構え、他方パタスＫＫ群はシャリ川支流から遠く離れたグラスランドまでをも含む広い遊動域を構えている。季節的な違いでは、雨季にパタスがシャリ川から離れる南方向に遊動域をシフトさせている点が目を引く。遊動域の面積に具体的にどれくらいの違いがあるのかみておこう。パタスは乾季初期二六六ヘクタール、乾季中初期三〇七ヘクタール、乾季中期四四〇ヘクタール、雨季三六二ヘクタールであるのに対し、タンタルス

a）

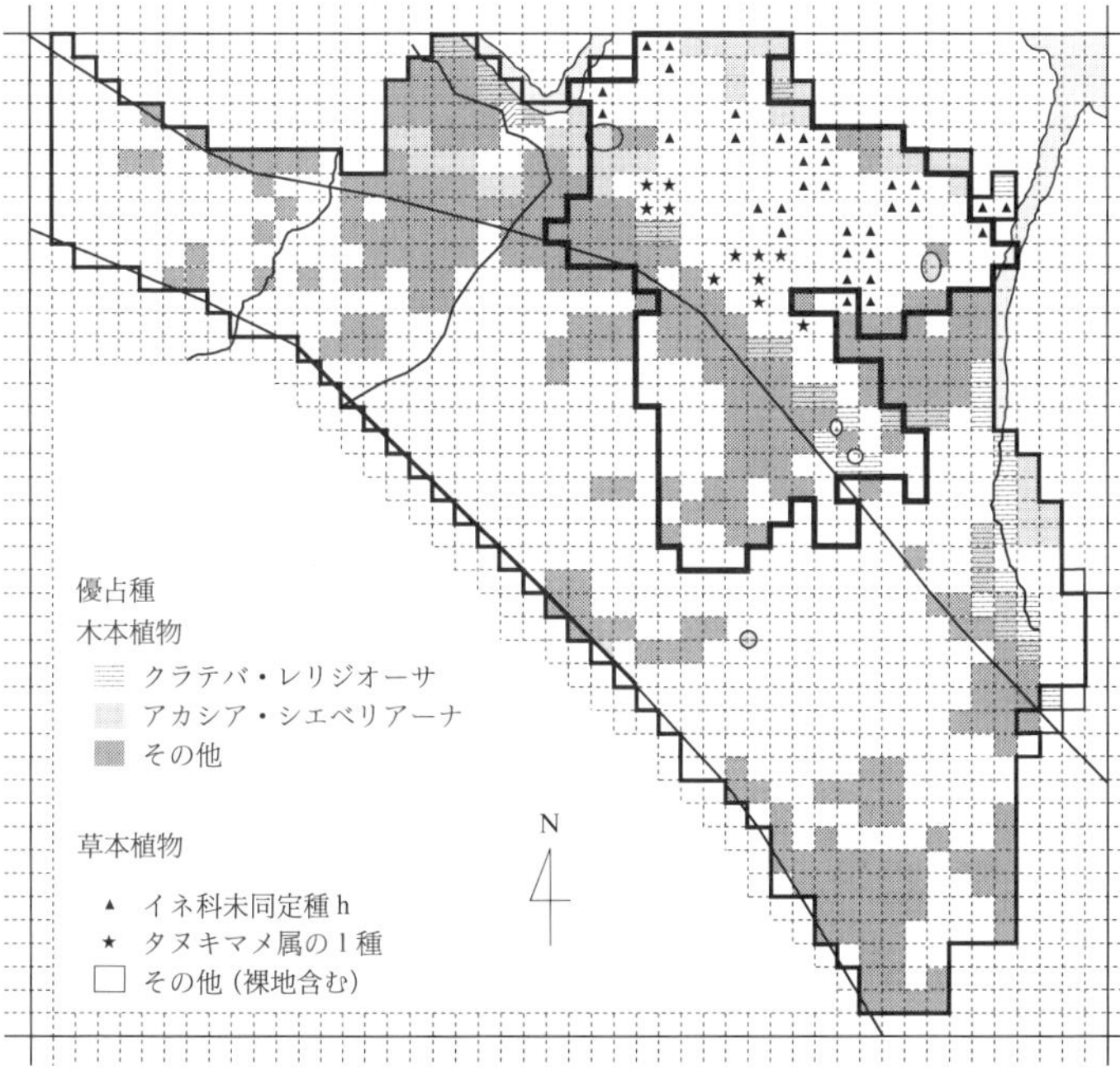

図 3-2　パタスモンキー KK 群，タンタルスモンキー S1 群の季節遊動域（それぞれ，中太，最太実線で囲まれた範囲），および各季節の主要食物種を優占種として含むグリッドの分布．1 グリッドは 100m 四方の広さを持つ．なお，最細実線で囲まれた範囲は植生景観調査を行った地域．a）乾季初期，b）乾季中初期，c）乾季中期，d）雨季（文献 7 の Fig. 3 を改変）

b)

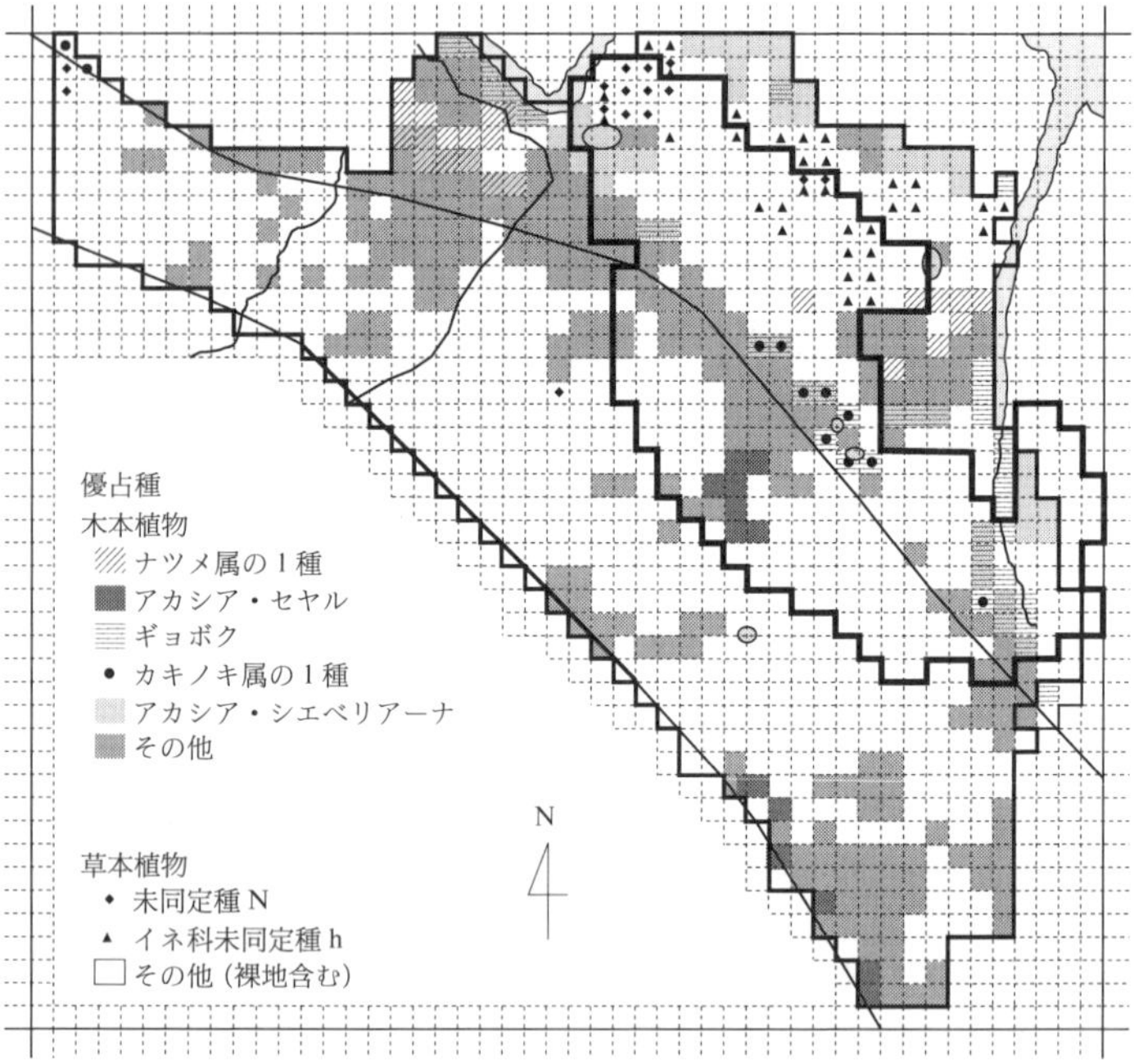
優占種
木本植物
ナツメ属の1種
アカシア・セヤル
ギョボク
カキノキ属の1種
アカシア・シエベリアーナ
その他
草本植物
未同定種 N
イネ科未同定種 h
その他（裸地含む）
N

c)

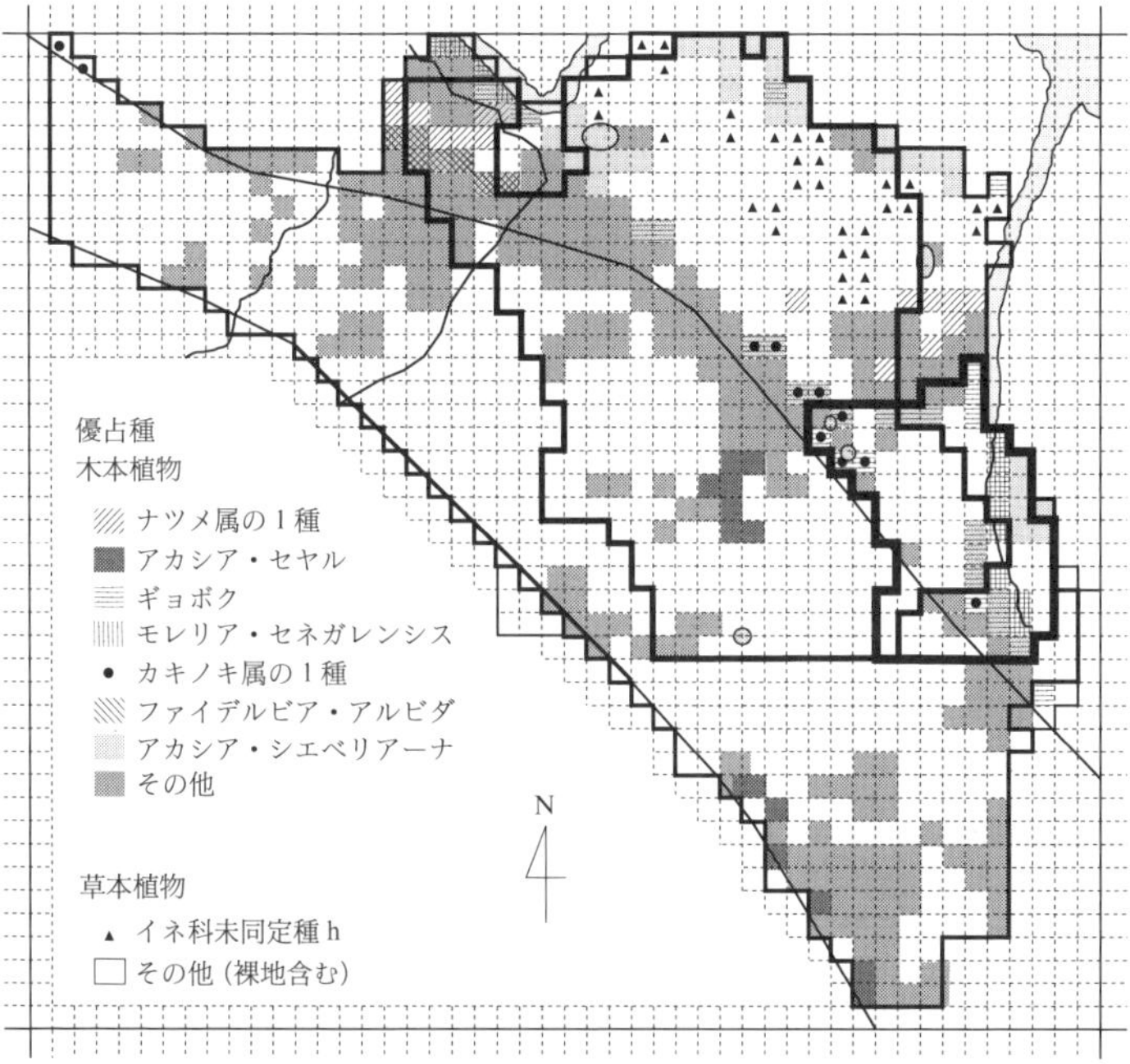

優占種
木本植物
ナツメ属の1種
アカシア・セヤル
ギョボク
モレリア・セネガレンシス
カキノキ属の1種
ファイデルビア・アルビダ
アカシア・シエベリアーナ
その他
草本植物
イネ科未同定種 h
その他（裸地含む）
N

d)

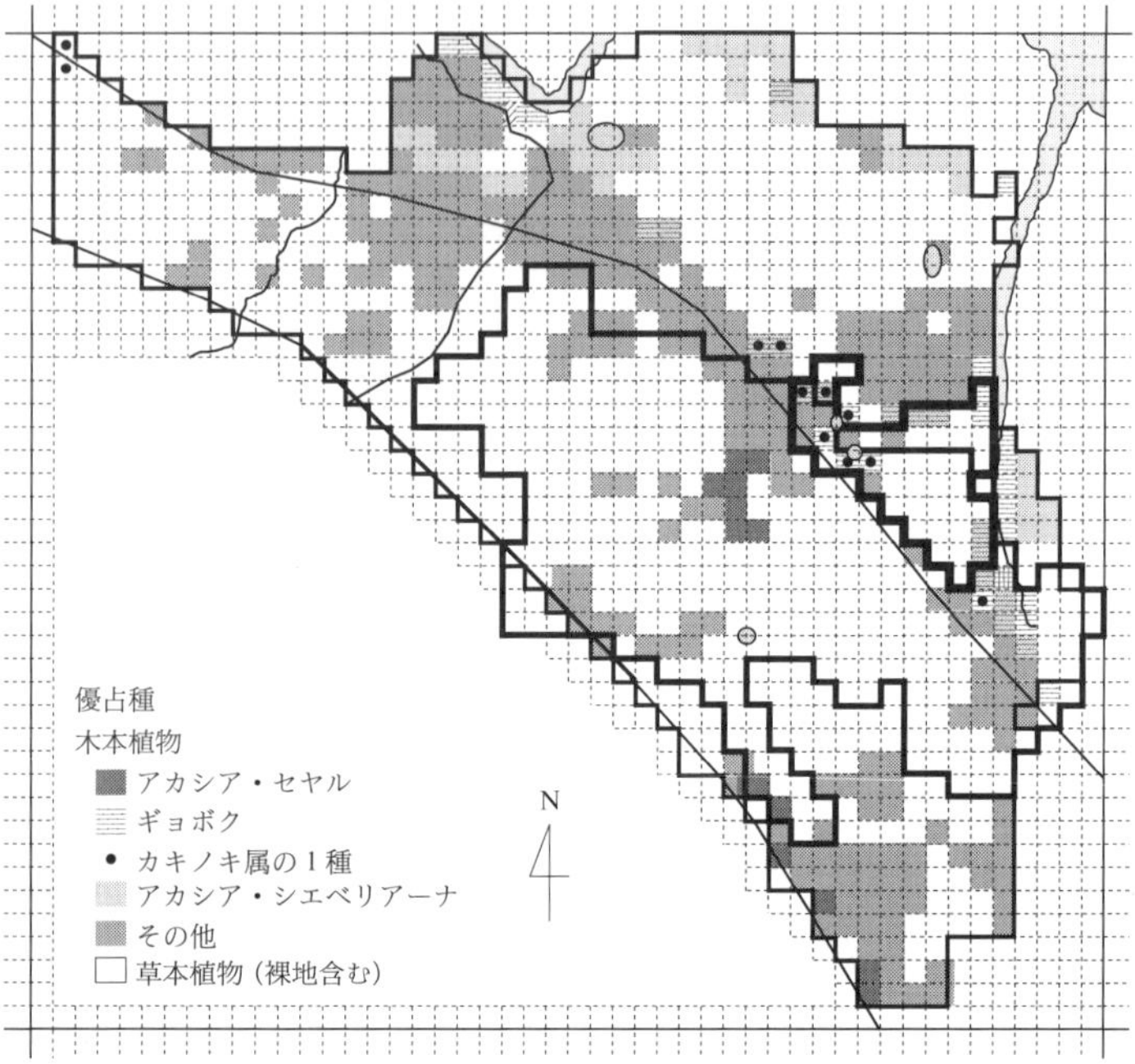
優占種
木本植物
アカシア・セヤル
ギョボク
カキノキ属の1種
アカシア・シエベリアーナ
その他
草本植物（裸地含む）
N

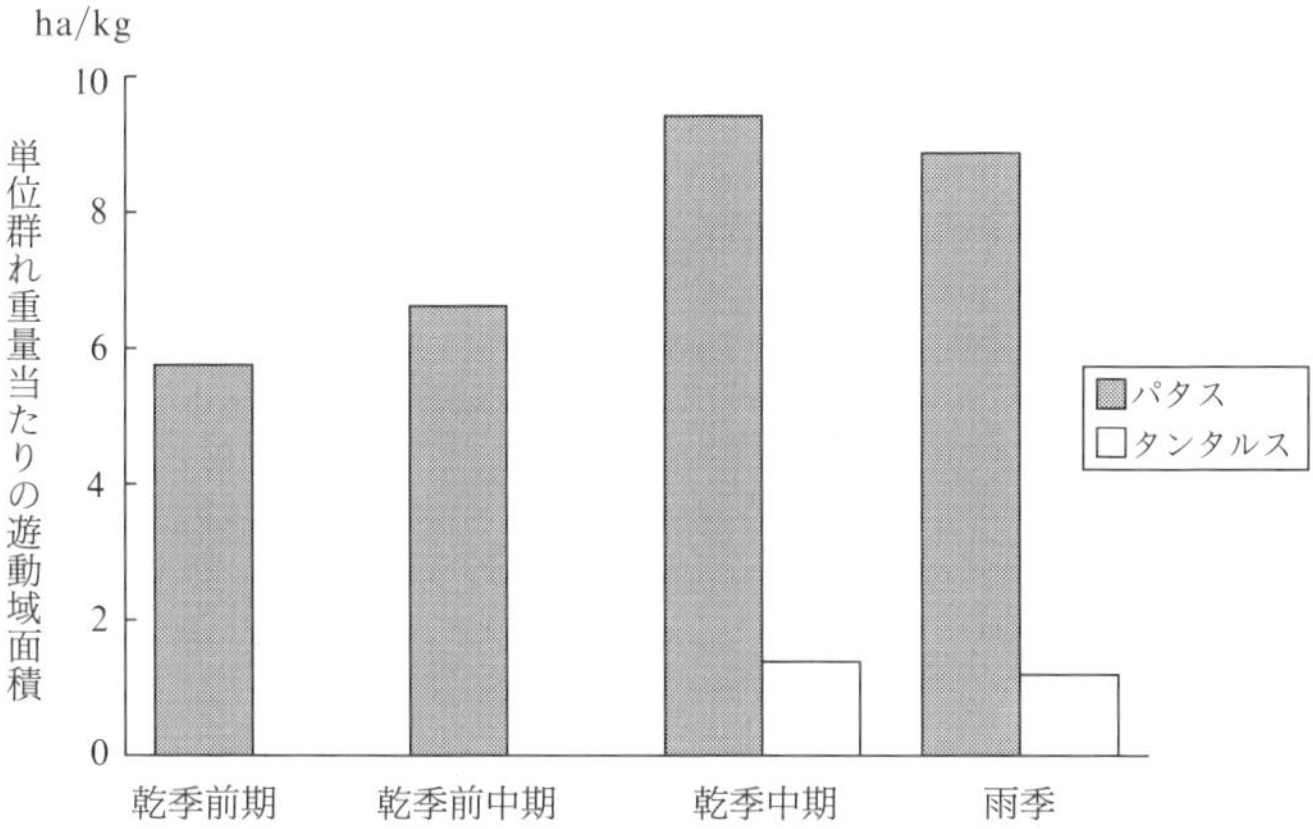

図3-3　パタスモンキー KK 群，およびタンタルスモンキー S1 群の単位体重当たりの遊動域面積．（文献 7 の Table 3 を改変）

は乾季中期九〇ヘクタール、雨季四三ヘクタールに過ぎない。ただし、一般的に、大きな群れ、さらに正確を期すなら大きなサルの大きな群れほど食物供給源たる遊動域を広く確保する必要があると考えられているから、遊動域面積をオトナ全個体分の体重の合計値で割って標準化して比べてみた（図3-3）。しかし傾向はやはり変わらない。パタスは乾季初期五・七ヘクタール／キログラム、乾季中初期六・六ヘクタール／キログラム、乾季中期九・四ヘクタール／キログラム、雨季八・九ヘクタール／キログラムであるのに対し、タンタルスは乾季中期一・四ヘクタール／キログラム、雨季一・二ヘクタール／キログラムと、パタスの一三〜一五％に過ぎない。

5　どこで食べ、どこで眠るのか（二）――食物、水、泊まり木の影響

先の図にグリッドごとの通過回数も考慮して分析を加え、グリッドの特性に対する嗜好性を調べてみた。まずは、裸地を含むグラスランドか、あるいはウッドランドか、どちらの植生景観への嗜好性が高いのかを、三種の割合尺度を比較することで調べてみた。今、仮に植生景観調査を四グリッドで行い、グラスランドグリッド、ウッドランドグリッドとも二グリッドずつだったとすれば、調査地全域に占める割合はいずれも五〇％となる（図3－4）。そして、サルがその四グリッド中三グリッドを通過し、その三グリッド中二グリッドがウッドランドだとするなら、グラスランドグリッド、ウッドランドグリッドの遊動域全体に占める割合はそれぞれ三三・三％、六六・六％となる。さらに、その遊動域の中のグリッドの総利用回数が四回で、うちウッドランドグリッドの利用回数が三回であったなら、グラスランドグリッド、ウッドランドグリッドの利用頻度割合は、それぞれ二五％、七五％となる。この例の場合、調査地全域に占めるウッドランドの割合五〇％より遊動域全体に占めるウッドランドの割合六六・六％のほうが高いから、サルはウッドランドを優先的に遊動域内に取り込んでいると結論づけることができよう。また、遊動域全体に占めるウッドランドの割合六六・六％よりウッド

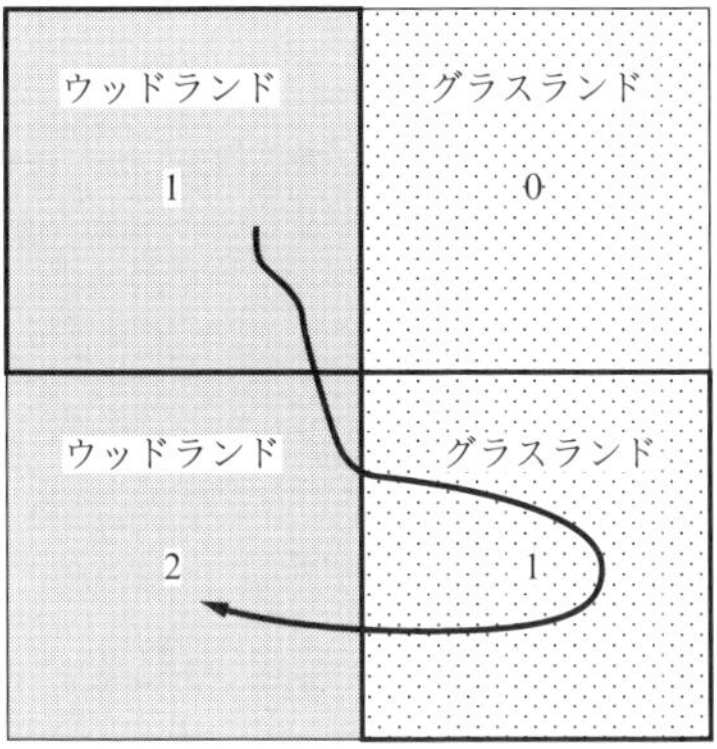

ウッドランド
1
グラスランド
0
ウッドランド
2
グラスランド
1
調査全域割合
グラスランド：2/4＝50%
ウッドランド：：2/4＝50%
遊動域割合
グラスランド：1/3＝33.3%
ウッドランド：1/3＝66.6%
利用頻度割合
グラスランド：1/4＝25%
ウッドランド：3/4＝75%

図3-4　遊動の嗜好性の測り方例.

ランドの利用頻度割合七五%のほうが高いから、この場合サルはウッドランドを優先的に利用していると結論づけることができる。

　では実際はどうか図（図3-5）をみて調べてみよう。パタス、タンタルス、それぞれ季節ごとに別の図で示しているが、いずれの図でも裸地を含むグラスランド、ウッドランドが調査地全体に占める割合は当然同じになり、それぞれ六三%、三七%となる（第二章第三節参照）。図の見方はどの図も同じなので、最も美しい結果が得られた乾季中期のタンタルス（図3-5e）をご覧頂きたい。グラスランドでは右の棒グラフにいくほど高さが低くなっており、ウッドランドでは右にいくほど高くなっている。これは、タンタルスが調査地の中でウッドランドを好んで（グラスランドを避けて）遊動域を構え、かつ遊動域の中でウッドランドを好んで（グラスランドを避けて）利用していることを示している。他の図も程度の差はあれ概ねこれと同じ傾向であるが、著しく異なるのが雨季のパ

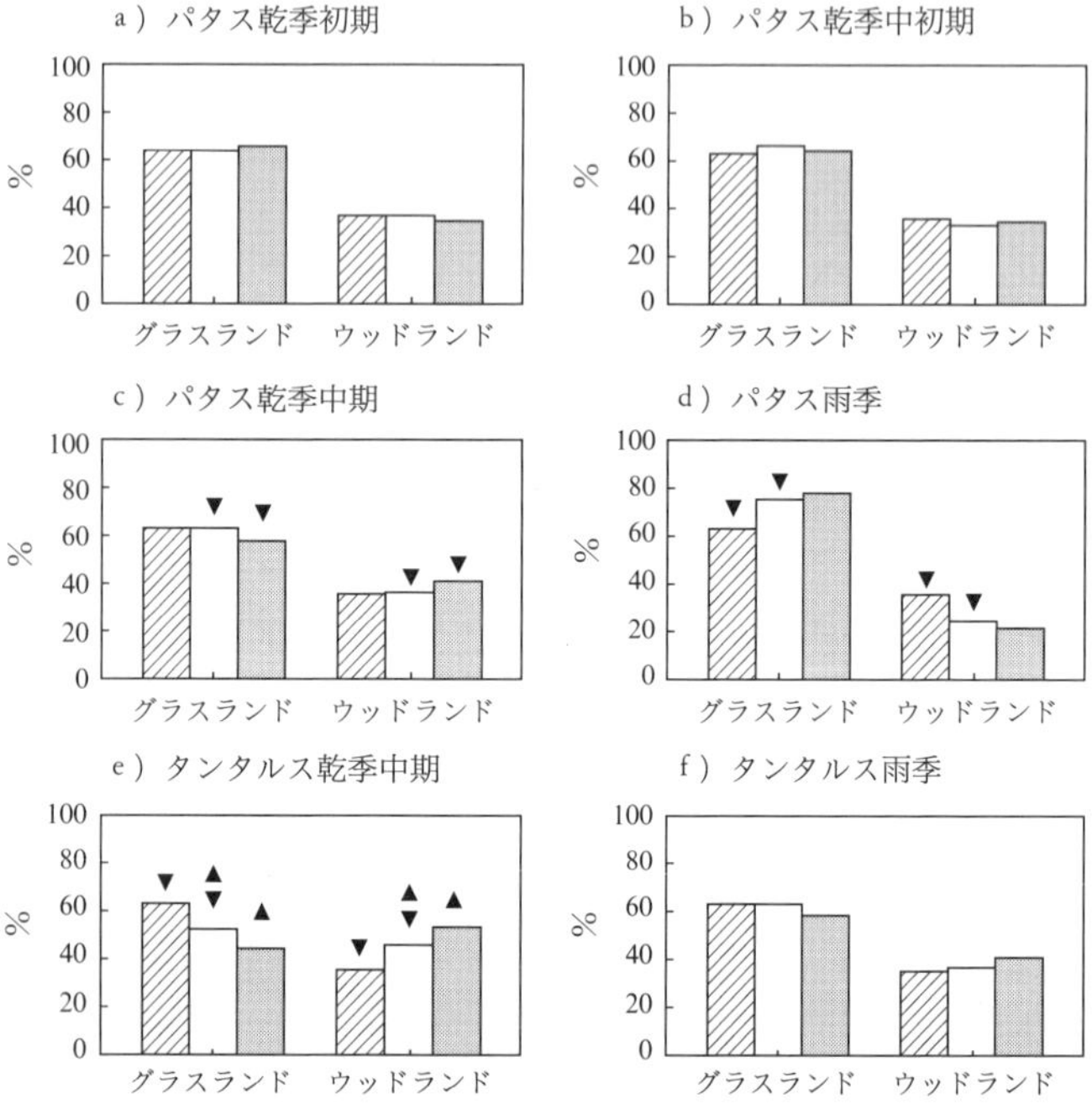

図 3-5　パタスモンキー KK 群，およびタンタルスモンキー S1 群の植生景観に対する嗜好性．グラスランド，およびウッドランドがそれぞれ調査地全域に占める割合（左），遊動域全域に占める割合（中），それぞれの利用回数が全利用回数に占める割合（右）．同じシンボル（▲または▼）は，カイ二乗検定において 5%水準で有意差が認められたことを示す．（文献 7 の Fig. 4 を改変）

タスである。この季節パタスは、逆にグラスランドを好んで（ウッドランドを避けて）遊動域を構え、かつ遊動域の中でグラスランドを好んで（ウッドランドを避けて）利用している。これは先に述べたように、パタスがシャリ川から離れてグラスランドの多い南方向に遊動域をシフトさせたことの表れである（図3-2参照）。さらにタンタルスについては、ウッドランドの中でも川辺林を好んで遊動域を構えているという傍証が三つある。第一に、先の図に表したS1群のみならず、その隣接群であるS2群、S3群、S5群はすべてシャリ川の支流沿いに並んで遊動域を構えている。第二に、われわれの調査基地周辺にいるS4群もシャリ川の支流に面して遊動域を構えている。第三に、たとえウッドランドがあっても川辺から離れた場所でタンタルスの群れをみかけたことはない。次に、同じ図を用いて今度は種間比較をしておこう。乾季中期でも雨季でもパタスはタンタルスに比べると、遊動域の中に占めるグラスランドの割合が高く、かつグラスランドを高頻度で利用している。以上のことを簡単に言ってしまえば、パタスもタンタルスも基本的にはウッドランドを好んで、特にタンタルスでは川辺林を好んで遊動するのだが、パタスのほうがその傾向が弱く、雨季には逆にグラスランドを好むという話である。同所的に住む近縁種だが、こんな大雑把な景観レベルで好む場所が異なることが見事に描き出せた。今、つい見事と自画自賛してしまったが、この論文が出版されたのは一九九九年。いろいろ事情があってデータ収集が終わってから一〇年が経過していた。私が調査を始める以前からサバンナモンキーばかりかタンタルスという亜種レベルでも、またパタスについても一九八八年に『霊長類の適応放散』[5]が出版されたことにより、この程度のことは概ね明らかになっていた。あくまでも私のこの研究のウリは、同じ場所に住む近縁二種を同じ時期に同じ方法で比較して得られた結果だという点である。

次に着目したグリッド特性は、主要食物を含むか否かである。主要食物種（総採食時間に占める採食時間割合が雌雄の平均値で一％以上の種）を優占種として含むグリッドについて、その種を優占種として含むグリッド数が調査地全域に占める割合、同じく遊動域全体に占める割合、その種を優占種として含むグリッドの利用回数が、遊動域全体の利用回数に占める割合を算出して、それぞれ比較するのである（図3-6）。すぐにバレるから正直に告白しておくが、主要食物種のごく一部しか優占種として位置づけられていない。雨季のタンタルスではカキノキ科カキノキ属の一種（*Diospyros mespiliformis*）である。それでも、優占種として位置づけられた主要食物種では、概ね右の棒ほど高いグラフになっている。つまり、調査地内でそれぞれの主要食物種を含むグリッドを好んで遊動域を構え、かつ遊動域内でその種を含むグッリッドを好んで利用している。さらに先のような問題点があっても、これらの主要食物種全体をひとまとめにしてみても結果は同様である（図3-7）。

お次の特性は水を含むか否か。パタスもタンタルスも一日に二回から四回水を飲む。雨季には雨のあとには一時的にせよ水溜りはできるし、水はけの悪い場所はずっと冠水しているから水を得るのに苦労はいらない。しかし乾季は違う。その進行につれて水のある場所がどんどん限られてくる。調査小屋そばの一〇〇メートル四方以上もある大きな池であっても乾季中期には完全に干上がる。支流でさえだんだん水が引いてきて少なくなる。水を含むグリッドの微妙に減少する様子は、図3-8から読

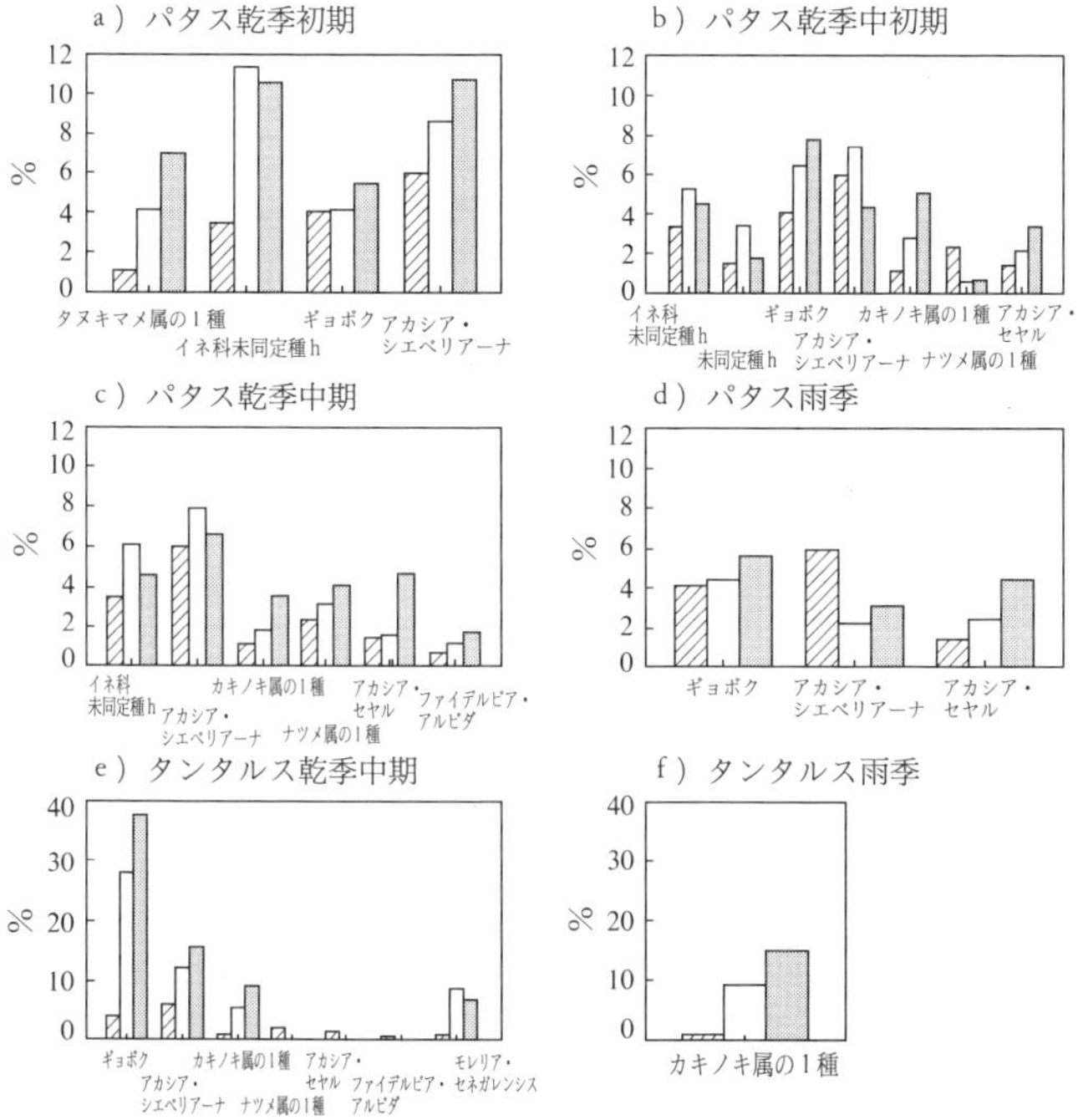

図 3-6　パタスモンキー KK 群，およびタンタルスモンキー S1 群の個々の優占主要食物種に対する嗜好性．各主要食物種が優占するグリッドが調査地全域に占める割合（左），遊動域全域に占める割合（中），そのグリッドの利用回数が全利用回数に占める割合（右）．雨季においては木本性主要食物種だけを分析の対象とした．（文献 7 の Fig. 7 を改変）

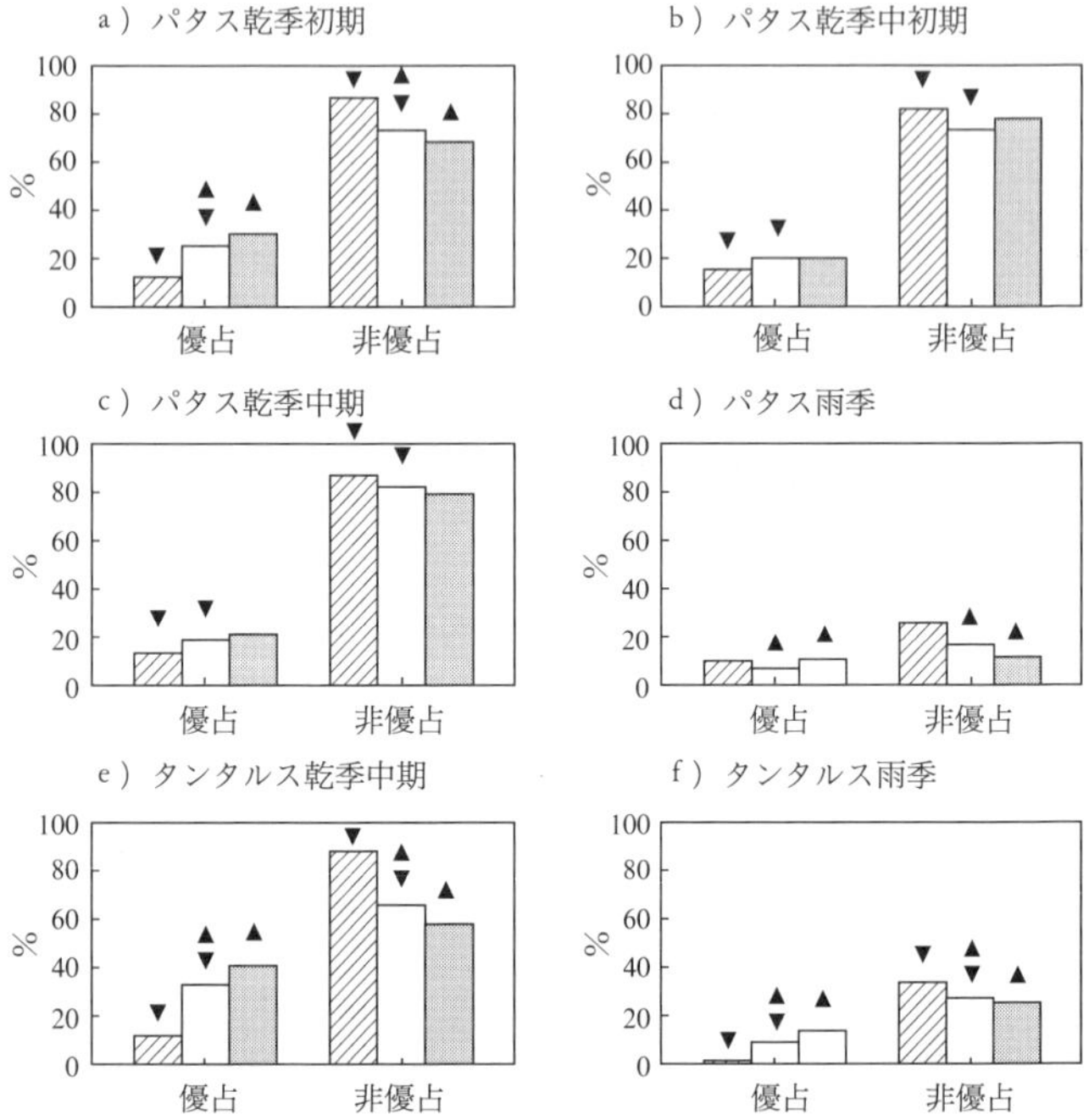

図 3-7　パタスモンキー KK 群，およびタンタルスモンキー S1 群の優占主要食物種全体に対する嗜好性．主要食物種が優占するグリッド，優占しないグリッドがそれぞれ調査地全域に占める割合（左），遊動域全域に占める割合（中），それぞれの利用回数が全利用回数に占める割合（右）．雨季においては木本性主要食物種だけを分析の対象とした．同じシンボル（▲または▼）は，カイ二乗検定において 5%水準で有意差が認められたことを示す．（文献 7 の Fig. 8 を改変）

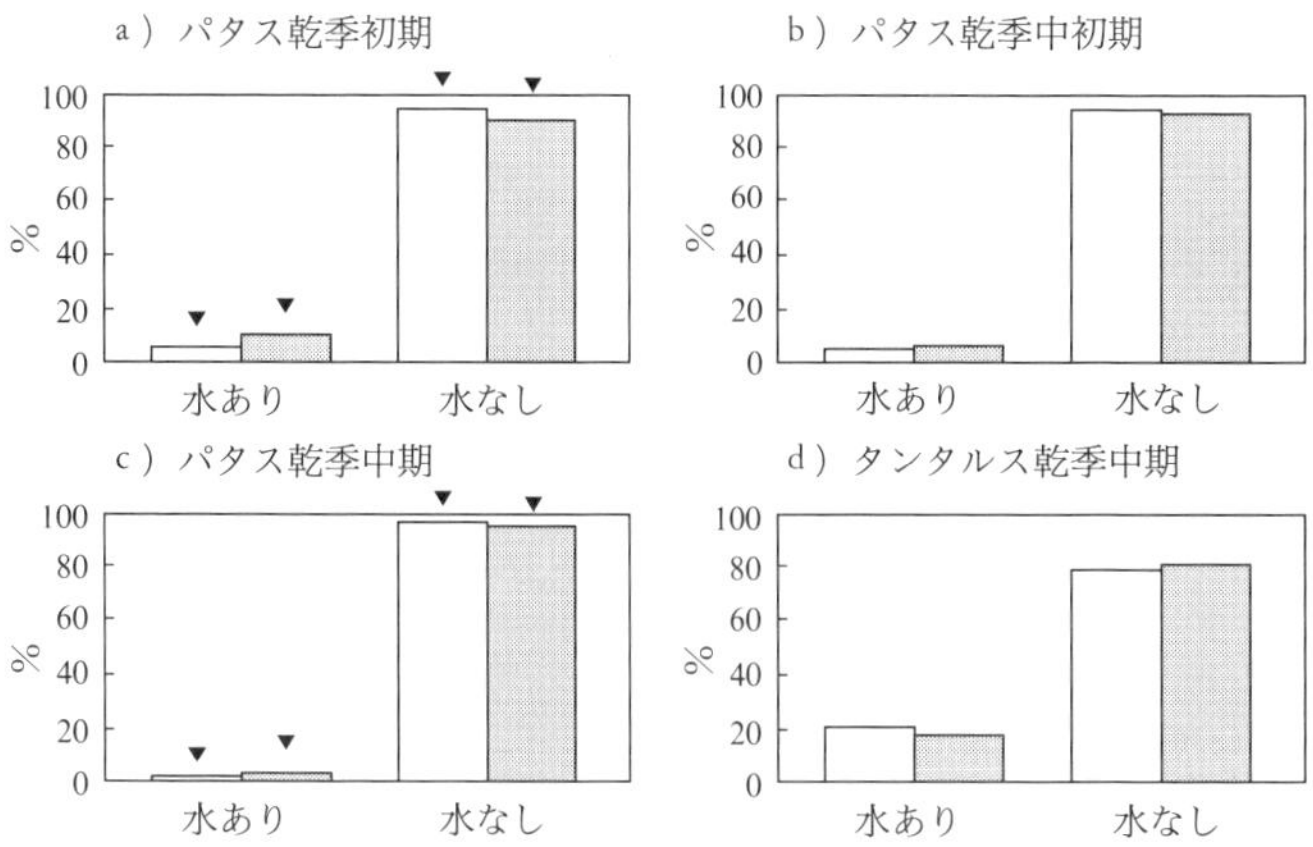

図 3-8　パタスモンキー KK 群，およびタンタルスモンキー S1 群の水場に対する嗜好性．水場を含むグリッド，含まないグリッドがそれぞれ遊動域全域に占める割合（左），それぞれの利用回数が全利用回数に占める割合（右）．同じシンボル（▲または▼）は，カイ二乗検定において 5％水準で有意差が認められたことを示す．（文献 7 の Fig. 5 を改変）

み取って頂けるだろうか。そして、パタスについては乾季のいずれの季節でも水を含むグリッドをより好んで利用していることもお分かり頂けるだろう。他方、タンタルスではわずかにむしろ逆の傾向、つまり水を含まないグリッドを好む傾向が出ている。これは、決して枯れることのない川辺に小さな遊動域を構えるので、遊動域内に占める水を含むグリッドの割合がパタスに比べればじゅうぶんに高いためであろう。水場がそばにあるところに遊動域を構えている限りは、べつに水を求めてわざわざそこへ行かなくてもよいわけだ。

　ここまでは、どんな特性を持つグリッドが遊動する場所として好まれるかを見てきたわけだが、最後は泊まり場利用に限ってみてみる。パタスもタンタルスも夜、眠るのは必ず樹上なので、まず泊まり木の特徴についてお話ししておく。パタスでは乾季通じて二五本の木がのべ三六回利用された。繰り返し利用されたのはタマリンド（*Tamarindus indica*）の四本の木のみで、うち二本ではなんと五度ずつ利用された。他方、乾季中期のタンタルスでは、七本の木がのべ一二回利用された。繰り返し利用されたのは樹種別にみると、二本のタマリンドと一本のカキノキ、一本のニレ科エノキ属の1種（*Celtis integrifolia*）であった。雨季にはパタスで八本の木がのべ一一回、タンタルスでは五本の木がのべ六回利用されるのが観察された。繰り返し利用は、パタスでエノキとソーセージツリー、タンタルスでタマリンド、いずれも一本の木で見られた。今、登場した木のうち、最も低い木でもソーセージツリーの樹高五メートル。測定できた止まり木の平均樹高は七・七メートル、胸高直径は五二センチと結構、大きな木が泊まり木として選ばれているようだ。さてその泊まり木のある場所、つまり泊まり場は、ウッドランドかグラスランド、どちらの植生景観が好まれるのか？　いずれの種も必ず木で眠る時点で自明といえば自明だったが、遊動域中で泊まり場として好まれるのはウッドランドであった。ただし、ここでも雨季のパタスだけが違う傾向を示した。遊動域中の両植生景観の割合とほぼ同じ割合で泊まり場として利用する、つまり特にいずれかの景観を好むという傾向はでなかった。また、同一季節で比べると、やはりタンタルスのほうがウッドランドを好む傾向は強かった（図3-9）。

これで遊動し泊まる場所の好みは分かったわけだが、ではこうした嗜好性がなぜ生じるのか考えて見よう。いずれの種も基本的にはウッドランドへの嗜好性が強く、特にタンタルスで顕著だったわけ

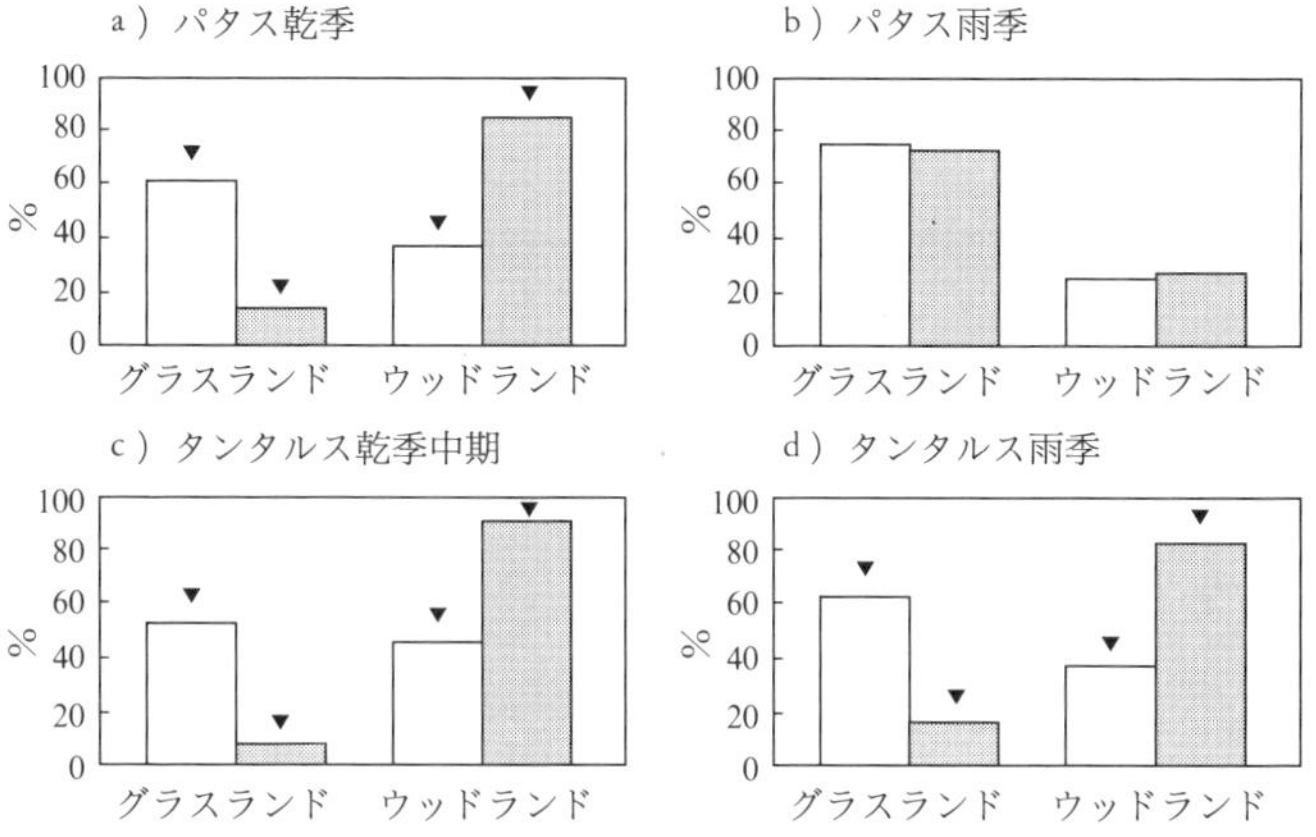

図3-9　パタスモンキーKK群，およびタンタルスモンキーS1群の泊まり場の植生景観に対する嗜好性．グラスランド，およびウッドランドがそれぞれ遊動域全域に占める割合（左），それぞれの泊まり場としての利用回数が全利用回数に占める割合（右）．同じシンボル（▲または▼）は，カイ二乗検定において5％水準で有意差が認められたことを示す．（文献7のFig. 6を改変）

だがこれはもう当然。両種とも主要食物も泊まり木も木本植物に依存し、水場のある周囲はウッドランドになっていることが多く、こうした傾向はタンタルスで顕著だから。ただし、季節差に着目すればいずれの種も雨季にグラスランドへの嗜好性が高まり、パタスでは顕著だった。しかしこれも主要食物と泊まり場と水で説明できる。図3-6で優占種として取り上げられた主要食物に限っても、主要食物すべてにまで広げても、雨季のほうが乾季に比べて食物としての草本食物への依存度が高く、その傾向はパタスで顕著だった。泊まり場もグラスランドへの依存が、特にパタスで高まっていた。また、雨季になると水場から離れたグラスランドでも水を飲むことが可能になる。

6　どこで食べ、どこで眠るのか（三）——捕食者の影響

しかしながら、遊動場所の嗜好性に影響を及ぼす重要な要因を見落としていることにお気づきか？そう、捕食者からの身の安全である。食物や水という資源を効率よく手に入れるべく遊動することももちろん大切だが、肉食動物の資源になってしまわないことも重要であることは想像に難くない。先ほどは泊まり場としてウッドランドを好むこともあってウッドランドを遊動すると説明をしたが、なぜ泊まり場としてウッドランドが好まれるのかについては言及していない。この点を考える際には、泊まり場は捕食者から身を守る避難所という資源であるという視点が必要になってくる。

さてここで効いてくるのが、「世界最速走行」というパタスを表すキーワード。時速五五キロメートルという霊長類短距離界の記録保持者との意味である。一〇〇メートルに換算すれば六・五秒（写真3-1）。少なくともヒトの世界記録保持者より速いことは間違いない。他方、サバンナモンキーの記録は時速二二キロメートル。一〇〇メートル換算では一五・四秒だからこれなら私でも勝てそうだ。そのインパクトの強さ、分りやすさを加味すればパタスの最大の特徴といってよいだろう。そして、パタ

写真 3-1　疾走するパタスモンキー（大沢秀行氏撮影）.

スのこの最大の特徴は捕食者からの逃走を容易にすべく進化したと一般的には考えられているのである。ここで話を進める前に、この「世界最速走行」を支える形態学的・運動力学的な背景について若干説明しておこう。まずその外観から明らかなようにパタスは四肢が非常に長い。また踵から先の足の部分も長い。さらに後肢の踵を上げて歩く。この結果、ストライドは非常に長くなる。[8] 立ち入った話になるが、パタスは大腿骨の長さに対する脛骨（膝関節と足首にある長い二本のうち太い方。スネの骨）の長さの比率が高い。体幹から遠いところに位置する軽い骨が長くなることは筋肉への負担を減らすことになるから、走行に適しているのだそうだ。[9] また、四肢の関節面面積が減少し、関節での骨の結合方向と相まって、関節の可動性は低くなったが、これも走行には適した変化だという。[8] さらに二〇〇〇年七月にカラマルエのパタスの姿勢や移動様式を調査した京都大学霊長類研究所の茶谷薫さんの解析によれば、パタスの低速での走行において効率的な側面が見出せるという。一つめは肘・膝関節の使い方。走るとき彼らの肘・膝関節はそれぞれ「逆くの字」、「くの字」に曲がっているが、その角度が変わらないスイングと呼ばれる動きをする。これは、太ももやふくらはぎの筋肉をほとんど使わずに、肩と腰の筋肉だけ使う走法だという。二つめは、足首の関節の使い方。一般に走る時、腱はいわばバネの働きをする。着地のとき腱は踵に引っ張られて伸び、その伸びた腱が縮もうとする反動でつま先が地面を蹴り、筋肉を使わずに跳ねることができる。パタスでは足を地面に対して斜めではなくほぼ垂直方向に強く踏み込むことで、このバネの反発力を最大限に生かせるのだそうな。なるほど見る目を持った人が見れば、私など気にも留めなかったことが見えてくるものである。

本題に戻ろう。遊動場所の嗜好性を捕食者からの身の安全という視点で再考してみようということであった。カラマルエのサルの捕食者で最もよく出会うのはなんといってもキンイロジャッカル。キツネほどの大きさのイヌ科の動物だから、オトナたち自身が生命の危険にさらされることはなかろう。しかし彼らはジャッカルを非常に警戒している。地上を遊動中に後肢のみの二足で立ち上がってみたり、時に木に上がったりして、周囲を見渡している。正確に言えば、警戒対象がジャッカルであるかどうかはもちろん捕食者であることさえ分からない。むしろ対象は同種他個体、例えば他の群れであっ

写真 3-2　長い尾をつっかえ棒代わりに使ってうまく二足で立ち上がるパタスモンキーの雌。

たり、群れ外雄であったりすることのほうが多いのかもしれない。しかし、ジャッカルを警戒しての行動が含まれていることは間違いない。茶谷さんによれば、パタスが地上で過ごす時間の中で二足立位の姿勢をとる時間割合やその頻度は、ニホンザルはおろか同じサバンナ性のサバンナヒヒ、そして類人猿であるチンパンジーに比べても数倍高いという[10]。膝関節が前方に突き出し腰は後方にひけ、上体は前かがみ。踵も地面から浮いている。ヒトの二足立位のように安定感のある姿勢ではないが、長い尾をうまくつっかえ棒代わりに使って補っている（写真3－2）。実際、ジャッカルに出会うとどうするか。パタスは「グルッ」という唸り声を、タンタルスは「カカッ」というより甲高い音声を発して近くの木に駆け上がる。この声を聞いたほかの個体もあわてて木に駆け上がる。そしてみな駆け上がったあともジャッカルが諦めて立ち去るまで鳴き続ける。ただ体の大きいパタスの雄だけは反応が異なり、近づいてきたジャッカルをむしろ追い駆け回して撃退しようとする。以上のような努力も及ばず、ジャッカルの犠牲になったのをパタス、タンタルス、それぞれ一度ずつ目撃している。いずれもアカンボウであった。

先に目撃したのはタンタルスで一九八九年六月三〇日午前七時三七分のこと。この日ワカモノ雌3と呼んでいた五歳の雌を追跡してデータを採っていた。泊まり木としたエノキの木でひとしきり果実を食べたあと、少し移動して別の木の樹上で自分の母親とその新生児、そして自分自身の一歳の雄の子といっしょに家族水入らずで休息。このわずか一五分後に事件が起こる。群れのほかのメンバーが移動するのを追うようにあわてて木を駆け下り移動。ここにスキがあった。自身の子との距離が開いたところに、藪の中から突如ジャッカルが現れ、子供の首根っこをくわえた。悲鳴を上げる子。それに反応して遅きに失した警戒音を発する母親と群れメンバーたち。通常ならすぐさま木に駆け上がって逃げる母親だが、この時はジャッカルが去った方へ走っていった。私もすぐにそのあとを追った。いくら鈍足のタンタルスでも追いつけず見失うが、五分後に高い木の上で警戒音を発しているのを再発見。私が追いつくとジャッカルが少し逃げるらしく、そのたびに警戒音が激しくなる。事件から一五分ほど経って落ち着いたのか、それとも諦めたのか、母親からも警戒音は聞かれなくなった。その後も悲嘆にくれて食べ物も喉を通らないなどということはなかったが、いつもよりどこか落ち着きなく、他のメンバーより先に移動しては高い木に登っていた。視線の先はわが子が消えた場所のように見えたのは私の思い込みだろうか。

パタスのアカンボウがやられたのは一九九七年八月九日一一時九分。ちょうど生後半年経ったアカンボウたちが群がって遊びながら移動している。そこへ突如、薮陰から現れたジャッカルが一頭のアカンボウをくわえて走り去った。母親に依存せず自力で動ける分、かえって危険な年頃の子供が犠牲となった。今回はアカンボウの識別ができていず、母親もそばにいなかったため、誰が犠牲になったのかすぐには分からなかった。だから、母親の反応も追えなかったが、おそらく母親も含めた数頭の雌が「グルッ」という普段の警戒音だけでなく、めったに聞かない「キャン」という警戒音を上げた。さらに、おそらくアカンボウの父親にあたるハレムの雄はジャッカルを追いかけたが、アカンボウを取り戻すところまではいかなかった。

実は、ジャッカル以外にサルが捕食されたのは目撃していないから、あとはすべて潜在的な捕食者というしかないのだが、その中ではっきりと警戒行動が認められたのは野犬。カラマルエは狭い国立公園で周囲には多くの村があるため、野犬が迷い込む。遭遇した時の反応はジャッカルに対してと同様、警戒音を発して近くの木に駆け上がる。実は、同じ理由で人ともしょっちゅう出会う。たまに思い出したかのように鉄砲を担いで巡回する公園監視員。違法に公園内で木を伐採したり魚を獲る人。これまた違法に公園内で家畜を放牧する人。合法にゾウ狩りにきた人。ただ村から村への移動する際公園内を通過する人。そして私は出会ったことはないが密猟者、などなど。人に遭遇した時には、最終的には木に上がるにせよジャッカルや野犬相手のときより逃走距離が長くなる。逆に相手が気づいていなければ、じっと隠れている場合も多い。他の中型以上の肉食獣ブチハイエナとは数度、サバールキャットとはたった一度、パタスが遭遇するのを目撃したが、その範囲では警戒行動は認められなかった。また、カラマルエでは猛禽類やヘビに対する警戒行動も見ていない。しかし、実は、捕食者についてずっと気になっていることがある。ジャッカルに対して発する「グルッ」以外の警戒音をパタスが発するのをわずか数回だが聞いている。最初に聞いた時は驚いた。雄は「ウォン」、雌は「キャン」とでも表記できる音声を、グラスランドの真ん中にある一〇メートル以上はある高木のてっぺんに上がって繰り返し発声し始めたのである。遠くを眺めて明らかに警戒していると思いきや、突然、群れのメンバーがいっせいにその木を駆け下り、途中にある低木には上ろうともせず全速力で疾走した。そして数一〇〇メートル走ったあと駆け上がったのはやはり高木。幻のヒョウでも現れたのかと思った。疾走する彼らのあとを息をきらして追いかけたのは観察せねばという使命感というよりも、いっしょに逃げねばこちらの命が危ないという危機感からであったかもしれない。それでも少しはその原因を突き止めようと努力はしたが結局分からなかった。

以上のように、カラマルエの場合にはおおむね木にさえ上がれば安全は確保される。だとすると、木から極力離れないことが身の安全を保つことにつながるが、パタスはタンタルスに比べて高速走行が可能な分、より木から離れていても同じ安全性が確保できることになる。パタスがタンタルスに比べればグラスランドへの嗜好性が高いのはそのためであろう。「逃げる」というのは捕食者に出会ってから発動する防衛行動なので二次防衛と呼ばれるが、出会わないうちから発動させる一次防衛に「隠れる」という行動がある。「逃げる」のが不得意なタンタルスはもちろん得意なパタスでも、意外と捕食者から隠れようとする。ヒトがそばを通ると隠れようとすると書いたが、私自身もパタスに近づき過ぎたときに何度も隠れられたことがある。ただ私に対しての隠蔽はいつも数メートルの至近距離で起こり、しかも潅木の陰に「頭隠して尻隠さず」状態。私が全身の姿をとらえようと回りこもうとすると、連中も反対側に回りこむ。私がさらに回りこむと諦めたのか、気まずそうに這いつくばっていた姿勢を正す。隠れる場合にはタンタルスの体色のほうが好都合に思える。彼らの灰緑色の体色は、雨季はもちろん乾季であっても木本植物の多くには緑の葉が残っているので保護色として働く。タンタルスの遊動域は高々九〇ヘクタールで、しかも日中長時間の休息をする木はかなり限定されるから、その時間帯彼らを探すのは一見容易に思える。しかし、タマリンドの葉陰の奥に入り込まれてじっとされると、根気よくいろんな角度から探さないと見つからない。他方、パタスは、乾季に入り葉が枯れるグラスランドは一面茶褐色の景観に変容するから、パタスの赤褐色の体色と一体化する。もちろん雨季になってグラスランドが緑色を呈するようなれば色的には目立ってしまうが、場所によっては人の身の丈にも達する草丈が彼らの姿を覆い隠してくれる。パタスのタンタルスに比べたグラスランドへの嗜好性が高さは、隠れやすさという点からも説明がつきそうだ。実は、カラマルエのパタスで雨季に認められたグラスランドへの絶対的な嗜好性の強さは、ライキピアのパタスではない。これはおそらく捕食圧がカラマルエで低いためだと考えられる。ライキピアには、ジャッカルだけでなくハイエナ、リカオン、チーター、ヒョウ、そしてライオンまでいるのだそうな。

次に泊まり場の嗜好性。いずれの種も、夜、眠るのは必ず樹上というのは明らかに地上性捕食者からの安全確保のためであることは疑問の余地はない。しかし、泊まり場の嗜好性には種差が知られていた。ライキピアでもそしてマーチソンフォールズでも、パタスは泊まり場として比較的植生が密でないところを選ぶそうだ。捕食者を早期に発見できるよう視界を確保するためだという。一方、サバンナモンキーの別亜種ミドリザルではより密生した林を好むという報告がある。ところが、カラマルエのパタスはタンタルス同様、雨季を除けば泊まり場として植生の密であるウッドランドを好んだ。これはあくまでもグラスランドと比較しての話ではあるのだが、泊まり木としてはいずれの種も葉が密生するタマリンドをよく利用することから、タンタルスのみならずパタスも「隠れやすい」場所としてウッドランドを好むのではないだろうか。ライキピアやマーチソンフォールズで知られていたパタスの風変わりな泊まり木利用も、これを示唆している。同所的に住むサバンナモンキーの別亜種ベルベットでは、群れのメンバーが毎晩一本、ないし数本の樹高の高い木に戻ってきて集まって眠る。他方、パタスでは母親とアカンボウを除いて一本の泊まり木を共有することはなく個々分散して眠り、かつ前日と同じ木を利用することはめったにない。これは樹上性のヒョウに対する対抗戦略だという。同じ場所に集まって泊まるのはヒョウに気づかれやすいというわけだ。ただ、ヒョウをはじめ樹上性捕食者のいないカラマルエのパタスでは少し様子が違う。先に示したようにタマリンドなど特定の木を繰り返し利用するし、一本の木をオトナ個体であっても共有することは頻繁に起こる（第五章第四節）。

7　何を食べるのか（一）——食物タイプの観点から

種によって利用する植生が違えば、「何」を「どれだけ」食べるかも当然違ってくる。本章第四節で述べたように特定の個体を追跡し、「何を」については、その種名だけでなく、食べた部位を記録する。同じ植物種であっても、果実を食べることもあれば、葉や花を食べることもあるからだ。「どれだけ」については、二つの尺度を用いて測ってみた。[11] 一つめは時間、そしてもう一つは重さである。時間の方は、食べ始めの時刻と食べ終わりの時刻が分かれば簡単に求まるが、重さについては実際に測定するのは、食べた果実や葉の数である。地上採食も多く、樹上採食といっても利用する木の高さもさほど高くないサルだからこそ可能な芸当だが、数えるのには限界がある。口元や手元が見えない場合があるからだ。そうした見えない時の数は、見えている時に測定した単位時間当たりの採食数で代用する。そして、あとで果実や葉を採集してきて、その一個、一枚の重さを測定して採食量を重量で求めるわけだ。ただし、この時の重さは水分を差し引いた重さ、つまり乾燥重量である。

さて、いよいよ結果をご覧に入れることにしよう。ここではまず、全体の大雑把な傾向を把握してもらうために、個々の品目ではなく食物タイプ別の採食割合を比較した結果をみていく。動物性の食物についてはすべての種をひとまとめにして動物質という食物タイプとし、植物性の食物についてはその部位ごとにまとめてそれぞれ別タイプとして扱っている。また、季節により、サルの種類、あるいはその性により、総採食時間、総採食重量が異なるので、総量に占める各食物タイプの占める割合をパーセントで表すことにする。一見して読み取れるのは、時間を尺度とした場合（図3-10）も、重量を尺度とした場合（図3-11）も、両種とも果実を好む点は共通している一方、パタスは動物質、ガムを好み、逆にタンタルスは、花、葉を好む点である。この傾向は性、季節を問わず、概ね一貫している。種子だけは季節により多少傾向が異なる。雨季にはタンタルスだけが種子を利用するのだが、乾季中期においては、時間でみれば少なくとも雌についてはタンタルスの方がよく利用するし、重量でみれば逆に雌雄ともパタスの方がよく利用している。なおガムとは、樹皮を傷つけるとその裂け目から分泌される糖質に富んだ半透明の物質で、われわれに身近な例としてはサクラのそれがある。アカシア・セネガルに代表されるネムノキ科アカシア属のガムはアラビアゴムと呼ばれ、水と混じれば粘り気を持つという性質を利用して、食品の増粘剤、印刷用のインキ、糊などとして広く用いられている。ちなみに、タイヤ等のゴム製品の原料は、トウダイグサ科やクワ科に属する植物が傷つけられると分泌される物質であるが、こちらは白い乳液状を呈した石油と同様、炭化水素から成っており、見かけも成分もガムとは全く別物である。

では、次に個々の種が採食する品目のうち代表的なものを紹介していく。パタスは、アカシア・セヤルとアカシア・シエベリアーナという二種のアカシアの同じ木を繰り返し訪れてはそのガムを食べ

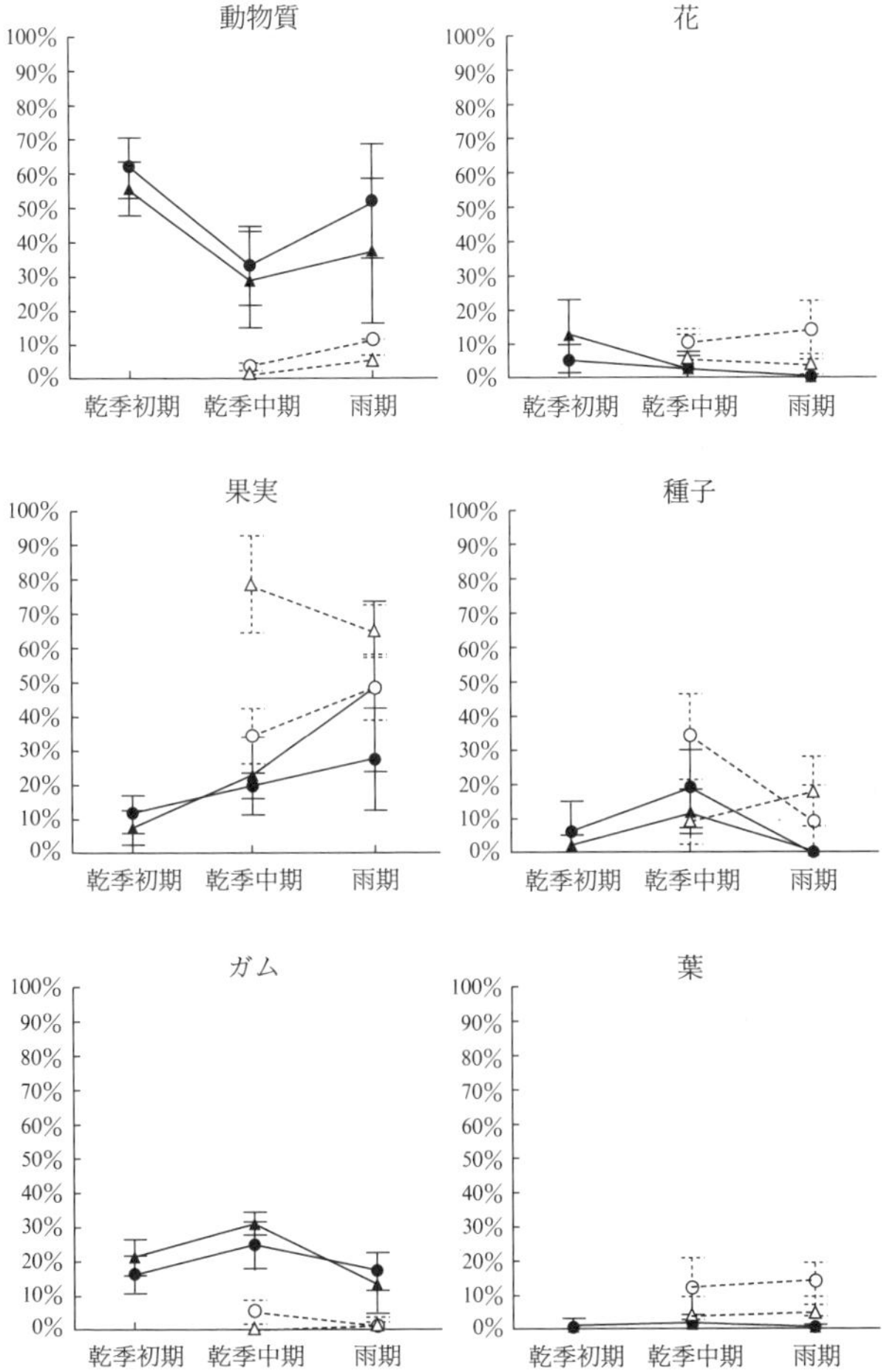

図 3-10　食物タイプごとの採食時間割合の種差，性差，および季節差．平均値±標準偏差．●—●：パタスモンキー雌；▲—▲：パタスモンキー雄；○…○：タンタルスモンキー雌；△…△：タンタルスモンキー雄．（文献 11 の Fig. 2 を改変）

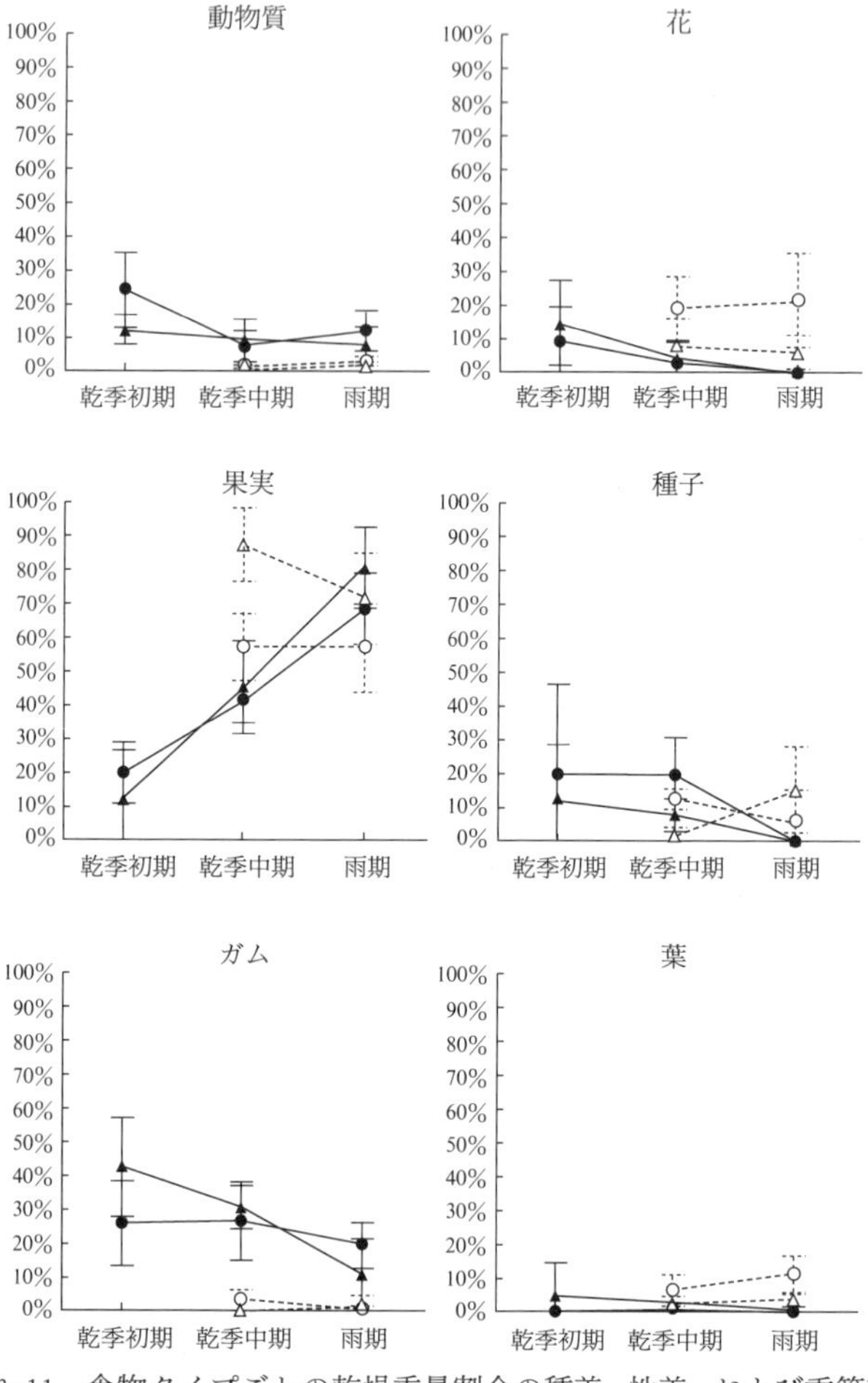

図 3-11　食物タイプごとの乾燥重量割合の種差，性差，および季節差．平均値±標準偏差．●—●：パタスモンキー雌；▲—▲：パタスモンキー雄；○…○：タンタルスモンキー雌；△…△：タンタルスモンキー雄．（文献 11 の Fig. 3 を改変）

(a)

写真3-3　パタスモンキー，およびタンタルスモンキーの主要食物品目例．(a)アカシア･シエベリアーナのガム，および(b)バッタを採食中のパタスモンキーの雌．(c)キビ属のイネ科草本の新葉を採食中のタンタルスモンキーの雌，(d)ソーセージツリーの繊維質の果肉と種子を採食中のタンタルスモンキーの雄．(e)アカシア・セヤルの豆を採食中のパタスモンキーの雌．

る（写真3-3a）。しかし、タンタルスは後者を低頻度で利用するだけである。また、パタスが好物の動物質は大半が昆虫。特に、草原を移動しながら捕まえる小型のバッタ（写真3-3b）は季節を問わず利用する。ほかに、乾季では、ある種のイネ科草本の茎内に休眠中の幼虫、樹皮の裏側に隠れているゾウムシ、変り種としてはゾウ糞から掘り出して食べる甲虫の幼虫など。雨季では、時に大発生する羽アリ、食草につくチョウの幼虫などなど。パタスは脊椎動物も食べる。樹

(b)

(c)

(d)

(e)

皮の裏側に隠れているアガマトカゲや巣立ち前のスズメの雛、変わったところではヘビの脱皮皮や鳥の糞。それに対し、タンタルスはバッタ、羽アリ、鳥の糞、特定種の昆虫の幼虫を低頻度で利用するのみ。他方、タンタルスが好む花には、パタスは一度も口にするのを見たことがない種もある。雨季に咲くタマリンダス・インディカや季節を問わず咲くソーセージツリーの花。アカシア・セヤルもアカシア・シエベリアーナも乾季に花をつけるが、前者は両種とも利用したが、後者ではパタスが利用したのは観察していない。乾季初期にパタスの花の利用が多いのは、タヌキマメ属の一種の草本の花やつぼみを利用するためである。葉ではタンタルスだけが食べる種はさらに多い。ヒルガオ科サツマイモ属の一種（*Ipomoea* sp.）やキビ属の一種（(写真3-3c）は雨季になって伸び始めた草本の新葉を、イネ科ヨシ属の一種（*Phragmites kcerka*）、マメ科コマツナギ属の一種（*Indigofera* sp.）にいたっては草本でありながら水場にあるためみずみずしさ維持している葉をタンタルスは利用するが、パタスは目もくれない。果実はどちらのサルにとっても主要食物タイプである。乾季から例示すると、市場でも売っているナツメ属の一種の果実やタマリンドの鞘付き豆が代表例。雨季では、エノキ属の一種、カキノキ属の一種、ギョボクやカパリス・コリンボーサ（フウチョウソウ科）が代表例。しかし、前出のソーセージツリーのソーセージ型の果実は、雨季にタンタルスが利用するのみ。彼らは歯と手を使って分厚くて堅い果皮を懸命に剝がし、中の繊維だらけの果肉をしがんでは、繊維質の部分を吐き出しながら食べる（写真3-3d）。また、川辺林の優占種の一つアカネ科のモレリア・セネガレンシス（*Morelia senegalensis*）の果実も利用は乾季のタンタルスのみ。一見して季節ごとに種間で一致した傾向の求められなかった

表 3-1　カラマルエ国立公園のパタスモンキー，あるいはタンタルスモンキーによって採食される食物の，食物タイプ別蛋白質含有量[1]と利用可能カロリー含有量[1),2)].

食物タイプ	種数	蛋白質（%）	カロリー（kcal）
動物質	8	56.43±10.58	4.44±1.00
花	7	18.04±4.62	3.49±0.15
果実	8	8.04±3.79	3.50±0.33
種子（豆）	3	25.49±6.84	3.40±0.32
ガム	1	2.9	3.81
葉	11	22.31±6.00	3.23±0.32

1) 乾燥重量に占める割合.
2) 粗繊維を除いた炭水化物（可溶性炭水化物），蛋白質，脂肪の含有量に，それぞれ 4，4，9 を掛け合わせて合計することにより算出された値．文献 11 の Table 2 を改変.

種子だが、食べる種子を詳しく見れば一定の傾向が見えてくる。乾季中期にパタスが食べる種子のほとんどは、アカシア・セヤル（写真3-3 e）と、アカシアに近縁のファイデルビア・アルビダ（*Faidherbia albida*）の豆である。いずれも、鞘から中の豆だけを取り出して食べる。それに対し、タンタルスはこれらの豆をさほど食べずに、ちょうどこの時期、南方から水を求めて大群で押し寄せるゾウたちの糞に混じっている種子を好む。糞をばらしては、時間をかけて熱心に探して食べる。残念ながらなんという種の植物が同定できていないが、豆でないことは確かである。他方、雨季にタンタルスが利用する種子のほとんどは、ソーセージツリーの種子である。先ほどタンタルスだけが繊維質の多い果肉をしがんでは吐き出しながら食べると述べたが、そこまでして食べることはないのにと思っていると、どうやら彼らのお目当てはむしろその種子のようである。このように見てくると、どうやら同じ種子といってもパタスは豆好きで、タンタルスは豆以外の種子がお好みのようだ。

ここで、各食物タイプの栄養成分に目を向けてみよう。果実やガムは、糖質に富む動物にとってカロリー源であるのに対し、葉、花、そして動物質は、蛋白質に富む蛋白源であると一般的に言われている。また、種子はデンプンに富むものと脂肪に富むものがあるがいずれにしてもカロリー源であり、ただし豆だけは蛋白質に富む。この点を、カラマルエの二種のサルが食べる食物で確認しておこう（表3-1）。果実やガムでは蛋白質含有量は低いが、カロリー含有量は高い。それに対し、動物質、花、そして葉では、カロリー含有量の高さよりも、蛋白質含有量の高さが目立つ。またこの表にある種子はすべて豆だが、確かにカロリー含有量は低いものの、蛋白質含有量は高くなっている。つまり、パタスはカロリー源として果実、およびガムを、蛋白源として動物質とアカシア類の豆を主食としているのに対し、タンタルスは、カロリー源として果実、および豆以外の種子を、蛋白源として葉や花を主食としているのである。

8　何を食べるのか（二）——食物品目の数と質の観点から

では、どちらのサルが多くの品目を食物として利用していることになるのだろうか。[12]比較可能なデー

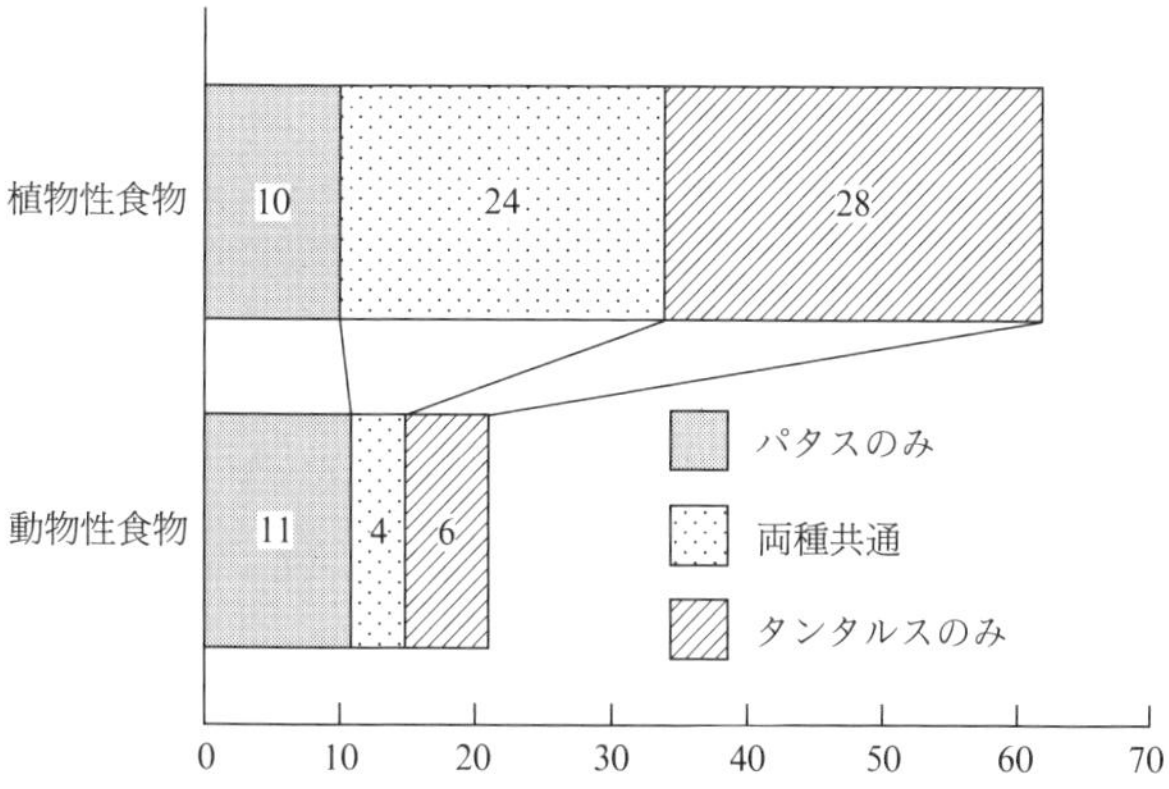

図3-12　パタスモンキーとタンタルスモンキーの食物品目数.
(文献12の Fig. 1を改変)

タがある乾季中期と雨季に利用したそれぞれの種の食物品目数を比較した図3-12をご覧頂きたい。先の記述からも明らかなように、動物性食物についてはパタスが一五品目、タンタルスが一〇品目（共通四品目）とわずかにパタスが多い。しかし、植物性食物については、パタスが三四品目、タンタルスが五二品目（共通二四品目）とタンタルスがかなり多い。次にこれを両季節、両性のデータの平均値で全採食時間に占める割合が〇・五％以上を占めた食物をここでは主要食物と見なして、その品目数を種間で比較してみたのが図3-13である。やはり、動物性食物ではパタスがわずかに多いものの植物性食物ではタンタルスがかなり多い。

　ここで図3-2に戻って注目してもらいたいのがそれぞれの遊動域。パタスKK群はタンタルスS1群よりかなり広い遊動域を構えていることは記憶して頂けていたと思うが、さらに重要なのはKK群の遊動域はS1群のそれと乾季中期で七〇％、雨季で五〇％重

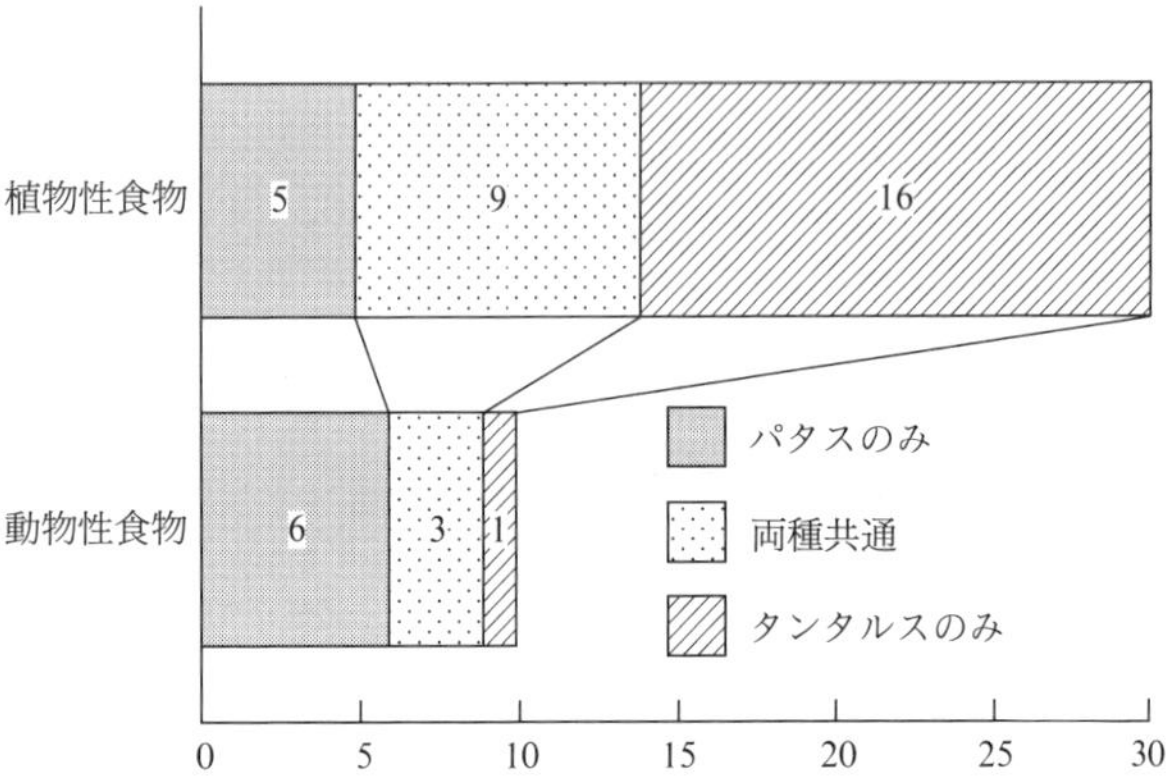

図 3-13　パタスモンキーとタンタルスモンキーの主要食物品目数．（文献 12 の Fig. 2 を改変）

複していること。つまりここで言いたいのは、タンタルスにとって利用可能な食物は概ねパタスにとっても利用可能であったと判断できること。それにもかかわらず、パタスの採食品目が少ないのは、パタスはタンタルスに比べて特定の品目を選択的に利用した結果を明確に表している。

常識的に考えるなら選択的に採食しているのだから、パタスのほうが高質の食物を利用していると予測できる。この予測を検証するため[12]にいくつかの工夫を凝らした。まず一つめは比較対象とする群についての工夫。普通ならパタスが利用する品目とタンタルスが利用する品目間で比較するところだが、タンタルスのほうが品目数が多いとはいえ共通する品目も少なからずある。これでは当然ながら両群の間に統計的に有意な質の違いは出てき難い。そこで、タンタルスだけが利用する品目に比べてパタスだけが利用する品目はわずかだったことに着目して、パタスが利用する品目とタンタルスしか利用しない品目間で比較することにした。パタスが利用する品目にはタンタルスも利用する品目が含まれていることをご注意いただきたい。二つめは質の評価尺度についての工夫。これまでの野生霊長類を対象とした食物選択の究極要因を探る研究の長年の蓄積から、葉の選択には「繊維含有量に対する蛋白質含有量の比（蛋白・繊維比）」が重要であり、もちろんこの比の高い葉を好むことが分かっていた。他方、果実の選択についてはすぐに利用できるエネルギー源である糖質の含有量の高い果実を好むという研究がいくつかあった。そこで私は基本的にはこの二つの尺度を用いることにしたが、後者については、脂肪や蛋白質からのエネルギーも含めて「利用可能エネルギー」含有量を質の尺度とした。この二つの尺度をとりあえず用いて、パタスの主要食物品目群とタンタルスの主要品目ではあるがパタスの主要品目ではない（以下、単にタンタルスの主要食物品目）群の間で比較してみた。すると見事に、どちらの尺度も前者のほうが後者より有意に高い値を示した（図3-14）。しかしながら、ここで用いた二つの尺度はそれぞれ葉と果実についてはその妥当性が保証されているが、ここで比較した品目にはそれ以外のタイプも多く含まれているからやや強引な比較ともいえた。ただ、蛋白源である葉にも当然エネルギーは含まれるし、エネルギー源である果実にも当然蛋白質も含まれる。ここで三つめはすべての食物タイプを含めての妥当な質の違いを表す工夫。つまり、「蛋白・繊維比」と「利用可能エネルギー」という二つの変数を同時に含めて、総合的に質の違いを評価する尺度を作れないかと考えた。そこで用いたのが判別分析法。以下の一次式を用いて、パタスの主要食物品目群とタンタルスの主要食物品目群、それぞれの食物の質スコアの平均値の違い

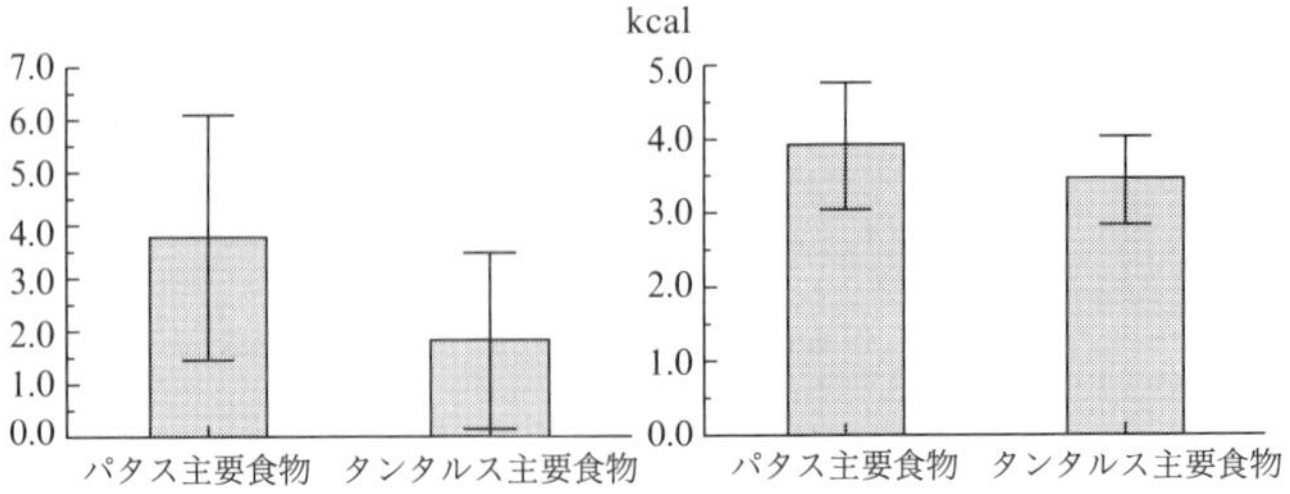

図 3-14　パタスモンキーの主要食物品目群とタンタルスモンキーの主要品目ではあるがパタスの主要品目ではない（図中では単にタンタルスの主要食物品目）群間の蛋白・繊維比と利用可能エネルギー含有量の比較．平均値±標準偏差．（文献 12 の Fig. 3 を改変）

が最大となるように、a、b、cを決めるのである。

食物の質スコア＝a（蛋白・繊維比）＋b（利用可能エネルギー）＋c

食物選択研究へのこの判別分析の手法の導入は、実のところ私のオリジナルではない。ヒヒという単一種の食物と非食物を区別する指標を探る研究からヒントを得たものだが、二種の霊長類の食物を区別するのに導入したのはもちろん私がはじめてである。そして結果、以下の判別式が得られ、図3-15に表したようなそこそこきれいな結果が得られた。

食物の質スコア＝〇・四五七（蛋白・繊維比）＋〇・〇八五（利用可能エネルギー）－一・五八三

きれいな結果と言われても図の見方が分からなければ同意して頂けない。最も理想的な結果は、食物の質スコアのゼロを境に、パタスの主要食物品目とタンタルスの主要食物品目がすべてそれぞれが上下に分かれるような式ができることだった。パタスの主要食物一九品目中一三品目、タンタルスの主要食物一五品目中一四品目がこの判別式によりうまく分類された。そして全体では七九・四％（三四品目中二七品目）がうまく分類されたことになる。またうまいことに、判別分析において両群の差の違いの統計的有意性を判断できるウィルクスλという値から、両群の差が有意であることも判明した。さらにうまいのは係数の符合がいずれもプラスであること。「蛋白・繊維比」も「利用可能エネルギー」も値が高いほど食物の質スコアが高い値となるから、まさしく想定どおりの結果である。なお、この係数を標準化した値は、「蛋白・繊維比」で〇・九五九、「利用可能エネルギー」で〇・〇六六となるが、これはパタスの主要食物の選択においては、前者が後者より重要であることを表している。

主要食物全体でみれば、パタスの食物はタンタルスのそれより質が高いことがかなりきれいに証明されたわけだが、冷静に考えてみると当たり前でもある。なぜならパタスの主要食物は、「蛋白・繊維比」、「利用可能エネルギー」のいずれの尺度からみても高い値を示す動物質がタンタルスに比べて多いからだ。現に、図3-15において38番以上の数字で表された動物性品目はすべて高い食物の質スコアを示していた。他方、パタスの植物性品目五品目カパリス・コリンボーサの果実（番号9）、シクシン科ヨツバネカズラ属コンブレテュム・アクレアトム（*Combretum aculeatum*）の果実（番号11）、ファイデルビア・アルビダの豆（番号19）、アカシア・セヤルの豆（番号21）、エノキの果実（番号33）もゼロ以上の食物の質スコアを得ていた。

そこで次は、植物性食物に絞って同様の分析を行った。ただし、主要食物品目でなくとも、つまり採食時間割合で〇・五％未満しか占めない品目であっても成分分析を実際に行っているものについては分析に加えた。つまり、今回の比較は「パタスの植物性食物品目群」と「タンタルスの植物性食物品目ではあるがパタスの植物性食物品目ではない群」（以下、単に「タンタルスの植物性食物品目群」）間で行った。今度は、蛋白・繊維比についてはパタスの植物性食物品目で高い傾向が認められたが、利用可能エネルギーについては傾向さえみてとれなかった（図3-16）。

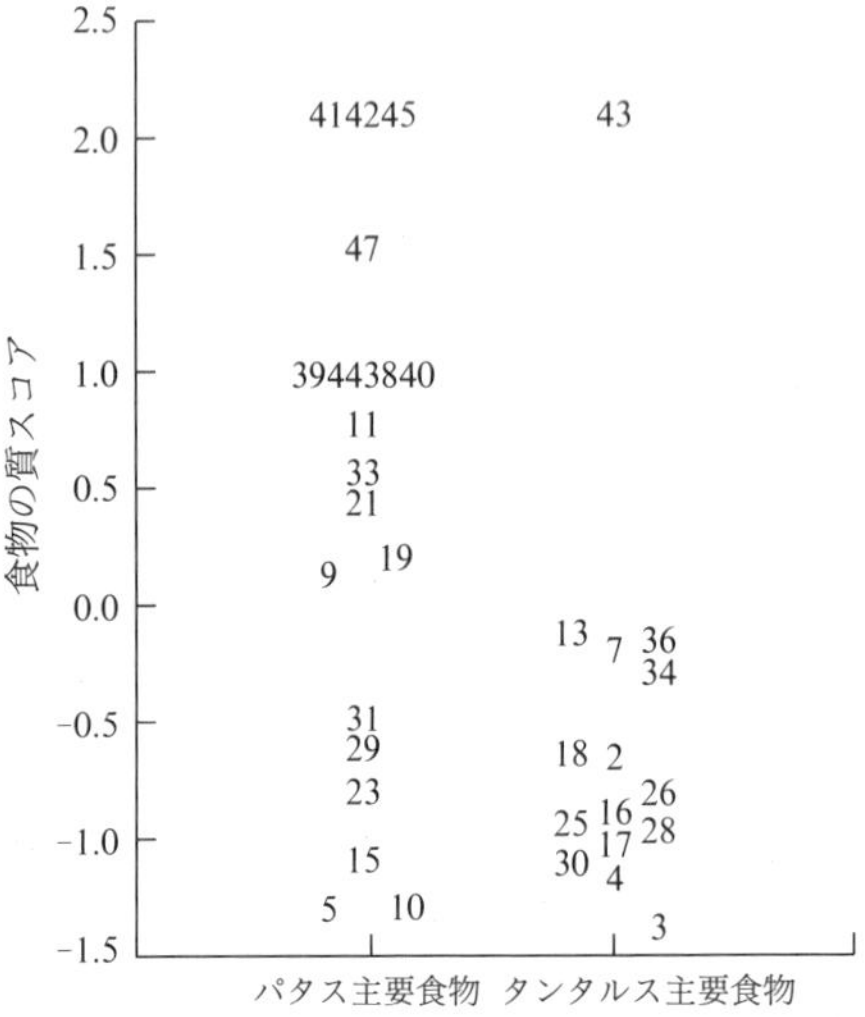

図3-15　パタスモンキーの主要食物品目とタンタルスモンキーの主要品目ではあるがパタスの主要品目ではない品目（図中では単にタンタルスの主要食物品目）の食物の質スコアの分布．各数字は個々の品目を示す．38以上が動物性食物．食物の質スコア＝0.457（蛋白・繊維比）＋0.085（利用可能エネルギー）−1.583．（文献12のFig. 4を改変）

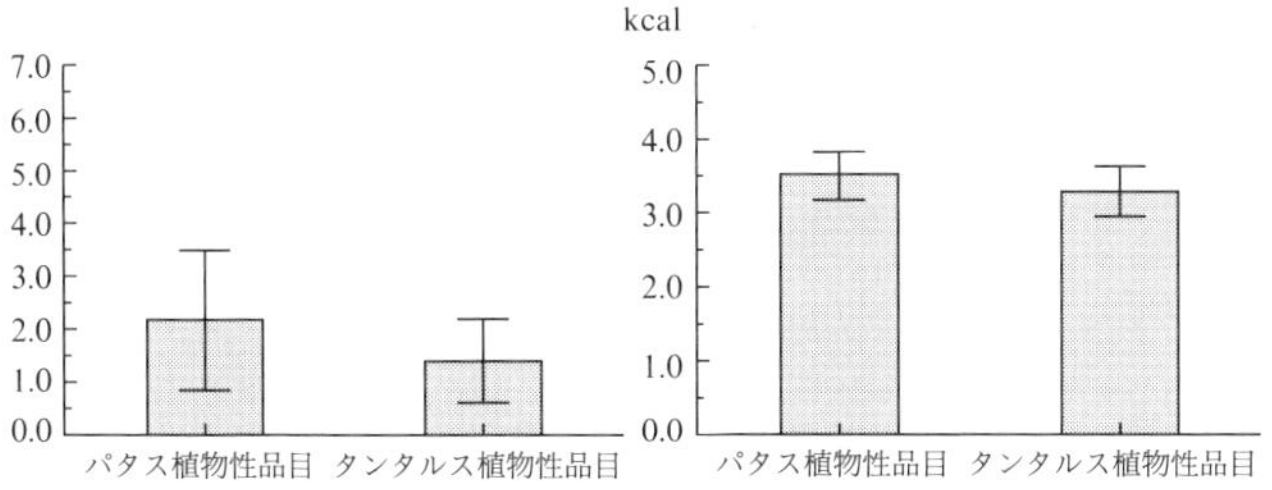

図 3-16　パタスモンキーの植物性食物品目群とタンタルスモンキーの植物性食物品目ではあるがパタスの食物品目ではない（図中では単にタンタルスの植物性食物品目）群間の蛋白・纖維比と利用可能エネルギー含有量の比較．平均値±標準偏差．（文献 12 の Fig. 5 を改変）

また、同様の判別分析の結果得られた判別式は以下のとおり。

食物の質スコア＝〇・六〇八（蛋白・纖維比）＋一・八〇六（利用可能エネルギー）－七・三二一

パタス、タンタルス、いずれの植物性食物ともなかよく一六品目中一〇品目がこの判別式によりうまく分類された（図3－17）。全体では六五・二％（三二品目中二〇品目）がうまく分類されたことになったが、その割合は一四％ほど下がった。しかし、依然、両群の差は有意であった。しかも幸い係数の符合はいずれも今回もプラス。なお、標準化係数は、「蛋白・纖維比」で〇・六七八、「利用可能エネルギー」で〇・五八五となり、これはパタスの植物性食物の選択においては、いずれの指標もが同等に重要であることを表している。

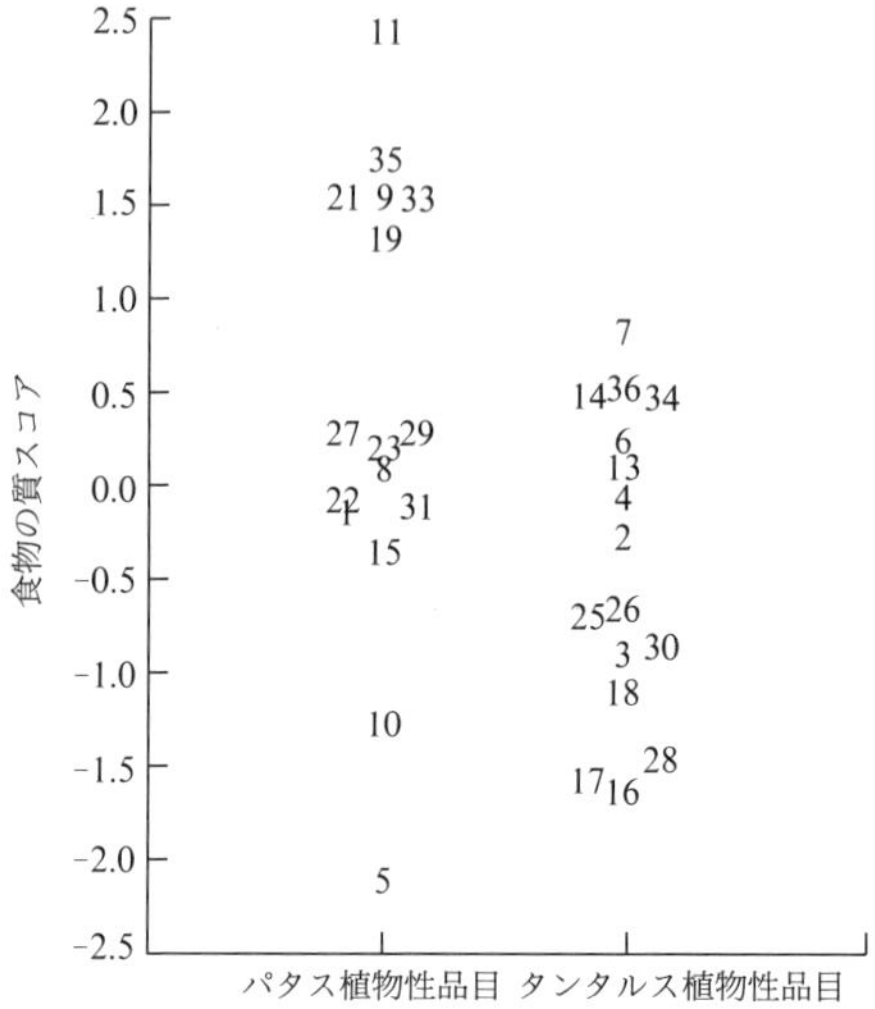

図 3-17　パタスモンキーの植物性食物品目とタンタルスモンキーの植物性食物品目ではあるがパタスの食物品目ではない品目（図中では単にタンタルスの植物性食物品目）の食物の質スコアの分布．各数字は個々の品目を示す．食物の質スコア＝0.608（蛋白・繊維比）＋1.806（利用可能エネルギー）−7.321（文献 12 の Fig. 6 を改変）

9　パタスの食性はジャーマン・ベル原理の反証か

さて、パタスがタンタルスに比べて特定の高質の品目を選択的に利用していることがようやく検証できたわけだが、ここで彼らの体の大きさを思い出してもらおう。パタスはタンタルスに比べて、ひと回り体が大きかった。動物のエネルギー要求量は、体重が重くなるほど多くなる。正確に言えば、それは体重の四分の三乗に比例するというクレイバー則と呼ばれる経験則がある。ということは、単位体重当たりのエネルギー要求量は、体重のマイナス四分の一乗、つまり体重の四乗根分の一に比例するので、大型の動物ほど少なくてすむ。単位体重当たりのエネルギー要求量が大型動物ほど少なくてすむということは、大型動物は小型動物に比べれば質の低い、つまり繊維含有量の高い食物でやっていきやすいことを意味する。もちろん、大型動物であっても繊維含有量の低い質の高い食物を採ってもよいが、高質の食物は自然界には少ないだろうから、総量として多くのエネルギーが必要な大型動物は高質の食物だけでは必要なエネルギーを稼ぐことはできない。そこで彼らは大量にある低質の食物を非選択的に利用する傾向がある。この原理は最初に有蹄類で見出され、発見者にちなんでジャーマン・ベル原理と呼ばれている。両極を例示すれば、体重二〇キログラム未満のダイカーやディクディ

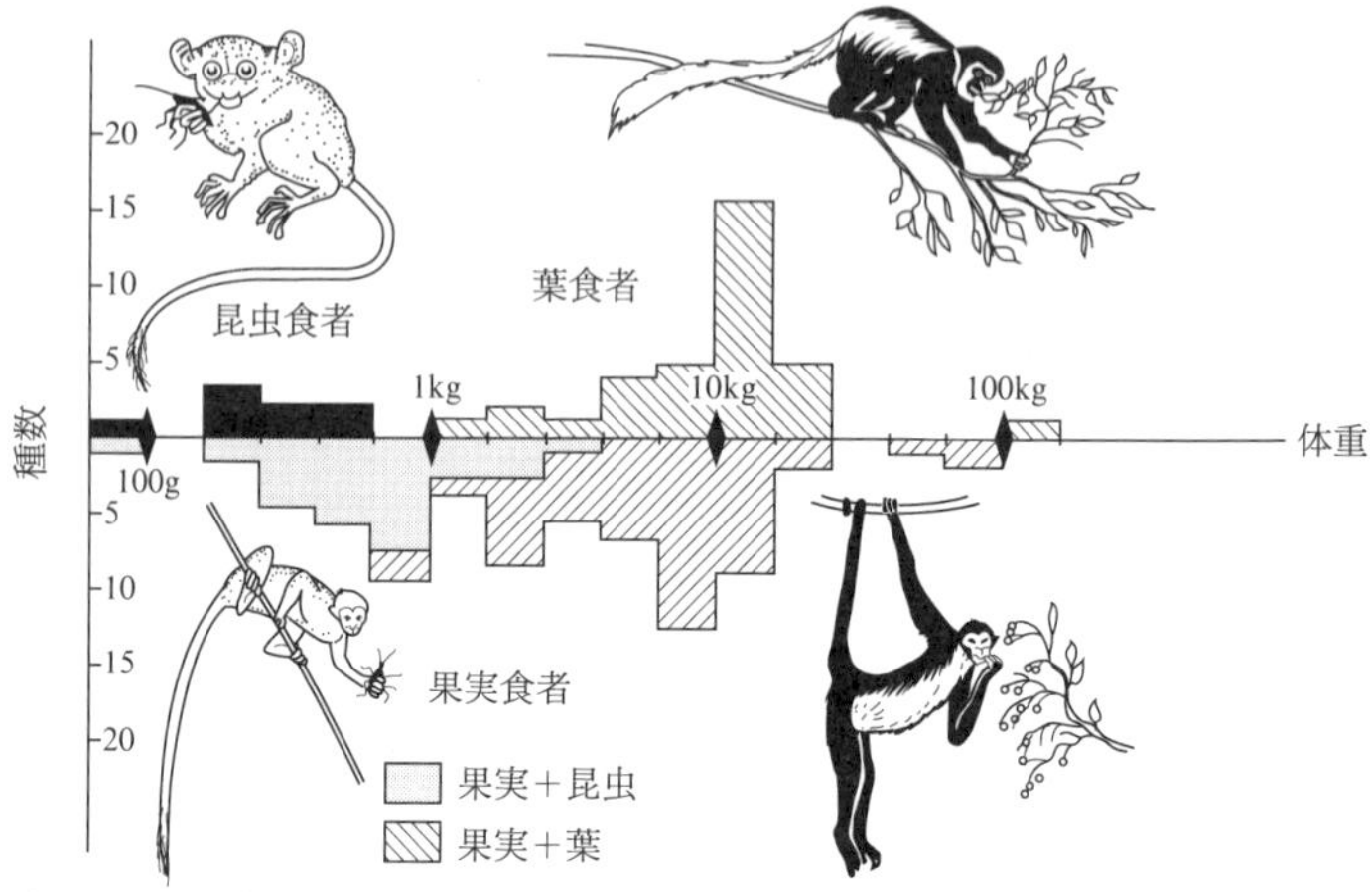

図 3-18　霊長類とジャーマン・ベル原理.（文献 13 の Fig. 8.4 を改変）

クなどは木本の果実や若芽など高質の食物を選択的に食べるのに対し、体重二〇〇キログラム以上に達するシマウマやアフリカスイギュウなどはイネ科草本の葉や茎など繊維含有量の高い低質の食物を非選択的に食べるというわけだ。そして
ジャーマン・ベル原理は霊長類でもおおよそ当てはまる。体重一〇〇グラム前後のメガネザルやピグミーマーモセットを筆頭に小型のものは昆虫食、あるいはガム食だし、大きいほうでは体重一〇〇キログラムを超えるゴリラは極端な例だとしても一〇数キログラムのシロクロコロブスを筆頭に葉食が中心。そして、一キログラムを少し下回る体重のコモンリスザルは昆虫を交えた果実食者であるし、一〇キログラムを少し下回るクモザル類は昆虫を交えた果実食者といった具合にである（図3-18）。ただこの図を細かく見ればすぐに分かるとおり、葉食者と昆虫を交えた果実食者の平均体

重差はわずかなように見えるし、葉食者にも体重が一キログラム程度のものがいることに気づく。ジャーマン・ベル原理が正しいとすると、こうした体重の割に質の低い食物に依存すると大量に食べることはできてもエネルギー要求量が満たされなくなってしまうのだが、現実にはもちろんうまくやっていけている。それはひとえに消化管が高繊維食に対して適応しているおかげである。霊長類の葉食者の多くは、コロブス亜科のサルたちのようにいくつかの小部屋に分かれた胃の一部屋に、あるいはホエザルのように肥大した盲腸や結腸にバクテリアを飼っており、その発酵作用のおかげで繊維を分解・消化して利用しているのである。

ここで話をパタスとタンタルスに戻そう。パタスはタンタルスより大型であるにもかかわらず、特定の高質の食物を選択的に利用していた。しかも、どちらの種も上述のような消化管の特殊化は起こっていないのである。つまり、ジャーマン・ベル原理に反する結果のように見える。では、反しているのはどちらの種なのだろうか？　あるいはどちらもおかしいのだろうか？　パタスの体重は雌雄それぞれ六キログラムと一二キログラム。それに対してタンタルスはそれぞれ四キログラムと五キログラム。雌雄の平均体重を先の図3-18にプロットしてもらえればわかるとおり、体重から判断すればいずれも葉食者か、あるいは葉を交えた果実食者であるはずである。では彼らの食性はどうだったか？　サルの食性はそのデータの収集のしやすさから、採食時間割合の多寡で判断されてきているのでそれに倣えば、タンタルスは果実食者といってよいが、パタスはそう呼ぶには昆虫食やガム食の占める割合が高すぎる。どうやらおかしいのはパタスのようだ。

実は、パタスが体重のわりに昆虫食やガム食が高すぎることを指摘したのは、残念ながら私が初めてではない。ライキピアのパタスの調査をしているチズムさんかラウエルさん？　いや違う。私にとって本当のライバルとなったカリフォルニア大学デービス校のL・イズベルさんである。彼女は、ご主人のT・ヤングさんや学生さんらとともに、一九九三年からチズムさんらと同じライキピアの別の場所で、パタスばかりか、サバンナモンキーの別亜種ベルベットも対象にした調査を開始していたのだ。一九九八年に出版された彼女らの最初の論文を目にするまでまったく気づかなかった。その題目は、『食物資源の大きさ、密度、分布の推定尺度としてのベルベットとパタスの移動』[14]で、まさしく同所的に生息する二種の比較採食生態学的な研究だった。「えっ！　ウソやろ！」「やられた！」というのが実感。私が調査を開始したのは一九八六年。今、紹介途中の比較採食生態学的な調査は一九八九年で一応、データは取り終えていた。だから、本来ならとっくに論文が出版されていてよいころだったがまだ執筆中だった。サボっていたわけではない。予備調査の結果報告は一九八九年に、次章以降順次紹介していくサイドワークも一九九二年、一九九五年、一九九八年に出版していった。さらには一九八九年三月には、博士後期課程に入ってからも並行して行っていたニホンザル研究を博士論文としてまとめ学位を取得した。この研究のデータ分析、論文執筆を後回しにしていたのは、当分は誰にも超えられない研究だという自信があったのだ。チズムさんらカリフォルニア大学バークリー校のチームは、採食生態学的な研究には関心が向いていなかったし、ベルベットは基本的に調査対象には含められていなかったからだ。しかも一九九〇年代に入るとあまり論文が出版されないなあ、なんていう印象もあった。あとから分かったことだが、バークリー校チームの調査は一九八三年を最後に行なわれていない。だからこそ、デービス校チームがほぼ同じ場所で調査を開始できたわけだ。イズベルさんらはこの論文を皮切りに一九九八年に四本、一九九九年に二本、以後も立て続けに論文を量産した。いずれも一流誌に掲載されている。彼女はライキピアでの調査の前には、ケニア・アンボセリ国立公園でベルベットの調査をしている。ここはサバンナモンキーの数ある調査地の中でももっとも数多くの優れた研究がなされてきた場所であり、もちろん彼女自身も優れた論文を書いている。さらに、彼女は影響力のある総説もいくつも発表してきている。一流の研究者が同様の研究を始めてしまったわけで、ほとんど私に勝ち目はないように思えた。そして実際、私の研究の一部を先取りされてしまったという事実は否定できないが、そうでない部分も少なからず残されている。さらに言えば、彼女らの論文が先に出たおかげで私の研究の独創性を強調できた。決して負け惜しみで言っているわけではない。実は、今、紹介途中の研究もそうである。

一九九八年にイズベルさんが発表した三本目の論文の題目は、『小型霊長類の食性――（大型の）パタスモンキーにおける昆虫食とガム食』[15]。題目から分かるとおり、パタスが大型であるにもかかわらず、昆虫とガムを主食にする小型霊長類の食性を持っているという内容である。ライキピアのパタスは、採食時間割合の三三％を昆虫食に、三七％をアカシア・ドレパノロビウム（*Acacia drepanolobium*）を中心としたガム食に費やし、果実の占める割合はたった七％である。この論文は、一連の論文の中で唯一パタスのみを対象にしている。だから私のように自身で集めたベルベットの食性データと比較して、しかも私のように栄養学的な分析を行って質の高さを実証しているわけではない。霊長類にもジャーマン・ベル原理が当てはまることが実証済みで、またこれまで知られている最大のガム・昆虫食者は、体重一・八キログラムのオオガラゴであるが、それに比べてパタスはかなり重いにもかかわらずガム・昆虫食者だということが根拠になっている。またパタスが原理から逸脱しているように見える理由も彼女と私では違う。ライキピアのパタスが利用する昆虫は、実はほとんどがアカシア・ドレパノロビウムの共生アリであった。このアカシアは、葉を葉食性の昆虫から防衛してもらうために、トゲに空洞を作ってそこにアリを住まわせているのである。このアリは社会性昆虫で大きなコロニーを作って暮すために大量にいるのだという。ここでジャーマン・ベル原理の前提を思い出してもらおう。高質の食物は自然界には少ないという前提。この前提があるからこそ総量として多くのエネルギーが必要な大型動物は少ない高質の食物だけでは必要なエネルギーを稼ぐことはできず、大量にある低質の食物を利用するのだった。もうお分かりだろう。アリは高質だが大量にあるから大型のパタスでも依存できるというのが彼女の説明。ところが同じ説明をカラマルエのパタスには適用するわけにはいかない。カラマルエのパタスが利用する昆虫は、主にバッタ類で社会性昆虫でなく、さほど大量にいるわけではない。

そこで私が採用したのはパタスの移動能力の高さによる説明。長い四肢、長い足、指行性に裏打ちされたストライドの長さなど、「世界最速走行」を支えている形態的・運動力学的特長の多くは、「世界最速歩行」にもつながる。さらにパタスの歩行は速度が高いだけでなく、エネルギー効率も高いという報告もある。[16] つまり、速くて効率のよい歩行、言い換えれば移動能力の高さが、体の大きさのわりに質が高くても少量しかない食物への依存を可能にしたと考えた。

実は一番のヒントになったのは私に衝撃を与えたイズベルさんらの最初の論文。[14] ライキピアのパタスはベルベットに比べて、一つの採食場所での滞在時間が短く移動の回数が多く、その結果、移動速度が高く移動距離が長かった。これは小さく分散した昆虫という食物に依存するためである。先に書いたように昆虫の多くはアカシアに共生するアリ。パタスは一本の木を訪問すると、視覚に頼ってトゲを探しそのトゲにアリがいるか、トゲに穴が開いていてアリを採取可能か調べる。しかし、うまくアリが見つかっても反撃に遭ったり、また木自体が樹高七メートルを超えることはなく小さいこともあって、一本の木当たり一〜二つのトゲを利用するだけで立ち去って、次の木を訪れるということを繰り返す。そして、こうした小さく分散した昆虫の採食を可能にしたのは、ストライドの長さに由来する「世界最速歩行」能力にあると結論づけている。ここまで言っているのに、パタスの食性が逸脱している理由として、なぜ彼女がこの能力の高さを持ってこなかったのだろうか？ 謎である。

さて、カラマルエのパタスが好んで利用する昆虫は主に小型のバッタである。まさしく小さくてグラスランドに分散分布している食物であるから、パタスの移動能力の高さが有利に働く。では、パタスが好む植物性の食物については、どのように理解すればよいのだろうか？ やはりここでもその分布様式が効いてくる。植生調査の第一ステップで優占種として取り上げられた食物についてはその分布が押さえられている。豆を利用するアカシア・セヤル（図3-17の21）とファイデルビア・アルビダ（同図の19)、果実を利用するナツメ属の一種(同図の29)、ガムを利用するアカシア・シエベリアーナ(同図の23)、花を利用する草本種タヌキグサ属の一種(同図の27)、そして葉を利用する未同定の草本種N(同図の35)のそれぞれが優占する場所は、アカシア・シエベリアーナを除いてすべてタンタルスがその遊動域を構える川辺林近辺にはないのである。アカシア・シエベリアーナの場合には、タンタルスの遊動域内にも優占する場所は多いがそこにあるのは小さな木。大きな木はグラスランドの真ん中に散在している。そしてまず注目してもらいたいのは、これら六品目がことごとく質の高い食物であること(図3-17参照)。次に注目すべきは、程度の差はあれ、いずれもパタスのほうがタンタルスに比べ採食時間割合が高いこと。パタスはこれらの品目が優占した場所に好んで遊動域を構えるか、そうした場所を好んで遊動するか、その両方の方法で効率的に利用し採食量を増やした。それに対し、タンタルスはたとえ食べたとしてもそれらが優占した場所や巨木は利用できないからどうしても大量には食べることはできないのである。このようにみてくると、パタスにとってのカロリー源は、ガムであって豆以外の種子でないのか、他方蛋白源は、動物質や豆であって、葉や花でないのかも同時に理解していただけるだろう。高い移動能力こそが、パタスにグラスランド内のそこここに分散して存在しているバッタをはじめとする質は高いが小さい動物性食物の採食を可能にする一方で、グラスランドを延々と移動しなければたどり着けないが、たどり着けば一度に大量に手に入れることのできる質の高い食物が集中した場所を利用することを可能にしたのである。前者はすでにイズベルさんらが主張していたことだが、後者は彼女にはなかった主張である。私のオリジナルと言いたいところだが、主張そのものはチズムさんとラウエルさん[5]のオリジナルである。ただデータでもって示したのはもちろん私が最初であることは強調しておきたい。

10　人類学への適用――パタスとホモの類似性

イズベルさんらは、四肢の長さに代表される形態的な特徴に裏打ちされた移動能力の高さが、小さく分散した食物の採食を可能にしたというパタスの進化についてのアイデアを、ホモ属の進化へ適用した論文を、やはり一九九八年に出版した。論文の題目は、『同所的に生息するパタスとベルベットの間の移動活動の違い――ホモ属における長い下肢の進化と関連して[17]』。彼女らはまずこの論文のイントロとして、現生人類ホモ・サピエンスとパタスの間の移動活動に関係する諸特徴の共通点を五点列記した。(一)相対的に下肢の長さが最も長い、(二)群れの大きさに比して一日の移動距離が最も長い、(三)群れの大きさに比して遊動域が最も大きい、(四)最も乾燥した土地に住む、(五)最も地上性が強い。現生人類とパタスのいずれにも「最も」という最上級を表す副詞がついていることを訝る方もいらっしゃるだろうから正確に表現すれば、現生人類は霊長類の中で「最も」で、パタスはヒトを除く霊長類の中で「最も」という意味である。パタスについては「最も」かどうかは別にして、少なくともタンタルスに比べてなら、こうした特徴があることはここまでの話で納得してもらえるだろう。他方、現生人類についても「最も」かどうかは別にすれば多少なりとも人類学の素養のある方は概ねご存知の特徴ばかりであろう。(二)〜(四)については、いわゆるブッシュマンと呼ばれるカラハリ砂漠に住む狩猟採集民など特定の現生人類を思い浮かべてもらえればよい。彼らは年間降水量わずか四〇〇ミリの半砂漠地帯に、平均二〇人程度の集団を作って生活している。狩猟に出かけるとベースキャンプから一日二〇キロメートルもの距離を移動する。そのベースキャンプさえも何度も移動させるため、長い目でみれば最大四〇〇〇平方キロメートルもの土地を動いていることになるという。ただし(一)は少し難しい。現生人類は、ゴリラやチンパンジーなどの類人猿に比べて、体幹の長さに比べて下肢が長く、アウストラロピテカス属やホモ・ハビリスなどの猿人に比べて下肢が長い。

そして、こうした現生人類で見られる特徴は、ホモ・エレクトス(原人)でも概ね当てはまると考えられている。多少なりとも人類学の素養のある方はかえって誤解されるのであらかじめ断っておくが、「サバンナへの適応として直立二足歩行が生じ、類人猿から猿人が進化した」という伝統的な、そしておそらく疑わしい仮説を検証しようとしているのではない。「サバンナへの適応として長い下肢が生じ、猿人から原人が進化した」という仮説の検証である。ホモ・エレクトスは、遅くとも一八〇万年前までに東アフリカの地で出現した。ライキピアから北北西へ五〇〇キロメートルほどのところにあるツルカナ湖周辺はその最大の化石の産地。最も保存状態がよくツルカナ・ボーイという愛称まで与えられた推定九歳の少年の化石人骨は、推定身長一六〇センチもあり、成人すると一八五センチ程度にはなったと考えられている。先の伝統的な仮説が疑問視されている理由の一つは、猿人が住んでいた当時の環境が開けた乾燥サバンナではなく疎開林で、従来考えられていたよりも植生が密な環境である証拠が出てきたためであるが、原人が住んでいた環境はかなり開けた乾燥サバンナであったと考えてよい。移動能力が高まった傍証としては分布の拡大が挙げられる。およそ五〇〇万年前に猿人が誕生して以降ホモ・エレクトスの誕生までその分布は東アフリカと南アフリカに限られていた。ところが、その誕生後、通説では一〇〇万年前にようやくアフリカ大陸脱出を果たして以降、九〇万～六〇万年前にはジャワ島へ、五〇万～二〇万年前には中国北京周辺まで達している。

しかし、これはあくまでも傍証に過ぎない。ホモ・エレクトスの形態や生息環境については直接的な証拠が得られても、その行動は化石に残らないから難しい。そこでホモ・エレクトスと同様の環境にさらされ同様の形態的特長を進化させたと考えられるパタスが、その形態的特長をどのように生かして行動しているかを調べることにより、具体的にはどのような要因がその特長を進化させたのかを探ろうという試みなのである。まず、イズベルさんらは、通説を否定するところから始めた。通説とは、「パタスは、ライオン、ハイエナ、ジャッカルなど捕食者の多いサバンナへ進出したため、彼らから高速で逃走するため長い四肢を進化させた」を指す。パタスとベルベットについて、地上性の捕食者に対しての反応を調べてみたところ、パタスでは走って逃げたのが九回（四二・九％）、木に登ったのが一二回（五七・一％）であったのに対し、ベルベットではそれぞれ四回（五七・一％）と三回（四二・九％）と種間で有意差がなかったという。次に調べたのが活動時間配分。特に移動を伴う行動については細かく区分して観察時間中どれくらいの時間割合を費やしたかを明らかにした。移動を伴う行動中、有意な種差が認められたのは三タイプ。歩きながらの探索採食はパタスで一四・四％であるのに対し、ベルベットでわずか四・一％。小走りは時間的にはいずれの種も少なくそれぞれ一・五％、〇・七％だがわずかにパタスで多い。逆にベルベットで多いのは樹上の四足移動で一・二％と四・六％。ちなみに走るは〇・〇八％と〇・〇七％でもちろん有意差はなし。歩きながらの探索採食がパタスで三倍以上も多いのは、アカシア共生アリの採食のせいである。この結果に、「パタスはベルベットに比べて、一つの採食場所での滞在時間が短く移動の回数が多く、その結果、移動速度が高く移動距離が長かった」という最初の論文の結果を合わせて結論を導いた。四肢の長さに代表される形態的な特徴に裏打ちされた移動能力の高さが可能にしたのは、捕食者からの高速の逃避でなく、小さく分散した食物の採食であると。

このイズベルさんらの結論について私の見解を述べておこう。まず前者についてだが、以前述べたように確かにパタスも木に駆け上がる。しかし、問題なのは駆け上がるまでに走る距離。その距離は当然、駆け上がるべき木の密度によっても変わってくる。印象で言えば、パタスは木の密度が低いところを遊動する場合が多い分、タンタルスに比べれば駆け上がるまでに長い距離を走る。だから私は否定的である。後者については賛成。しかしこれだけでは不十分であることは先も述べたとおり。互いに遠く離れた質の高い食物が集中した場所の利用を可能にした点が加わらねば片手落ちである。

さらにパタスにおけるこの結論をホモ・エレクトスに適用する場合にはなおさらである。ホモ・エ

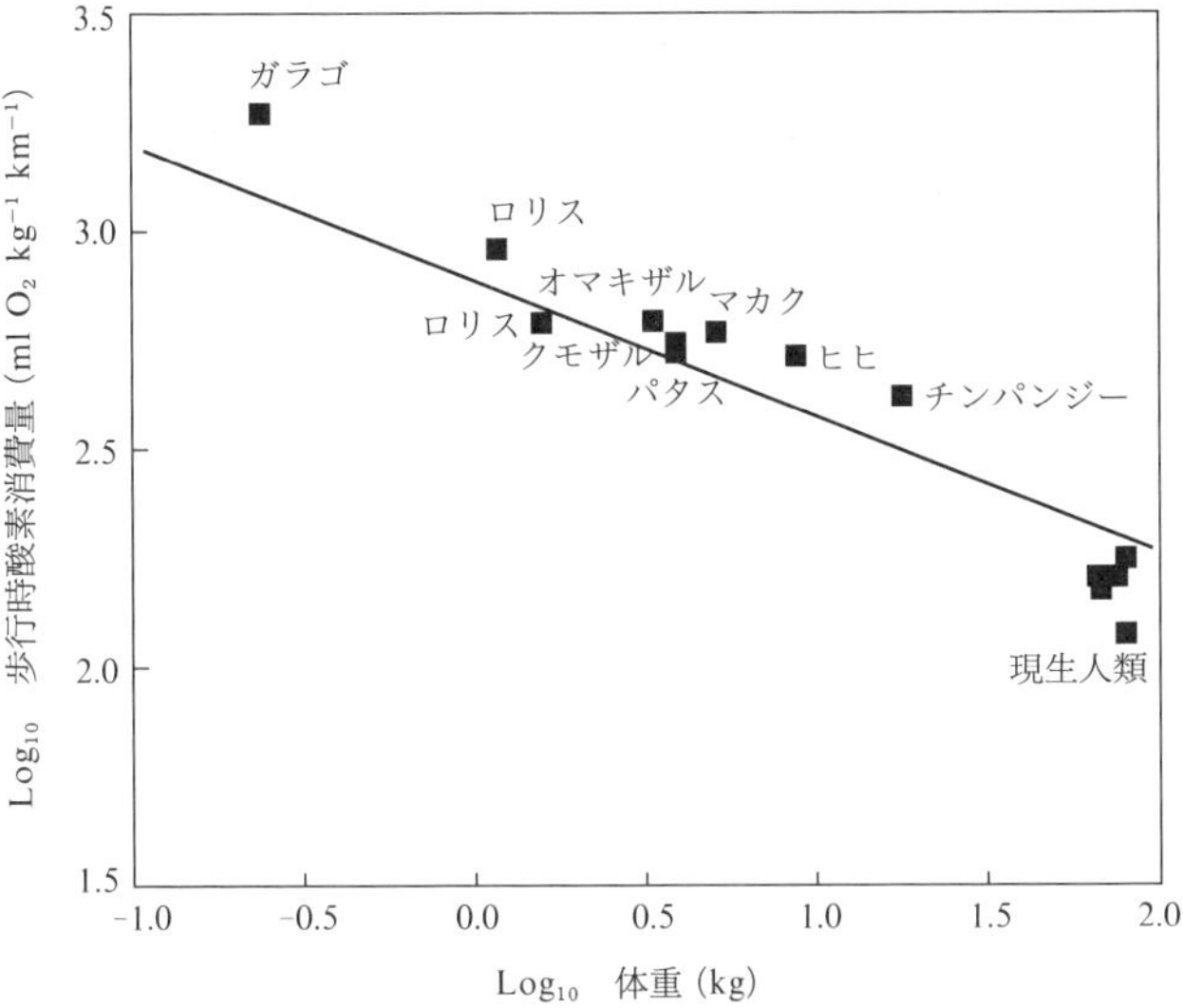

図 3-19　現生人類，およびヒト以外の霊長類における体重と歩行時酸素消費量の関係，実線は恒温動物にみられる一般的な回帰直線．(文献 18 の Fig. 1 を改変)

レクトスの食物が分散していたという言い方はよいとしても、彼らはパタスのように昆虫を主食にしていたわけではなかっただろうから、食物が小さかったわけではなかろう。強いて言えば狩猟で得た肉が相当するだろうか？　主食だったのは植物性食物でそれは多かれ少なかれ集中分布を示す。うち質の高い豆や果実をつける樹木が大木であったり、小木でも群生し、サバンナにおいてはその場所が互いに遠く離れていることがしばしば起こる。ホモ・エレクトスの長い下肢は、こうした場所間を高速で歩くのに有効に働いたのである。さらに、私が強調しておきたいのは、速度が高いだけでなく、エネルギー効率も高い可能性である。図3-19は、現生人類、ヒト以外の霊長類、そして様々な恒温動物において、秒速一・二五メートルの速度で歩いている時の酸素消費量を調べ、それぞれの種の体重との関係を表したものである。ヒト以外の霊長類は、一般的な恒温動物と同レベルであるが、現生人類は体重の割に酸素消費量が少ないことが分かる。パタスについては一見、一般的な恒温動物と変わらないようにも見えるが、この実験対象個体がコドモであった。コドモは一般に効率的なパタンの移動を行えないことを考慮すると、パタスも体重の割に酸素消費量は少ないと考えてよさそうである。(18)

11　いつ出産するのか(一)――パタスの出産季

パタスの移動能力の高さは意外なところにも影響を及ぼしていた。出産の季節性が見出される多くの動物において、出産季は食物の最も豊富な時期と一致しており、熱帯では多くの場合雨季に当たる。カラマルエのタンタルスは確かに雨季に当たる七、八月に出産しているのだが、パタスはなんと乾季中期に当たる一、二月に出産しているのである(第四章第二節参照)。他方、いずれの種も妊娠期間はおおよそ半年であるので、交尾季はタンタルスが乾季中期、パタスが乾季。つまり、両種で出産季と交尾季が全く逆転してしまっているのである。なぜパタスは乾季の真っ只中に出産するのだろう？　これはやはり食物条件で説明できそうである。大沢さんは、そう見越して修士課程で採食生態学的な研究を行っていた私にこのテーマを託して下さった。これまで書いた論文の中で唯一人から与えてもらったテーマである。しかも、パタスの調査を開始した時点では博士論文のテーマになるはずだった大切なテーマだった。その答えはすでにほのめかしたとおり、パタスの移動能力の高さにあった。以下、順を追って詳しく説明しよう[19]。

グエノンの中でパタスが乾季に出産することは、カラマルエに先行して調査が行われたマーチソンフォールズ、ワザ、そしてライキピアからそれぞれに報告されていたことであった。T・ブチンスキーさんは、それを他のグエノンの資料も加えて、サバンナモンキーを含め多くのグエノンがそれぞれのサルの主食となる果実の豊富な雨季に出産するのに対し、パタスではおそらくは豊富でない乾季に出産することをグエノン研究の集大成『霊長類の適応放散』(一九八九年刊)の一章[20]を割いて述べている。さらに彼は、そしてチズムさんも、その理由として、パタスは成長が早く出産から四、五ヶ月でほぼ離乳するため、アカンボウにとって離乳食が最も豊富な時期となるタイミングで出産する点を取り上げている[21]。そもそも出産季が食物の最も豊富な時期に当たるという考え方は、妊娠後期や授乳初期に母親の栄養要求が最も高くなるため、この時期に出産するという遺伝的形質を持った個体が生存上、繁殖上、有利となり、固定された形質となったというものである。同様に、アカンボウにとって離乳時期の栄養条件が大切であるという考え方もないわけではない。しかし、パタス以外のグエノンについては、出産季の栄養条件が重要であるという立場であるのに、パタスだけ離乳時期が重要であるというのは、ダブルスタンダードも甚だしい。しかも、実はサバンナモンキーも成長の早いサルで、パタスとほぼ同様の授乳期間を持っているのである。ほかにもブチンスキーさんの論拠には反駁の余地がある。パタス以外では様々な文献を根拠にして果実の豊富な時期と雨季と出産季の三つが一致することを示しているのだが、ことパタスについて言えば乾季と出産季が一致するのは示していても、その季節の食物が豊富でないことの根拠が定かでない。チズムさんらの論文[21]をその根拠にしているのだがこの論文にそのようなデータはない。

さて先行研究の悪口はこれくらいにして、その成果のプラス面を素直に評価すれば容易に予測はたつ。パタスは乾季に最も豊富となる食物に依存しているため乾季に出産するのだろう。だからさらに素直になるなら、パタスの食物の生産量を測定するという手法を採るべきところであった。しかしここは素直にはなれなかった。修士課程からこのオーソドックスな方法は一環して採用していないのだ。一つの理由は、オーソドックスだけれども非常に手間がかかるため。生態学的調査に環境評価は不可欠だからやむを得ないのだが、サルの調査をしているのに植物の調査ばかりしているという状況はできるだけ避けたかった。しかし本当の理由はほかにある。環境評価といっても人にとってのでも他の動物にとってのでもなくサルにとっての環境を評価したいわけだから、サルの行動をベースにして評価するのがよいと考えているからだ。確かにサルにとっての食物がたくさんあれば、その分サルもたくさんの食物を採れ栄養条件もよくなりそうである。しかし、あまりに大量にあり過ぎれば誰にも利用されることなく腐って食べられなくなる食物もでてくる。逆に、その食物を食べるのはサルだけではなく他の動物だって利用するだろう。そんな理由で私が採用したのは、サルのエネルギーおよび蛋白質の摂取量とエネルギー消費量とのバランスから、実際のサルの栄養状態を直接測定するという方法である。第五節の冒頭で、「どれだけ」食べるかを乾燥重量で求める方法までお話ししたが、これに食物の栄養分析を行うことにより「どれだけ」をエネルギー量と蛋白質重量で表すことになる。今回分析は女子栄養大学栄養科学研究所の奥崎政美先生（現在、埼玉医科大学）にお引き受け願った。『遺伝子の窓から見た動物たち――フィールドと実験室をつなぐ』（京都大学学術出版会刊）に収められた拙論[22]には、ニホンザルの食物の分析を自身で行った際の方法が、苦労話とともに記されているので参照されたい。ただし、この拙論と異なるのはエネルギーの計算方法。本研究では、パタスもタンタルスも消化管に特殊化がみられないためほとんど粗繊維を消化できないと見なし、粗蛋白質、粗脂肪、そして可溶性無窒素物（おおむね糖質に相当）それぞれ一グラムからは、四、九、四キロカロリーの熱量を利用できるというヒトのデータに基づいて算出した。本稿ではこの類のエネルギーを利用可能エネルギーと呼ぶ。

この拙論には書かれてないのはエネルギー消費量の推定方法。野生動物を対象にこれを正確に測定するには、二重標識水法を用いるしかない。これは、同位元素である^{18}Oと重水素あるいは三重水素で二重に標識した水を、血中に注射し、両同位元素の排出速度の差から呼吸量を測定する方法である。しかしこの標識水の取り扱いには気を遣うし、差を測定するということは前後に捕獲せねばならず非常に厄介である。そこで簡便法としてよく用いられているのが、ヒトでは調べがついている各種行動ごとの単位時間当たりのエネルギー消費量から推定する方法である。行動を細かく分類してそれぞれに費やす時間さえ調べがつけば、掛け算と足し算で一日のエネルギー消費量が求まるというものだ。しかしこの方法で求めた値はかなり過小評価であることが分かり、体重から推定される基礎代謝量の二倍というもっと大雑把な推定値のほうがまだましだという話になった。私が採用したのは、これよりほんの少し細かい以下の式に基づく推定である。

移動時を除く一日のエネルギー消費量＝［$(89W^{3/4}/24) \times S$］＋［$(130W^{3/4}/24) \times (24 - S - M)$］

Wは体重（キログラム）、S、Mは一日のうちそれぞれ夜間の睡眠を含んだ休息、移動に費やす時間（時）を指す。第一項は休息時のエネルギー消費量を、第二項は休息と移動以外のエネルギー消費量の推定値となる。そして、移動時のエネルギー消費量は、別に以下の式を用いて求める。

一日当たりの移動時のエネルギー消費量＝$0.1(10)^{E}W \times DTD$

ここで$E = 1.67W^{-0.216}$、Wは体重（キログラム）、DTDは一日の移動距離（キロメートル）を指す。そして、この両式で求めた値の合計値が一日のエネルギー消費量である。

面倒な計算の説明はこれくらいにして結果に入ろう。図3-20は上から順に、利用可能エネルギー摂取量、粗蛋白摂取量、そしてエネルギー消費量を、出産季と交尾季に分けて示している。先に述べたように、パタスの出産季は乾季中期、交尾季は雨季、タンタルスはその全く逆である。また、パタスの雌雄、タンタルスの雌雄の値をそれぞれ下から順に積み上げた形で示している。エネルギー消費量

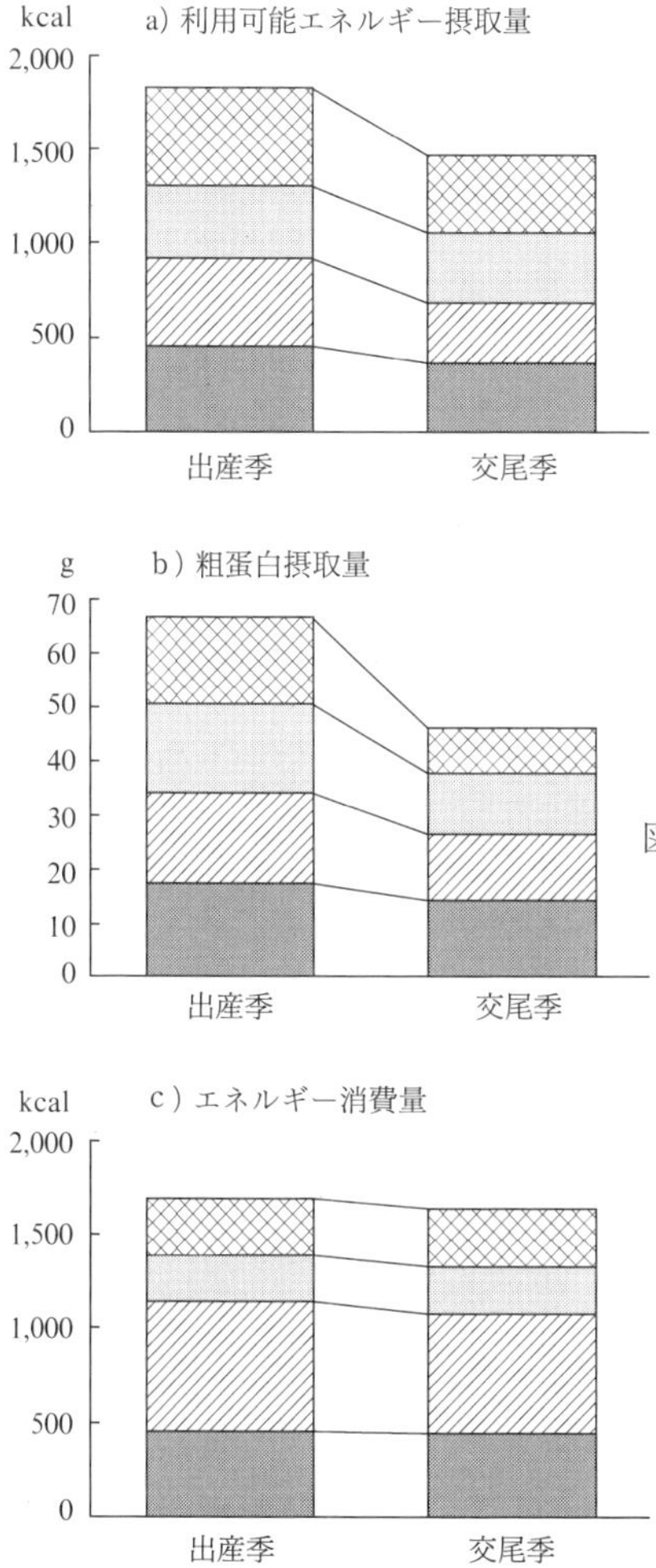

図 3-20　パタスモンキー，およびタンタルスモンキーにおける出産季と交尾季の利用可能エネルギー摂取量，粗蛋白摂取量，そしてエネルギー消費量．積み上げグラフ下から順にパタスモンキー雌，パタスモンキー雄，タンタルスモンキー雌，タンタルスモンキー雄．(文献19の Fig. 1 を改変)

については季節間で有意な差がないのにもかかわらず、利用可能エネルギー、および粗蛋白質の摂取量は、出産季が交尾季に比べて、有意に高い値を示したのである。

雌についてはは利用可能エネルギーと粗蛋白質の摂取量が出産季で高いのはある種当たり前である。パタスの追跡個体はこの季節実際に出産したし、タンタルスの追跡個体も未確認だがおそらく出産した。だからその分、要求量が高まりそれに応じて摂取量も高まったと考えるのが自然である。他方、その割にはエネルギー消費量に季節差がないというのはどういうことか？　先の計算で推定されたのはあくまでも個体の維持に要するエネルギーであり、繁殖に要するエネルギーについては考慮されていないからだ。

この結果で注目してもらいたいのは二点。一つは、雄でも同様の季節差が認められたこと。もう一つは、エネルギー消費量には季節間で差がないこと。つまり、エネルギー消費量に比した利用可能エネルギー摂取量、および粗蛋白質摂取量は、出産季が交尾季に比べて高かった。エネルギーについては「比した」ではなく摂取量と消費量の差を求めればよいと思われる向きもあろう。ごもっとも。それをしないのは矛盾が見えてしまうからである。図3-20を上下で比較してもらえればばれてしまうように、雌パタスの雨季、雄パタスでは雨季、乾季中期とも、エネルギー収支がマイナスになってしまうし、雌パタスの乾季中期もごくわずかにプラスになるのみである。この矛盾は先にも触れたエネルギー消費量の推定が大雑把でおそらく過大評価をしているためであろう。例えば先の消費量の推定には、本稿で何度も話題にしているパタスの移動のエネルギー効率がよいことが全く考慮されていない

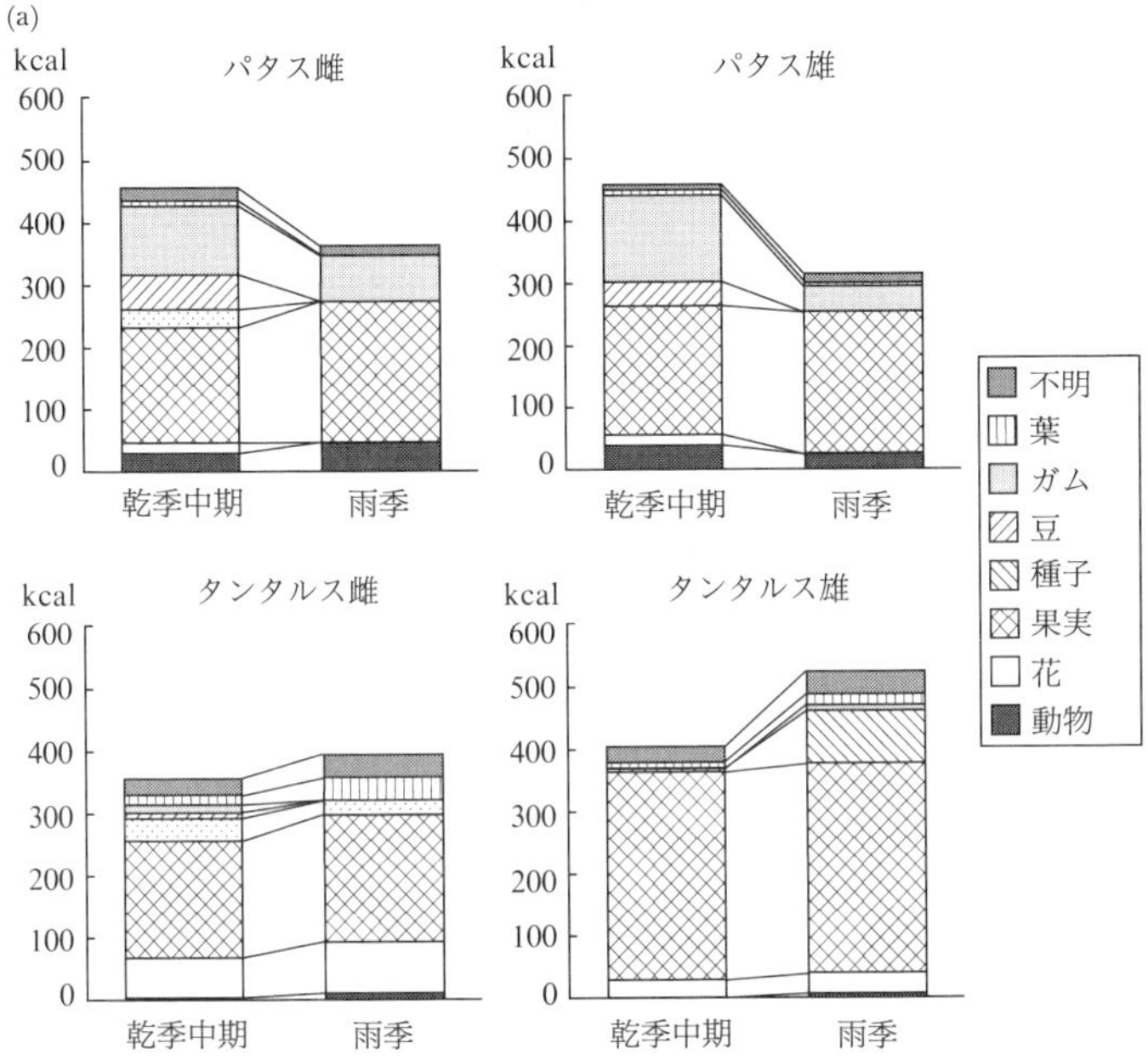

図 3-21　パタスモンキー，およびタンタルスモンキー雌雄における季節毎の食物タイプ別利用可能エネルギー摂取量(a)，粗蛋白摂取量(b)．（文献 19 の Fig. 2，Fig. 3 を改変）

点が挙げられる。しかし、こうした消費量の過大評価がパタスでいずれの季節にも同様に現れているとするなら結論は変わらない。サルはエネルギー、ならびに蛋白質の摂取効率のよい季節に出産しているのである。

　では、次に同一季節での種差に着目してみよう。ここでいう季節は、乾季中期か雨季かという季節なので図3-20では見づらいので、別の図をお見せしよう。この図3-21は季節ごと、種ごと、性別ごとに食物タイプごとの利用可能エネルギー（a）、および粗蛋

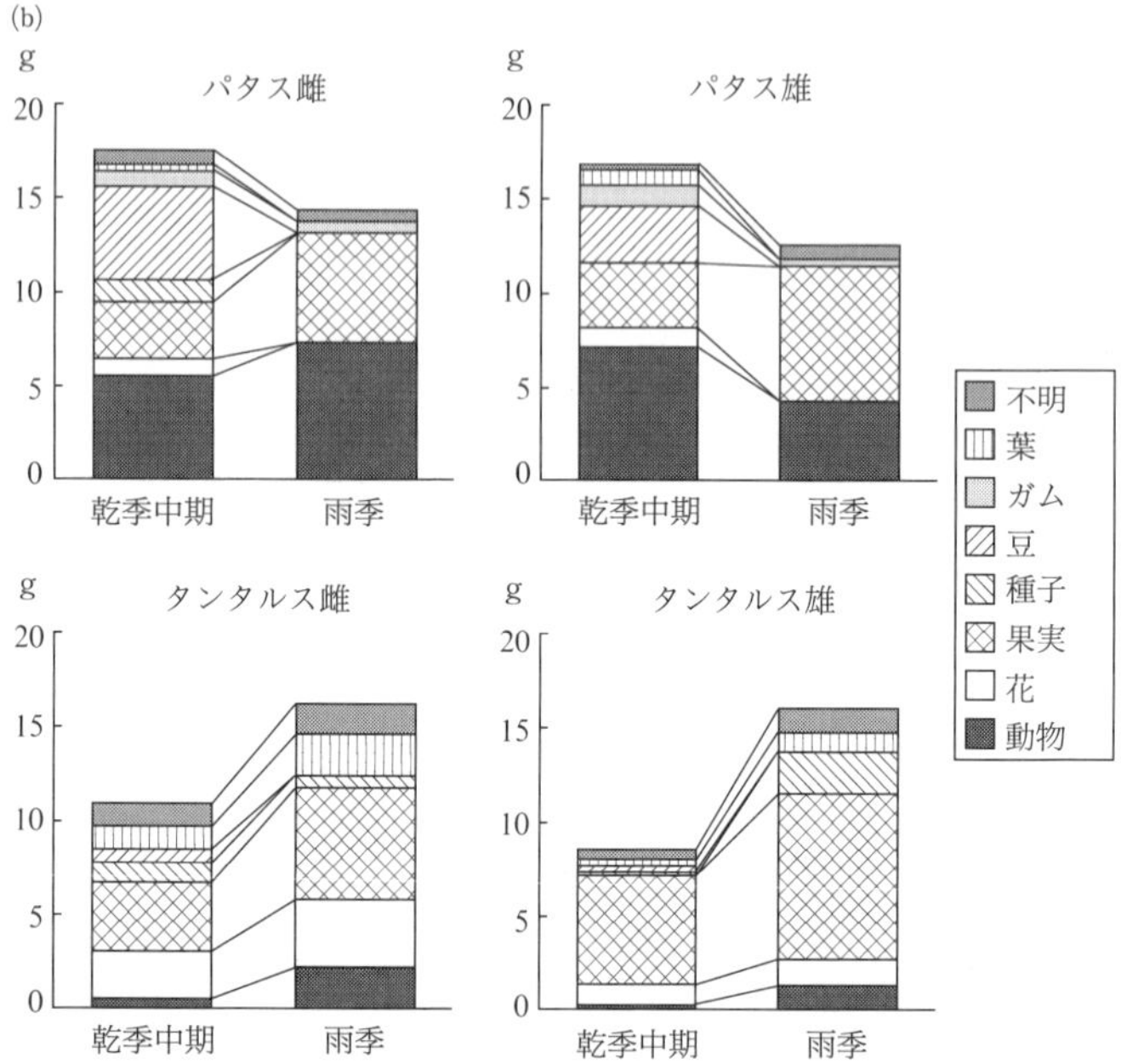

白質の摂取量（b）を示している。ここではまず総量に注目し、種間、つまり上下で比べてみて欲しい。利用可能エネルギー摂取量でも粗蛋白摂取量においても、概ね乾季中期ではパタスが高く、雨季ではタンタルスが高い傾向が見て取れるだろう。

以上のような季節差、種差がどのタイプの食物、さらにはどういう品目の差に由来したのかが気になるところである。そこで、今度は図3-21の内訳に注目してみて欲しい。パタスの出産季である乾季中期の摂取量の高さをもたらしているのは、ガムと豆と動物質であることが分かる。主要品目を具体的に挙げれば、アカシア・シエベリアーナのガムとアカシア・セヤルの豆、そしてバッタである。他方、タンタルスの出産季である雨季の摂取量の高さをもたらしているのは、果実、豆以外の種子、葉であった。主要品目としては、エノキの果実、ソーセージツリーの種子、そしてサツマイモ属の一種やキビ属の一種など草本の葉である。

ここで挙がったパタスの主要品目は、ここまでくどいほど述べてきたように、パタスの高い移動能力が発揮される食物である。つまり、グラスランド内のそこここに分散して存在している質は高いが小さい食物か、グラスランドを延々と移動しなければたどり着けないが、たどり着けば一度に大量に手に入れることのできる質が高く集中分布する食物なのである。逆に考えていけば分かるとおり、パタスの高い移動能力が発揮されるこうした性質をもった食物は乾季中期に多いため、栄養条件が高くなり、この季節に出産するようになったわけである。高い移動能力がなくてもこうした食物、具体的にはアカシアの豆やガムを乾季に大量に利用できる環境に住むサバンナモンキーでは、雨季ではなく乾季周辺に出産していることも調べがついた。この論文を査読してくれたイズベルさんのコメントのおかげで初めて知ったのだが、ライキピアのベルベットはパタスとほぼ同じ一月、二月の大乾季に出産する。そして、彼らが遊動域を構える川辺林はアカシア・キサントフォレア（*Acacia xanthophloea*）が優占しておりこの時期に豆を着けてベルベットの主食となっている。また、ライキピア台地のはずれにあるサンブール・イシオロに住むベルベットも、大雨季が終わる一二月に出産する。彼らが遊動域を構える川辺林もアカシア・トルトリス（*A. tortilis*）とアカシア・エラティオール（*A. elatior*）の二種のアカシアが優占しており、この直後の小乾季の一、二月に豆を着けやはりベルベットの主食になる。パタスであれサバンナモンキーであれ乾季に結実するアカシアの豆が彼らの栄養状態を左右する重大な要因となっており、そのアカシアがサバンナモンキーが通常、遊動域を構える川辺林に優占する種の場合にはサバンナモンキーも乾季出産となるが、そうでない場合には川辺林から遠く離れた遊動が可能になるパタスだけが乾季出産となるようだ。

12 パタスの種分化――時間的生殖隔離

これまでパタスとサバンナモンキーは非常に近縁であるといってきたが、S・ページさんら(23)の推定に拠れば、両種の共通祖先からパタスが種分化したのはおよそ五〇〇万年前。この共通祖先が森林性オナガザル属の共通祖先から種分化したのは、さらに遡って八〇〇万年前と推定されている。第六節では、パタスをホモ・エレクトスのアナロジーとみなしたわけだが、ホモ・エレクトスの誕生はおよそ二〇〇万年前だから残念ながら年代的には同時代というわけにはいかなさそうだ。パタスとほぼ同期して誕生したのは、アウストラロピテクス属(猿人)である。乾燥サバンナへ進出を果たした四肢の長いパタスをホモ・エレクトスと見なすなら、疎開林・川辺林にいる四肢の短いサバンナモンキーはさしずめアウストラロピテクス・アファレンシスである。パタスの誕生、パタスとサバンナモンキーの共通祖先の誕生が、ともにあと三〇〇万年より最近の出来事だと推定されていたなら、それぞれホモ・エレクトスの誕生、アウストラロピテクス・アファレンシスの誕生と、同期していたことになるのだが……。

そんなことを言っていてもはじまらない。ページさんらの推定値(23)に沿ってパタスの種分化の過程を推測してみよう。J・マーレイさんの総説(24)に拠れば、八〇〇万年前から五〇〇万年前の間に西アフリカで何度か重要な熱帯雨林の退縮、サバンナの拡大が起きたという。パタスとサバンナモンキーの種分化、両種の共通祖先の種分化の時期とちょうど一致する。よって、以下のようなシナリオが描ける。八〇〇万年前、パタスとサバンナモンキーの共通祖先はサバンナの拡大に伴って川辺林伝いにサバンナへその分布を広げていった。さらに、五〇〇万年前頃になると、川辺林から離れより開けたグラスランドを遊動し始める個体が登場した。そこはバッタなど彼らの食物となる昆虫が豊富である一方で、ライオン、ジャッカルなど彼らを食物とする捕食者も豊富な場所であった。またグラスランドの先には豆、ガム、花など彼らの食物となるアカシアの林や水場も広がっていた。これらの食物を利用するためには速く、できれば効率よく歩け、捕食者から逃げるためには速く走れる能力を持った個体が有利であった。そこで長い脚と足を備えた個体が選択されてくるようになった。しかし、共通祖先は川辺林との間にはなんら物理的な障壁はなく彼らは川辺林も利用したから、依然として川辺林に張りついて生活している個体とも交雑を繰り返していた。ところがである。ここにもう一つの選択が働いた。出産季に関する選択である。共通祖先はアカシアのない川辺林に生活していたから、エノキなどの果実や草本の草が豊富な雨季に出産していた。しかし、グラスランドを遊動しはじめた個体にとっては、アカシアが豆をつけそのガムも利用できる乾季出産が有利となり、こうした形質を持った個体が選択されるようになった。すると彼らの交尾季は必然的に雨季となり、共通祖先のそれと季節を違えることになった。時間的な生殖隔離の完成である。これで種分化は一機に進行し、パタスの誕生となった。

このようなパタスとサバンナモンキーの共通祖先からパタスの種分化が同時多発的に起こったのか、どこか一箇所で起こったのかは知る由もないが、西アフリカか中央アフリカのどこかだったと推測している。パタスは西アフリカのニジェールやガーナを含め、東アフリカまで情報のある六個体群すべて乾季出産である。他方、サバンナモンキーは東アフリカにパタス同様、乾季出産の個体群が知られているが、他の地域では雨季出産である。つまり、パタス誕生の地としては、時間的な生殖隔離が起こったであろう西アフリカか中央アフリカがふさわしい。

13　どちらの性が何を食べるのか（一）——栄養と雌の食物

前節までで、パタスとタンタルスの食物の種差と、その差が生じる理由についてお話した。本節以降は、同じ種の中でも、性、つまり雄と雌により、若干食物が異なってくる点に焦点を当てていく。(11)

ここで再び、総採食時間、および総採食重量に占める各食物タイプの割合の種差、性差を表した図3-10および図3-11をご覧頂こう。性差は種差ほど大きくないため必ずしも一貫した傾向が出ているとは限らないが、概ね季節を問わず次に述べるような傾向が見てとれる。パタス、タンタルス、いずれの種においても、果実の割合は雄で高く雌で低い。逆に、昆虫の割合はいずれの種においても、雌で高く雄で低い。さらに、花や葉の類いはパタスはほとんど利用しないので、タンタルスだけに目を向ければ、どちらも雌の方が好む傾向にある。また、パタスの食べる種子の割合は、季節を問わず雌で高く雄で低い。なお、乾季中期にパタスが食べる種子は、前述の通りアカシア・セヤルとアカシアに近縁のファイデルビア・アルビダのいずれも豆であるが、乾季前期の種子もコマツナギ属の草本の豆である。しかし、タンタルスの食べる種子の割合は、いずれもその多くが豆以外の種子であるにもかかわらず、雨季には雄がより好むが、乾季中期には雌の方が好む。ただし、乾季中期に若干量食べるアカシア・セヤル、アカシア・シエベリアーナ、ファイデルビア・アルビダの豆は、時間割合、重量割合ともにすべて雌の方が高い。

では、前と同じように各食物タイプの栄養成分と関連づけてみておこう。読者の皆さんは、各食物タイプの栄養成分の特徴をすでにご存知のはずである。雄、雌、それぞれの性の個体が、どんな栄養成分に富んだタイプの食物を好むか、ここで一時考えてみて欲しい。そう、雌が好む昆虫、葉、花は、すべて蛋白質に富むタイプの食物であり、雄が好む果実は、カロリー含有量の高い食物である(表3-1)。実はこのような傾向は、インドリ、アカホエザル、ナキガオオマキザル、グエノン類、ホオジロマンガベイ、キイロヒヒなど、様々な霊長類で報告されている。

では、なぜ雌は蛋白質に富む食物を好み、雄はカロリー含有量の高い食物を好むのだろうか。その最も説得力のある説明は、雌は胎児の生長や出産後の授乳のために雄に比べ多くの蛋白質を必要とするので、蛋白質に富む食物を好み、その結果、相対的に雄は蛋白質の少ない食物を多く摂取する、[25]というものである。この説明が正しいとすれば、妊娠した雌や授乳中の雌でこそ、こうした好みが顕著に表れるはずである。J・シルクさんによれば、妊娠中のサバンナヒヒの雌は、胎児が生長するにつれ、蛋白質に富む種子の採食時間割合が高くなり、逆に果実の割合が低くなるという。[26]また、M・コーズさんは、妊娠中か授乳中であるグエノン類の雌は、そのいずれでもない状態の雌に比べて、昆虫の採食時間割合が高く、逆に果実の割合が低いことを明らかにした。[27]A・ゴーティエ・イオンさんとS・ボインスキーさんは、それぞれグエノン類とセアカリスザルにおいて、雌の昆虫や葉への嗜好性は出産季により顕著に表れることを示した。[28][29]

こうなると、私が調べた二種のサルの雌がそれぞれの調査時期に妊娠中だったのか、授乳中だったのか、そのいずれでもなかったのかということが気になってくる。結論から言えば、パタスの雌は乾季中期において生後およそ一ヵ月のアカンボウを授乳中だったから、それに先立つ乾季初期においては妊娠中期だったことになる。また、タンタルスの雌は、確認こそできなかったが、おそらく雨季のデータ収集終了直後には出産したと考えられる。では、それぞれの交尾季に当たるパタスにとっては雨季、タンタルスにとっては乾季中期に、それぞれの雌は授乳中だったのだろうか。答えはノーである。パタスの場合、調査対象雌にはアカンボウはいたものの、出産後六ヵ月以降の授乳はわずかだと言われており[30]、またタンタルスの対象雌にはそもそもアカンボウがいなかった。

このように考えてくると、カラマルエのサルたちから得られた食物の性差に関する結果は、先ほどの説明に一致する面と矛盾する面が混在していることに気づく。出産季に当たるパタスにとっては乾季中期に、タンタルスにとっては雨季に、それぞれの雌が雄に比べて、蛋白質に富むタイプの食物を好むという結果は、納得のいくものである。また、パタスの妊娠中期に当たる乾季初期に同様の結果が見られる点も良かろう。しかし、雌が蛋白質に富むタイプの食物を好む傾向が、それぞれの交尾季に当たるパタスにとっては雨季、タンタルスにとっては乾季中期においても見られたことは、どのように説明すればよいのだろうか？　それが、次に解決すべき課題である。

14　どちらの性が食べる時間が長いのか

積み残した課題に対する解答のヒントは、次にお見せする図3-22の中に隠れている。この図は、パタスとタンタルスの雄、雌、それぞれが、それぞれの季節に採食と休息にどれだけの時間を費やしたかを示したものである。もちろんこのデータは、食物のデータと同時並行的に収集した。まず、採食

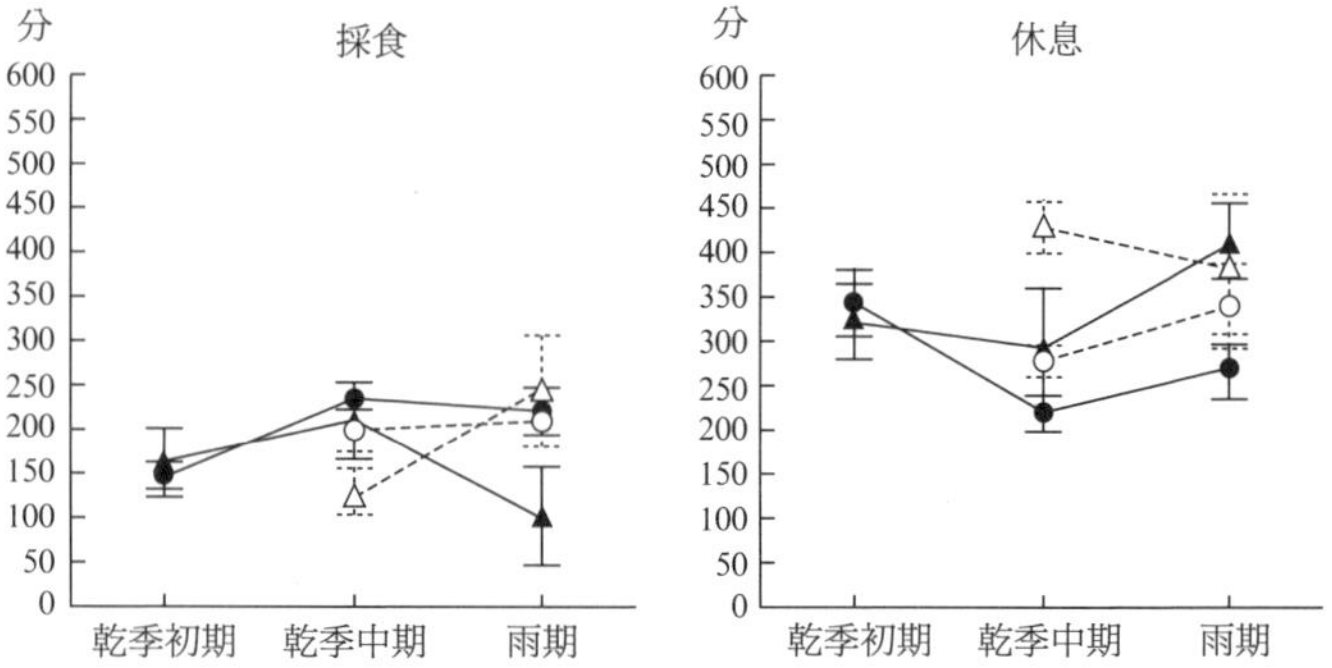

図 3-22　採食時間と休息時間の種差，性差，および季節差．平均値±標準偏差．●—●：パタスモンキー雌；▲—▲：パタスモンキー雄；○…○：タンタルスモンキー雌；△…△：タンタルスモンキー雄．（文献 19 の Fig. 1 を改変）

時間から見てみよう。どなたの目にも明らかなように、雨季におけるパタスの雄の採食時間が、同時期の雌に比べ、さらには雨季以外の雄に比べて極端に短くなっている。また、乾季中期におけるタンタルスの雄の採食時間が、同時期の雌に比べ、雨季の雄に比べてやはり極端に短い。パタスの雨季、タンタルスの乾季中期とはどんな時期だったろう。そう、それぞれの交尾季である。どうやら交尾季には雄の採食時間が減少するようだ。

T・ショナーさんは、動物全般にわたって次のような採食時間の性差が見られると予測している。雌はできるだけ多くのエネルギーを獲得できるように、採食時間に多くの時間を割く。それに対し雄は、繁殖行動に多くの時間をかけ、むしろ採食時間は短くしようとする。そして、前者、つまり雌をエネルギー最大者、後者、つまり雄を時間最小者と呼んだ[31]。では、なぜ雌は採食行動を優先させ、雄は繁殖行動を優先させるのだろうか？　それは、そうすることが、それぞれの性にとって多くの子供を残すために都合がよいからである。雄は精子という小さな配偶子を大量に作る性であり、雌は卵という大きな配偶子を少量作る性である。そのため雄は繁殖行動に努力を払い多くの雌と交尾することができれば、その分だけ多くの子供を残すことが可能である。それに対して雌の残す子供の数は、交尾する雄の数が増えても、卵という大きな配偶子を作るのに時間がかかるので、すぐに頭打ちになってしまう。雌は大きな配偶子を作らねばならないし、霊長類などの哺乳類では母乳によって子供を育てねばならないから、雌の残す子供の数はその栄養状態に強く依存することになる。

ショナーさんのこの予測は、ツリアブ、タキベラ、ブラックバード、アカシカ、サバンナヒヒなど、昆虫から哺乳類に至るまで、実に多様な動物でその妥当性が証明されている。さらに、雄が雌に比べて採食時間が短いという結果だけなら霊長類だけでも数多くの報告がある。では、今挙げた研究において、雄は短くした採食時間を、繁殖行動とは別のどういう行動に当てたのかというと、その多くは休息行動である。そして、本稿で紹介しているカラマルエのパタスとタンタルスの雄たちの場合も、交尾季において採食時間が短くなった分長くなったのは休息時間であった。もちろん、交尾行動やそれにからむ攻撃行動などは交尾季でしか見られないので増加したのだが、データサンプリング期間中はその増加はわずかなものだった。交尾季（雨季）におけるパタスの雄の休息時間が、同時期の雌に比べ、さらには雨季以外の雄に比べて長く、タンタルスの雄でも交尾季（乾季中期）において、雌に比べ、また雨季の雄に比べて休息時間が長くなっている点を図3-22でご確認頂きたい。

ただこの結果ではショナーさんの予測に一致した結果とは言えないのは明白である。雄が採食時間を短くするのは、多くの子供を残す上で食べること以上に重要な行動に時間を費やすためであり、その行動が雄の場合には繁殖行動であるという予測である。休息行動は、その字義通りとれば繁殖行動でもなければ、採食行動以上に重要な行動には思えない。しかし、少なくとも本稿においては、字義通りとってもらわないで頂きたいのである。遅ればせながら、本節における休息行動の定義を詳らかにすれば、自分で自分の体を毛繕いする行動を除けば、少なくとも手足の動きのないじっとした状態を指す。だから、手足の動きさえ伴わなければ、字義通りリラックスした休息だけでなく、何かを警戒して遠くを凝視したり、周囲を見回したり、捕食者に対して警戒音を発している時など、緊張した状態もこの休息というカテゴリーに含まれてしまっている。警戒音発声時くらいは区別できるが、警戒して遠くを凝視している場合とリラックスした状態でただ目を開けている場合との区別はなかなか容易でない。また、警戒して周囲を見回しているとしても、捕食者を警戒しているのか、あるいは別の雄や発情した雌の行動を見張っているのかとなると、ますますその区別は怪しくなる。後者だとすれば、繁殖行動として位置づけることができるが、前者だとすればそうではない。こうした事情をご理解頂き、このあとはしばしデータのない話にお付き合い頂きたい。

さて私がどういう話をしたいか読者はもうお分かりだろう。交尾季における雄の休息時間の増加の少なくとも一部は、繁殖行動の増加を表しているに違いないという話だ。私はその群れ唯一オトナ雄、ハレム雄の行動を記録していたわけだが、その雄が高い木の上に上がり周囲を見回すという行動が頻

写真 3-4　樹上で警戒中のパタスモンキーの雄.

繁に観察された(写真3-4)。この行動だけなら、前述の通り捕食者を警戒しているのかもしれないが、交尾季になると木から駆け下り向かった先に別の雄がいることがよくある。こうした場合は明らかに、群れ内の発情雌と交尾することを目論んで接近してくる隣接した群れの雄やどの群れにも属さない雄(群れ外雄)を警戒していると判断できる。こういう場合が実際にあるわけだから、このような雄がまだ群れから遠く離れたところにいる場合や、いるかどうかただ用心している場合などは、じっと樹上で警戒していることも多かろう。

実は、交尾季においてハレム雄の行動を記録した五日間のうちで、彼の行動は大きく変化した。最初の五日間は、群れ外雄や隣接群の雄が群れのごく近くに接近することは稀で、彼らを撃退するのに実際使った時間は、数分に過ぎなかった。ところが四日目になると、隣接群と出会った際にその群れに群がっていた二頭の群れ外雄が接近し始め、彼らを追い駆け回すのに費やす時間は一〇分を超えた。さらに五日目になると、これまで一頭だった群れ内の発情雌が五頭になったのを知ってか知らずか、昨日接近してきた雄を含め合計六頭、同時に最大四頭の群れ外雄が群れに接近してきた。こうなっては樹上で警戒するなどという悠長な対抗策だけでは不十分で、ハレム雄は群れ外雄の撃退に大忙し、彼を追い駆ける私も大忙し。明らかに彼らに攻撃を加えた時間だけでも三〇分を超え、それに伴いその前後で見られる移動時間もかなり増加した。つまり、多くの雄がより群れの近くまで接近するようになると、ハレム雄は単なる警戒行動でなく、攻撃行動や移動に要する時間を増加させることになっていそうだ。なお、先の発情雌たちはというと、群れ外雄から逃げるどころか彼らに擦り寄って行く。たったひとりでそんな身勝手な(?)発情雌五頭を四頭の群れ外雄から防衛するのは至難の技だ。私が確認できただけでも、五頭の雄に合計四度の交尾を許してしまう結果となった。ハレム雄の努力は、報われていないように思えてならない。

他方、私が行動を記録していたのは、そのうち群れ内に複数いる雄中で順位の最も高い雄であるが、この最優位雄の行動については、イズベルさんがアンボセリでベルベットの調査をしていた時の量的なデータがある。雄、特に最優位雄は、捕食者や雌に接近してくる雄たちに対する警戒に要する時間が、雌に比べて長いのだという(32)。

以上のことから、カラマルエのパタスとタンタルスの雄で見られたそれぞれの交尾季における休息時間の増加の少なくとも一部は、自身の群れの雌と交尾すべく接近する雄を警戒する行動が増加するためであり、そのために彼らの採食時間が制限されることになったと考えることに無理はなかろう。

15 どちらの性が何を食べるのか（二）――時間と雄の食物

前々節の最後に提示した課題に戻ろう。交尾季においてさえ、雌が蛋白質に富むタイプの食物を、雄がカロリー含有量の高い果実を好む傾向が見られるのはなぜか？　という問いである。前節においては、交尾季の雄は繁殖行動を優先させるため採食時間が短いというこの問いに対するヒントが与えられた。では、その短い時間で、多くの食物を摂取するためには、雄はどんな食物を選べばよいだろうか？　それは当然、速く食べることができる食物である。ここで、前著『食べる速さの生態学――サルたちの採食戦略』(33)で焦点を当てた私の専売特許、採食速度の登場である。

表3-2は、各食物タイプごとの採食速度、正確に言えば単位時間（分）当たりに摂取できる食物の乾燥重量の平均値を表している。パタスとタンタルスでは食べる食物種が若干異なるのに加え、同じ食物種でも採食速度が異なるので、それぞれの種ごとに分けて示してある。表から最も採食速度が高い食物タイプは、いずれの種においても果実であることが分かる。パタスが雨季、つまりその交尾季に

表 3-2　カラマルエ国立公園のパタスモンキーとタンタルスモンキーによって採食される食物の，食物タイプ別採食速度[1]．

食物タイプ	パタスモンキー		タンタルスモンキー	
	種数	採食速度（g/分）	種数	採食速度（g/分）
動物質	8	0.26±0.23	3	0.16±0.06
花	3	0.56±0.18	4	0.88±0.13
果実	7	1.85±2.38	7	0.98±0.31
種子（豆）	3	0.47±0.06	1	0.27
ガム	1	0.62	1	0.59
葉	2	0.60±0.26	9	0.32±0.15

[1] 単位時間（分）当たりに採食する乾燥重量．文献 11 の Table 2 を改変．

食べるカパリス・コリンボーサというフウチョウソウ科の果実は、その分厚い果皮を剥き、中の種子も吐き出すので、実際に食べる果肉の重さを求めてみると、一個の乾燥重量はなんと七グラムにも達する（写真3-5 a）。そのため、一分当たり七・六グラムもの果実を食べることができる。採食速度が格段に速いこの果実を除いても、パタスの食べる果実の採食速度の平均は〇・八八グラムと、依然最も高い値を示す。カパリス・コリンボーサは雨季（出産季）にタンタルスも食べるのだが、たまたま大きな果実に当たらなかったせいか理由は不明だが、その採食速度は一・四グラムである。彼らが交尾季、つまり乾季中期に採食し、最も採食速度の高かった果実は、川辺林でも最も水際に近い場所で純林を形成するモレリア・セネガレンシスというアカネ科の低木のものである。その大きさは〇・三六グラムとさほど大きくないが、たくさんあるため次から次に口に入れ採食速度は一・四グラムになる（写真3-5 b）。

こうして雄が交尾季に果実を好むのは、その採食速度が高いためだとすれば、果実を食べることにより彼らの食物摂取量が

(a)

写真 3-5　単位時間当たりの採食量を稼げる大きな果実 2 種．(a)パタスモンキーが利用するカパリス・コリンボーサ（フウチョウソウ科），およびタンタルスモンキーが利用するモレリア・セネガレンシス（アカネ科）．

高くなっているはずである。確認してみると、カロリー摂取量だけでなく、果実では含有量の低い蛋白質の摂取量においてさえ、それぞれの種の交尾季における雄の値が、同時期の雌の値とほぼ同じ値を示していた。よって、交尾季において雄が果実を好むのはその高い採食速度のためであり、その副産物として相対的に雌では果実以外の食物を好むように見えるのだと言えそうである。

雄は、交尾季には採食よりも、自身の群れの雌と交尾すべく接近する雄を警戒するなど繁殖に関わる行動を優先するために、彼らの採食時間が制限されることから、短い時間に大量に食べることができるタイプの

食物を好んだのである。雌雄の食物の違いを食物の採食速度の違いに着目して説明したのは少なくとも霊長類に関してはこの研究が初めてである。私の専売特許である採食速度をツールとした研究にまた一つの成果が加わった。

第四章◎繁殖生態学的研究

1　繁殖生態学とは

採食生態学が、採食行動の〈5W1H〉を調べる学問だとすれば、繁殖生態学は、繁殖行動の〈5W1H〉を調べる学問ということになる。ただし、繁殖生態学の場合、5Wのうち一つのWは、何を(What)ではなく、誰を、あるいは誰と(Whom)と考えたほうがよさそうだ。繁殖行動は、交尾、出産(あるいは産卵)、育児の各段階に分けられるが、交尾行動では、誰と交尾するかが重要である。他方、出産や育児行動では、誰をかが重要で、例えば、いずれの性の子をより生むのか、いずれの性の子をより育児するのかなどが重要な問題になってくる。

2 いつ出産するのか（二）——パタスの出産時刻

パタスが一年のどの季節に出産し、それはなぜか、については第三章第一一節ですでに紹介済みである。とはいえ、出産季について具体的なデータはまだおみせしていなかったので、ここで披露するとともに結論のみ採録する。図4-1は、乾季中期に調査を行った五年分ののべ三三例の出産がみられた日を表している。ただし一九八四年は大沢さんの、一九八九年はこの前年から調査隊に加わった私の一年後輩にあたる室山泰之さんのデータである。一九九一年には三月初旬に出産したと推測される一例があるのと、一九九四年には一二月末に出産したと推測される七例以外は、いずれも出産日は正確で、年により多少前後はするものの一月と二月に出産が集中していることがお分かり頂けるだろう。この時期以外の調査期においては、出産はいっさい観察されていないことはもちろんである。ちなみに平均的な出産日は一月二三日であった。そして、なぜパタスが乾季中期に出産するのかと言えば、この季節がエネルギー、ならびに蛋白質の摂取効率のよい季節に当たるからであった。

さて、本節で紹介するのは、もう一つのいつ、つまり一日のどの時間帯に出産するか、そしてそれ

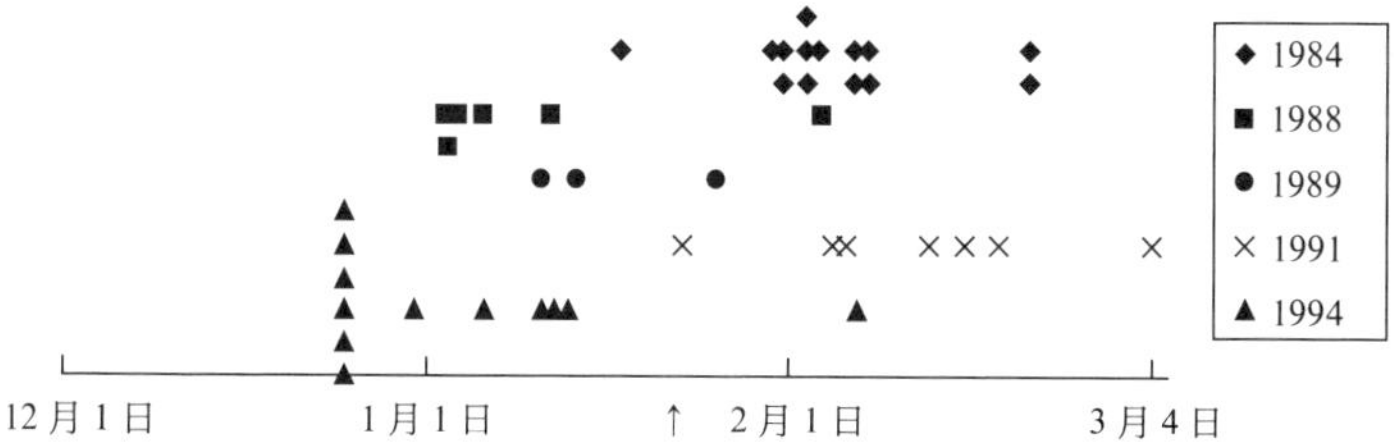

図 4-1　パタスモンキーの出産季．乾季中期を含む 5 回の調査期間中に起こった 34 例の出産日，およびその直前，直後に起こったと推定される 8 例の推定出産日．矢印は平均出産日の 1 月 23 日を表す．（文献 1 の Fig. 2 を改変）．

はなぜかについてである。パタスやタンタルス、そしてニホンザルなどアジア、アフリカに住む普通のサル類（真猿亜目狭鼻猿下目オナガザル上科、通称旧世界ザル）は、昼行性でありながら、たいてい夜間出産する。A・ジョリーさん[2]やJ・アルトマンさん[3]はその理由として次のようなことをあげている。「出産は潜在的に雌を極度に疲労させる行為であり、母親が群れからはぐれる危険に陥ることなく休息できるように、夜間のような群れが定常状態にある時に出産する」。そして、「母親が群れの追随に要するエネルギー要求から解放されて、数時間にわたり新生児の世話が可能になり、これがアカンボウの生存率を高めるのかもしれない」と。

ところが、パタスは飼育下だけでなく野生状態でも、特異的に日中出産が頻繁に行われ、この日中出産の謎を解く鍵は、前章で述べてきたようなサバンナにおける高い捕食圧にあることが、チズムさんらの研究[4]により明らかになってきた。彼女らは、ケニア北東部に位置するライキピア台地でムタラ1とムタラ2の二群のパタスのハレムを対象に野外調査を行った。ここには、潜在的なパタスの捕食者として、ライオン・ヒョウ・チーター・カラカル・サバールキャットのネコ科五種、セグロジャッカル・キンイロジャッカル・ヨコスジジャッカル・リカオンそして野犬のイヌ科五種、ブチハイエナ・シマハイエナのハイエナ科二種、その他に四種の大型猛禽類がいる。

図4-2には、出産時間がほぼ確定できた八頭の個体の出産時間（中段）、時間帯ごとの調査時間一〇〇時間当たりの捕食者の出現率（上段）、およびその間の群れの移動距離（下段）を示した。

ここライキピアのパタスは、十二月中旬から二月中旬が出産季にあたる。一九八〇年から一九八一年にかけての出産季に、これら二つのハレムで合計二五頭の新生児が生まれた。ムタラ1群のＭＡという個体については、夜明け前に出産した可能性は残るものの、これを含めて少なくともうち八頭が日中に出産を行った。図4-2から読み取れるのは、八頭の出産が、捕食者の出現率が低く、かつ群れの移動速度の低い午前九時から午後一時に集中していることである。この地区の捕食者の大半は夜行性であり、夜間の捕食者の出現率は、午前七時から九時、午後五時から七時と同じか、あるいはそれ以上であると考えられる。すなわち、パタスは、〝極度に疲労させる行為〟である出産を、捕食者の活動性が低くかつ群れからはぐれるという危険に陥ることのないよう、群れの移動速度の低い時間帯に行っていると結論づけることができる。

さて、カラマルエのパタスではどうだろうか。一九八七年度のＫＫ群のデータを整理してみたところ、六頭の出産可能な雌のすべてについて出産日が確定でき、うち四頭については出産時間も推定することができた。これらはすべて日中出産であり、ＫＫ群の六頭のうち逆に確実に夜間出産と推定さ

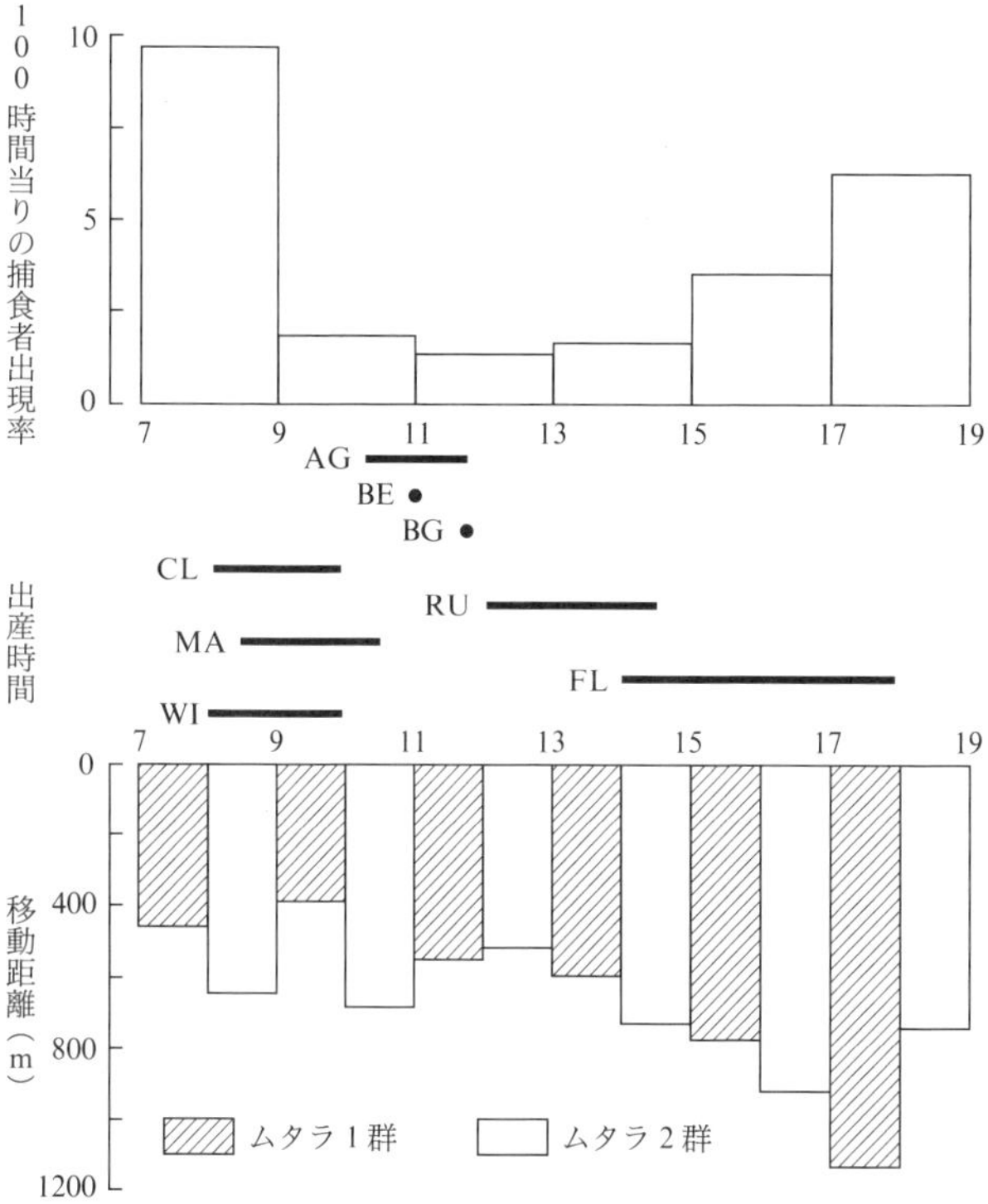

図 4-2　ケニア・ライキピアのパタスモンキー・ムタラ 1 群，ムタラ 2 群の出産時間 (中段)，時間帯毎の調査時間 100 時間当たりの捕食者の出現率 (上段)，およびその間の群れの移動距離 (下段)．アルファベットで表されているのは個体名．(文献 4 の Table I，II，および Fig. 2 を改変)．

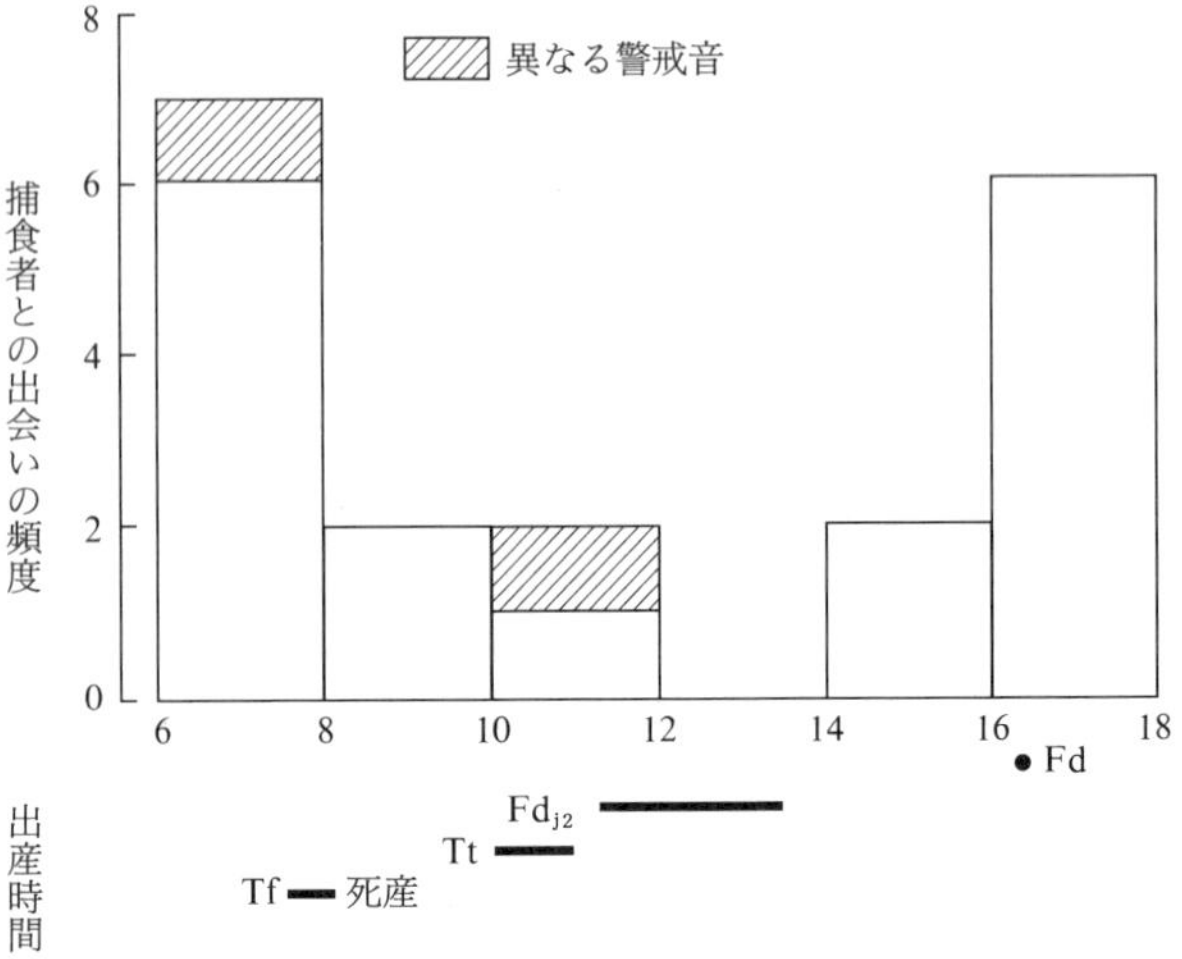

図 4-3　カラマルエのパタスモンキー・KK 群の出産時間（下段），および，時間帯毎の捕食者との出会いの頻度（上段）．アルファベットで表されているのは個体名．17 回は出会った捕食者がキンイロジャッカルであることが特定できているが残り 2 例は特定できず，ジャッカルに対して通常発するのとは異なる警戒音を発した．

れた個体はいなかったのである。このことから、例数は少ないもののカラマルエのパタスでは、ケニアのライキピア以上に日中出産が一般的であるといえる。

では、日中のどの時間帯に出産するかという点を、チズムさんらの分析に合わせて捕食者との出会いの頻度と関係させて分析してみた。なお、カラマルエにおけるパタスの潜在的な捕食者としては、先にも述べたとおり、キンイロジャッカル・野犬・ブチハイエナそしてサバールキャットがあげられる。

図4-3には、出産時間が確定できた四頭の個体の出産時間（下

段）、および、時間帯ごとの捕食者との出会いの頻度（上段）を示した。ただし、後者については、データの精度を高めるため、一九八七年一一月一一日から翌一九八八年二月一三日のうち三四日間に行った、およそ六時から一七時五〇分までの終日個体追跡中に得たデータを用いた。追跡個体はこの三四日間に一五日、のべ一九回捕食者と出会った。このうち一七回についてはその出会いの対象はキンイロジャッカルであることを確認できており、残り二回は不明である。先に述べた通り、パタスはジャッカルに出会うと「グルッ」という警戒音を発するのであるが、この二回はこれとは違う「ウォン」という警戒音を雄が発するのが観察され、その警戒音の対象を探したのであるが、確認できなかった。図からカラマルエでも夜に近い午前八時以前、午後四時以降は捕食者と出会う確率が高いことが示された。そして、これまた例数は非常に少ないながら、出産は捕食者と出会う確率の低い午前八時から午後四時の時間帯か、あるいはそれに近い時間帯で行われているといえる。

このように、パタスの出産は日中に行われることが多いため、直接観察できる可能性が高いといえる。とはいえ、見通しのよい場所で出産するわけはないので、個体によっては一〜二メートルの距離にまで近づけるほど慣れているカラマルエであっても、個体の行動によほど気をつけていないと、実際出産を観察することは難しい。これまでにも、群れを追跡中にある個体を数時間見ず、次に現れた時は新生児を抱いていたということは何度もあった。しかし、一九八九年一月二三日、初めて出産前から出産後まで、連続して出産個体を追跡し、偶然にもその一連の行動をカメラに収めることができたので、写真とともに紹介する（図4-4）。

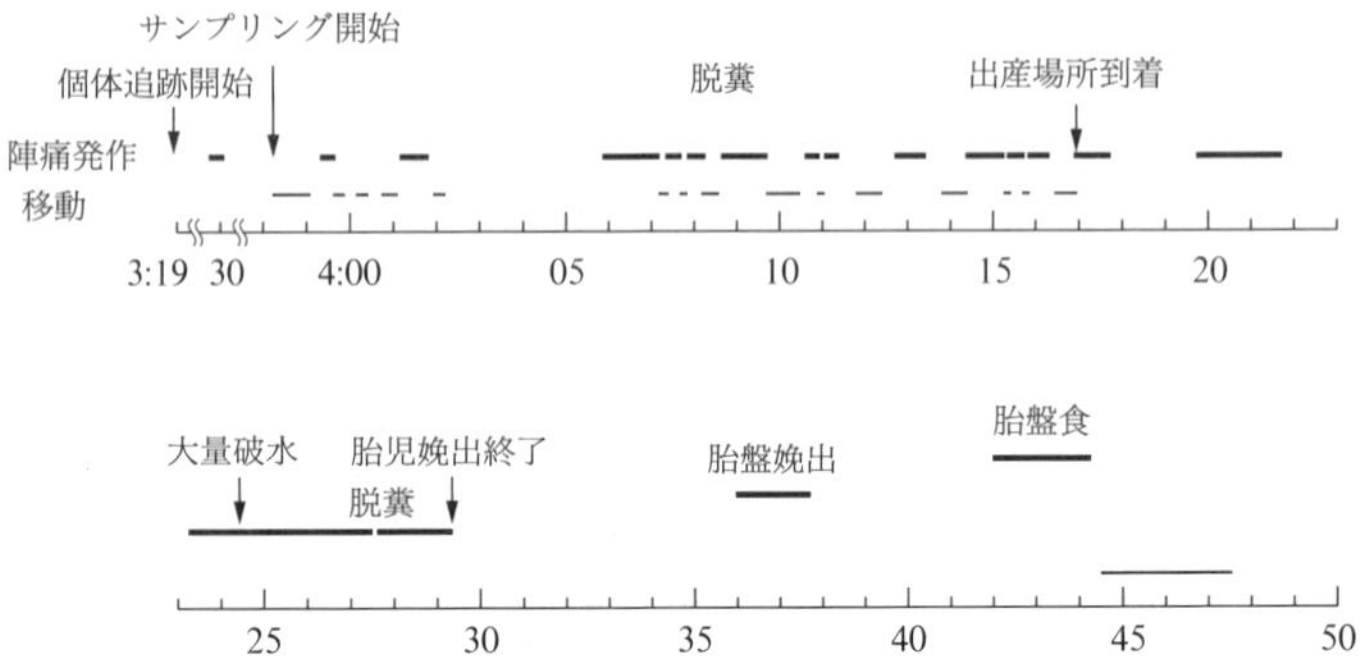

図 4-4　1989 年 1 月 23 日に観察したパタスモンキーのオトナ雌 Fd の出産前後の行動.

午前一一時四〇分―KK群の「Fd」と名付けられた八歳のオトナ雌が樹上休息中、その会陰部が腫れ、そこから透明の粘液が垂れているのに初めて気づく。

午前一一時五〇分―会陰部に手をやり、手についた粘液を繰り返しなめる。

午後一二時三五分―出産を予感しながらも、いったん観察を打ち切る。

午後三時一九分―観察を再開。

午後三時三〇分（分娩約一時間前）―腹ばいになったり、会陰部を地面につけないでしゃがみこみ、りきむ姿を初めて観察。おそらくこの時が陣痛発作の開始。以後、群れが川の方へ移動を続けるのに追随しながら、ときたま立ち止まっては、同じ姿勢を繰り返す。

午後四時一六分五三秒―出産場所となった川べりの樹高二メートルほどの潅木の下に到着。以後、この場所で三度の陣痛発作時にしゃがみこむ姿勢でりきむ（写真4―1a）。

(a)

写真 4-1　パタスモンキーのオトナ雌 Fd の出産シーン．陣痛発作時にしゃがみこむ姿勢でりきんだのち(a)，大量破水(b)．やがて分娩後，アカンボウを自分の胸元へ持っていく(c)．最後は胎盤を食べる(d)．

午後四時二四分三〇秒（分娩約五分前）―その三度目の陣痛開始後、一分一八秒のちに、大量の破水（写真4-2b）。さらに三度目の陣痛発作三分五秒続く。

午後四時二七分四五秒（分娩前一分三〇秒前）―六秒の間欠があったのち、最後の陣痛発作開始。

午後四時二九分二五秒―胎児娩出開始から一〇秒程度で娩出終了。最初の陣痛からちょうど一時間で出産。細かに観察した分娩前の約三一分間に一六回の陣痛発作がみられた。分娩後すぐに手を後ろにまわして子をつかみ、股間を通して体の前へ、さらに自分の胸元へ持っていく（写真4-1c）。その後、血液と羊

(b)

(c)

(d)

水で濡れた自分の手をなめまわす。

午後四時三六分三〇秒（分娩約七分後）―右手でアカンボウをかかえたまま、左手で胎盤を引っぱり出し始める（後産）。

午後四時三七分四六秒（分娩八分二〇秒後）―胎盤をすべて引っぱり出し終える。その間、あるいはその後何度もアカンボウと自分の手についた血液と羊水をなめる。

午後四時四二分三〇秒（分娩約一三分後）―胎盤を食べ始める（写真4-1d）。

午後四時四四分二一秒（分娩約一五分後）―群れが動き出し、胎盤の一部をせい帯で引きずったままアカンボウを手でかかえながら移動開始。

さて、もう一枚貴重な写真があるので併せて紹介しておこう。これは、同じＫＫ群のＴｆというオトナ雌の新生児であるが、残念なことに死産であった。乾季の真っ最中であるので、あっ

写真 4-2　死産のアカンボウを抱き歩くパタスモンキーのオトナ雌 Tf.

という間に干からびてミイラのようになってしまうのであるが、彼女は少なくともまる一日、その子を持って歩いた（写真4-2）。また、一九九四年に観察した別の事例では、Ｆｔというオトナ雌がその死産の新生児を、なんと二六日間持ち運んだ。こうした死亡したアカンボウの運搬の事例は、様々な霊長類種で知られているが、チンパンジーでは三ヶ月以上という事例が二例、一ヶ月以上が一例あるもの[5]の普通のサルでは一日からせいぜい数日から一週間未満[6]であることを考えると最長記録の部類に入りそうである。チンパンジーでは死体がミイラ化した場合、おそらく腐敗臭やハエに悩まされることがないために、運搬が長期化する傾向があるので[3]、パタスのこの事例もミイラ化が長期化の一因かもしれない。

本節で紹介したパタスの昼間出産は、どうみても二番煎じだったので、実は学術論文としては発表していない。二番煎じと言えば聞こえは悪いが、検証研究だということで掲載してくれる学術雑誌もあったことと思う。しかし私はその道は選択しなかった。すべての検証研究の価値を否定する気は毛頭ないが、検証研究は研究者としてのセンスが問われない気がして私は好まない。検証研究は先行研究と同じ方法で行ってこそ真の検証になるが、他人と同じ方法で行うのは誰でもできるし、さらに同じ結果がでて何が面白いのか、私には理解できないからだ。そんな研究をさらに時間を費やして学術論文にするくらいなら、運よく撮影できた写真を掲載してもらえるような一般雑誌に投稿しようと考えた。私にはぜひ一度は記事を載せたい雑誌があった。『アニマ』(平凡社刊)である。一九七三年四月に会員制雑誌として創刊され、三年後から店頭販売されるようになった『アニマ』は、豊富な写真とともに野生動物に関する記事満載の一般向け月刊誌。私の憧れであったサバンナの中・大型獣に関する記事はもちろん、京大隊による霊長類調査の記事も頻繁に掲載されていた。大沢さんが河合先生の調査隊の一員としてゲラダヒヒの調査をされていたことを知ったのも、『アニマ』だったと記憶している。『アニマ』が投稿記事を受け付けてくれるかどうかさえ定かでなかったが、運よく受理され、一九九二年十二月号に掲載された。しかし残念なことに、一九九三年四月号をもって『アニマ』は二〇年間の歴史に幕を下ろした。私の記事掲載後たった四ヶ月で廃刊となったことに、なんとか間に合ったという想いが湧く一方、どことなく申し訳なさを感じてしまった。

3　何歳で産み始め、何年おきに産むのか

本節で扱う問題もやはり「いつ」出産するか、という類いで、何歳で出産するか、という問題である。パタスは何歳で初産を迎え、その後、何年おきに出産を繰り返すのだろうか?[1] 動物の生涯において出生と出産は最大のイベントだが、ほかにも離乳、親からの独立、出生した群れからの移出、性成熟、閉経などのイベントが順次展開され、最後の大イベントである死亡で生涯に幕を閉じる。こうした動物の生涯の重大イベントが、それぞれどの年齢で起こっていくのかを、その動物の生活史と呼ぶが、この生活史もなんと進化の産物なのである。環境変動の激しさと環境の予測可能性が、生活史の主要な淘汰圧だと考えられてきた。霊長類の生活史研究で有名なC・ロスさんは、彼女の一連の論文で、より予測不可能な環境に住む霊長類は、安定し予測可能な環境に住むものに比べて、初産年齢が低く、出産率が高い（出産間隔が短い）ことを実証してきた。一般的に体の大きな動物ほど母体の内外問わず子供の成長には時間がかかるし、また、近縁の動物は似たような生活史を持つ可能性が高いので、これらの影響を差し引いても上述の傾向が認められた。図4-5は、うち最初の論文[7]に掲載されたもので、ヒトを含む五八種の霊長類について、体重と最大内的自然増加率の関係を表している。最大

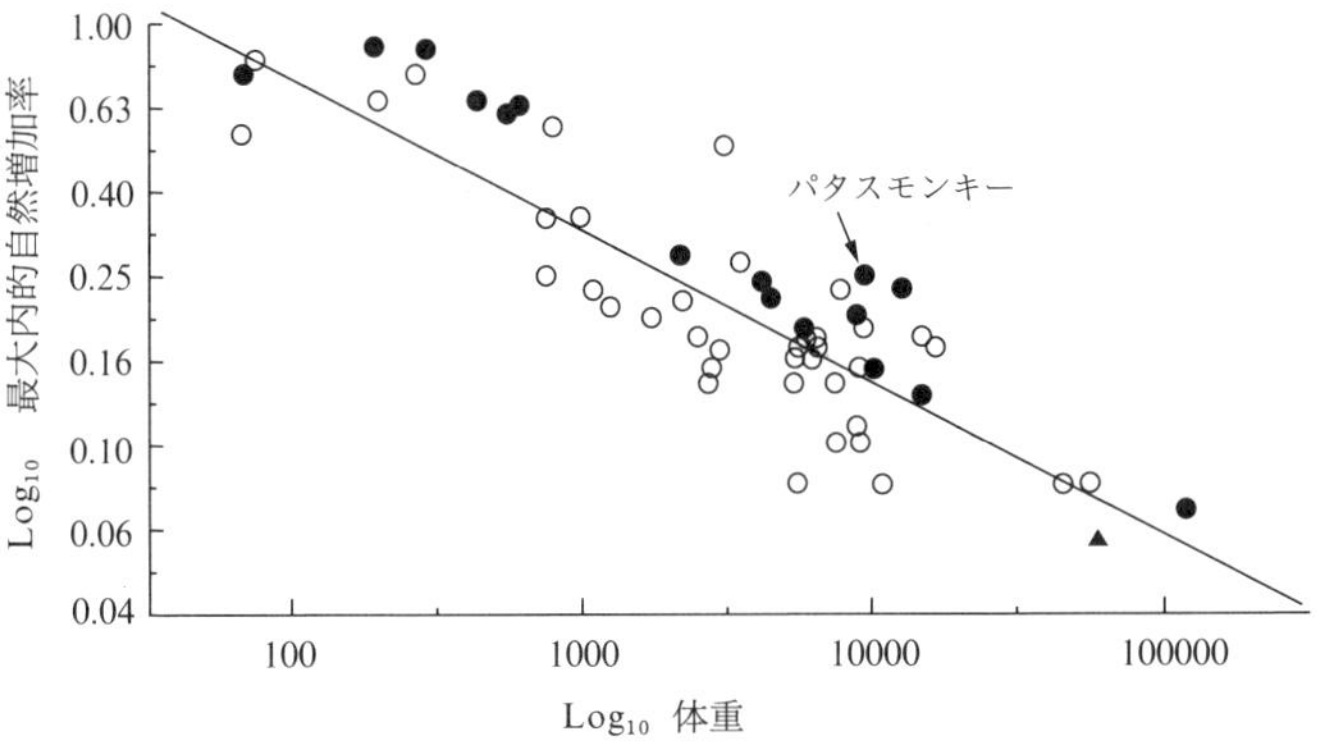

図 4-5　ヒトを含む 58 種の霊長類における体重と最大内的自然増加率の関係．○：予測可能な環境に住む種，●：予測不可能な環境に住む種，▲：ヒト．（文献 7 の Fig. 5 を改変）．

内的自然増加率とは、生理的に可能な個体数増加率の理論上の最大値で、初産年齢の最小値、出産率、つまり年間に生まれる雌の子供数の最大値、最後の出産年齢の最大値から求められる。もちろん、初産年齢が低ければ低いほど、出産率や最後の出産年齢が高ければ高いほど、最大内的自然増加率は高くなる。一見して分かるように、体が大きい種ほど最大内的自然増加率は低くなる。しかし、これは前述のとおり当たり前。ここで注目すべきは、同じ体重のもので比較すると、予測不可能な環境に住む一五種が安定し予測可能な環境に住む四二種に比べて高い増加率を示す点である。多くの霊長類が住む安定し予測可能な環境とは熱帯の一次林を、他方、予測不可能な環境とは、熱帯の二次林、疎開林、サバンナ、温帯林などを指している。そして、後者の環境に住む一五種の中でも、体重のわりにひときわ高い増加率を示すのがパタスなのである。ちなみに、パタスの最大内的自然増加率の計算に用いられた値は、平均初産年齢一一・六歳、年出産率は〇・九だから雌の子の数はその半分として〇・四五頭、最後の出産年齢の代替指標として最大寿命二一・六歳である。出典が明らかでないのだが飼育下の値であることは間違いない。霊長類という分類群の生活史上の特徴は、同体重の他の哺乳類に比べて、初産年齢が高く、出産間隔が長く、しかも小型の新世界ザル（真猿亜目広鼻猿下目）を除いて一産一仔と産仔数が少ないことであることを考えると、霊長類としてのパタスの特異性が理解してもらえるだろう。なお、哺乳類一般、霊長類一般、そしてヒトの生活史については、本書と同シリーズであるデイビッド・スプレイグ著『サルの生涯、ヒトの生涯』（京都大学学術出版会刊）(8)に詳しいので、ご参照頂きたい。

さて、これだけ分かっているのだからもう私の出る幕ではないようにも思えた。もちろん検証研究にはなるが、検証研究は好まないと先ほど書いたばかりである。しかも、日中出産の話と違いデータだけは一九八四年に大沢さんが調査を開始して以来の膨大な量があるから、論文にするのはもちろん、その前段階のデータ解析に相当の時間がかかることが予想された。しかしデータ解析を決行することにした。その理由は単純明快。飼育下の値はすでに三本の論文で報告されていたが、野生下の値はチズムさんらによるケニア・ライキピアのパタスから得られた初産年齢の値しか知られていなかったからだ。ただ、ほかに野生下の値が出てくる可能性があった。そう、イズベルさんである。確か二〇〇〇年だったと思う。彼女から突然メールが届いた。彼女と知り合いになる以前のことである。詳細は忘れたがともかく「ライキピアのパタスの生活史に関係するデータをまとめているが、そちらはどう

写真 4-3　日米のパタスモンキー研究者．左から大沢秀行さん，室山泰之さん，リン・イズベルさん，そして私（2002 年 1 月，犬山市にて）．

か」といった主旨の内容であった。こちらはちょうどデータ整理を始めたところで、二〇〇一年一月にオーストラリアのアデレードで開催される国際霊長類学会大会で発表する予定だったので、その旨メールで返信した。その後われわれは予定通りこの大会で発表し、その際、面識ができたのを機に大沢さんが招待した二〇〇二年一月に日本で開催された国際シンポジウムで彼女がライキピアのデータを報告した（写真4-3）。どちらが先に論文にして受理されるか、きわどい勝負であった。いや正直、勝てるとは思わなかった。相手はネイティブスピーカーであるだけでなく、先にも書いたようにパタスも驚くほど（論文）生産性の高い一流の研究者である。二〇〇二年八月一二日、われわれは論文を霊長類学の国際誌の一つ『プリマーテス』に投稿したが、負けても表面上論文の独創性を保てるように、東アフリカのパタスとは異なる亜種であることを強調して、『西アフリカパタスの野生群の生活史パラメーター』[1]という題目にした。七ヶ月経過した二〇〇三年三月八日、無事受理されたが、彼女らの論文はまだ出版されていないようだった。二〇〇四年一月三〇日、遅ればせながら彼女に論文の別刷を送ったところ、自分たちの論文も数週間中に投稿するとのメールをもらった。投稿さえしていなかったわけだから、端から勝負する気などなかったようだ。先行して調査を始めたにもかかわらず後手に回っていた私に対する情けか、日本に招待してくれた大沢さんに対する恩義か、真意は定かでないが、ともかくこの勝負には勝たせてもらった。

表4-1は、カラマルエのニシアフリカパタス野生群KK群[1]、ライキピアのヒガシアフリカパタス野生群[9]、三施設のパタス飼育群[7][9][10]、そしてパタスに比較的近縁のブルーモンキー(*Cercopithecus mitis*)[11][12][13]とアカオザル(*Cercopithecus ascanius*)[14]という森林性グエノン二種の野生群における雌の初産年齢、および出産間隔を、それぞれの体重、年降水量とともに示している。カラマルエのパタスの初産年齢は、中央値で三六・五ヶ月、平均値で三七・一ヶ月と、野生群、飼育群問わずこれまでに知られているパタスとほぼ同じ値を示す一方で、森林性グエノンに比べればより大型であるにもかかわらずかなり低い値を示した。次に出産間隔。これは生後一年以内にアカンボウが死亡した場合、死亡しなかった場合、両方込みにした場合で若干の違いはあるものの、カラマルエでは中央値約一二ヶ月、平均値約一四ヶ月と、パタス飼育群とほぼ同じ値を示す一方で、森林性グエノンに比べればかなり短めであった。このように結果的に言えば、飼育群との違いも東アフリカパタスとの違いも出てこず、そうなれば当然、先に

表 4-1　パタスモンキーと野生森林性グエノンの生活史特性の比較.（文献 1 の Table 6 を改変）

種名	ニシアフリカパタス	ヒガシアフリカパタス	パタス	パタス	パタス	ブルーモンキー	ブルーモンキー	アカオザル	アカオザル
オトナ雌の体重[1] (g)	6,317	6,317	6,317	6,317	6,317	4,280	4,280	2,943	2,943
Study site	カメルーン・カラマルエ	ケニア・ライキピア	飼育下・米国・カリフォルニア	飼育下・ケニア・リムル	飼育下・プエルトリコ・パラグエラ	南アフリカ・ケープ ヴィダール	ケニア・カカメガ	ケニア・カカメガ	ウガンダ・キバレ
年間降水量 l (mm)	480	630	-----	-----	400–800	1,300	2,080	2,080	1,662
初産年齢（月）	36.5*), 37.1**)	36**)	35*)	35*)	データなし	データなし	60–72**)	データなし	48–60**)
出産間隔（月）	12.4*), 14.4**)	データなし	11.8*)	12*)	11.5**)	24**)	30*)	49.5*)	18.2**)
出産間隔 1[2]（月）	12.4*), 14.5**)	データなし	11.8*)	12*)	11.8**)	データなし	47*)	52*)	データなし
出産間隔 2[3]（月）	12.3*), 13.8**)	データなし	11.6*)	11*)	6.2	データなし	18.5*)	12.5*)	データなし
年コドモ死亡率	0.14τ), #); 0.13ττ), #); 0.46τ), ##) 0.37ττ), ##)	データなし	データなし	データなし	データなし	データなし	データなし	データなし	0.10–0.12ττ)
年オトナ死亡率	0.04τττ), #); 0.27τ), ##); 0.22τττ), ##)	データなし	データなし	データなし	データなし	0.04τττ)	データなし	データなし	データなし
引用文献	文献 1	文献 9	文献 9	文献 15	文献 10	文献 11 Macleod, 私信（文献 21）	文献 12, 13 Cords and Rowell, 1987[13]	文献 12, 13	文献 14

1) 文献 21 より引用，2) アカンボウが生後 1 年以内に死亡していない場合，3) アカンボウが生後 1 年以内に死亡した場合
*) 中央値　**) 平均値，τ) チャーノフ（文献 18）の瞬間率，ττ) 平均コドモ死亡率，τττ) オトナ粗死亡率，#) 群れサイズ増加期（1988–1994），
##) 全期間（1984–1997）

紹介したロスさんの研究の検証に過ぎないということになる。

実はパタスに限って言えば、ロスさんの研究自体も検証研究である。パタスが森林性グエノンを含むアフリカのオナガザル上科のサルに比べて、体のわりに初産年齢が若く、出産間隔が短いことを最初に指摘した論文は、先の表で引用したラウエル&リチャーズ（一九七九）[15]である。さらにこの論文では、こうした生活史特性からパタスを進化生態学の大御所マッカーサーとE・ウィルソンの用語[16]を用いてr戦略者と位置づけ、K戦略者であるほかのサルと対比させた。r戦略者とは、変動が激しく予測不可能な環境に適応した種群で、安定した予測可能な環境に適応したK戦略者と呼ばれる種群に比べて、早い成熟、速い繁殖といった生活史を持ち、その結果、高い内的自然増加率を示す。一九六〇年代から一九七〇年代にかけてこのr戦略／K戦略理論は進化生態学界を席巻したが、徐々に影を潜めるようになった。恥ずかしながら私はパタスの生活史に関する論文を書き始めるまでその理由を知らなかったのだが、いくつもの欠陥が指摘されたためらしい[17]。r戦略／K戦略理論の欠陥を埋めることによってとって代わった理論の一つが、チャーノフの手による哺乳類の生活史進化に関する理論である[18]。彼の理論によれば、環境要因がオトナの死亡率を決め、これが成熟年齢を決める。成熟年齢の進化的な決定には直接的に効いているオトナの死亡率が重要だという。オトナの死亡率が高い環境では、死亡の危険を最小化し、生涯に残す子供の数を最大化するように、早く成熟することが予想される。成長は成熟年齢まで続きその後止まると、それまで成長に使っていたエネルギーは繁殖に回されるようになる。よって、成熟の早い動物は遅い動物より小型ではあるが、出産率は高くなる。すると、

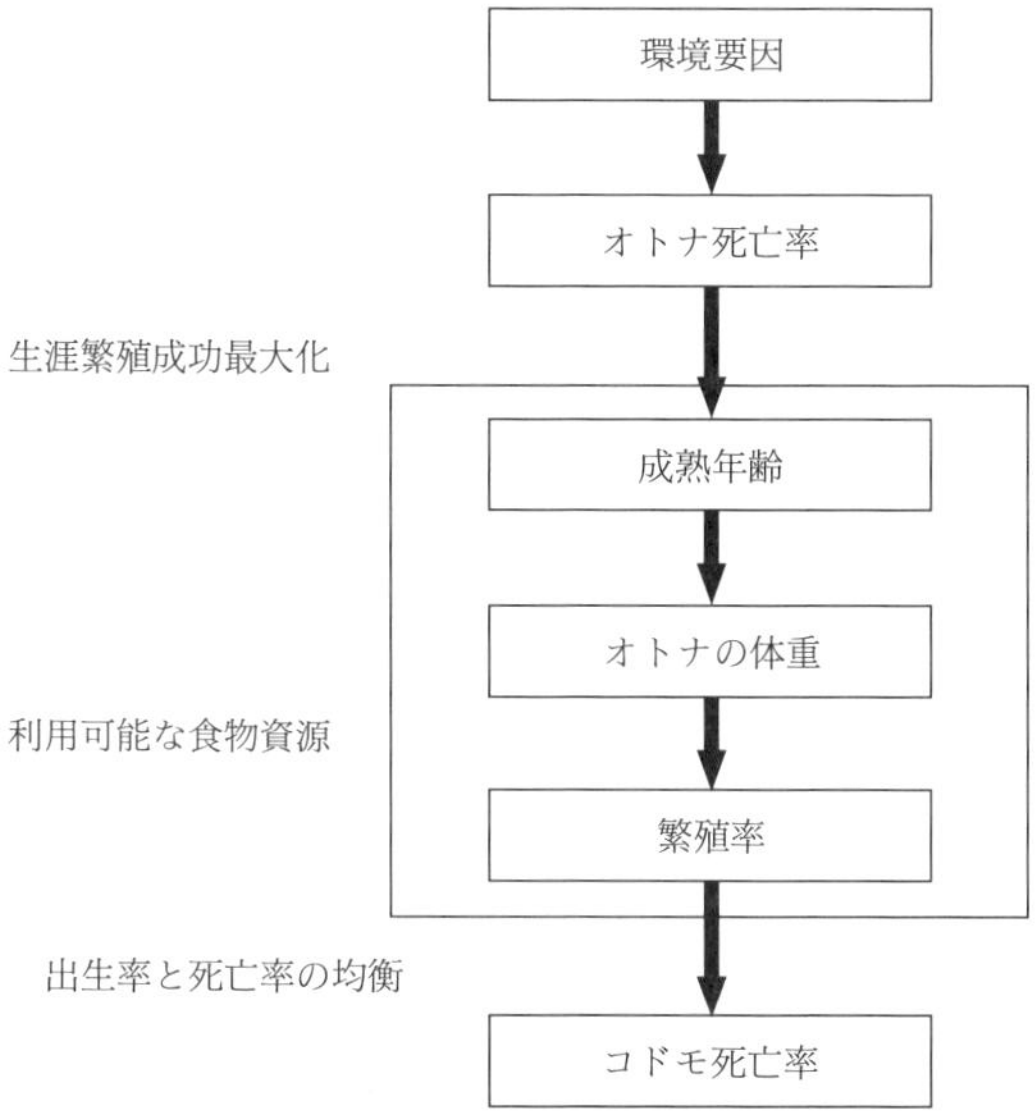

図 4-6　チャーノフ（1991）（文献 18）の哺乳類の生活史進化理論の考え方.（文献 19 の Fig. 1 を改変）

長期的にみると自然個体群では、出産率と死亡率は釣り合うはずで、それは密度依存的に決まる幼児死亡率によって保証される。つまり、低密度下では繁殖率が幼児死亡率を上回り、高密度下では幼児死亡率が出産率を上回るのだという[19]（図4-6）。正直言って私はこの理論の妥当性は評価できないし、理解すらじゅうぶんではない。しかし、哺乳類全般ではパービス&ハーヴェイ（一九九五）[20]、霊長類ではロス&ジョーンズ（一九九九）[21]といずれもビッグネームにより検証がなされ、体の大きさの影響を除けば、オトナの死亡率や幼児死亡率の高い種類ほど、初産年齢が低く、出産率が高いという、理論から予測される結果が得られている。

さてこれでお気づきのとおり、この理論に則ってパタスの生活史の進化を考えるなら、オトナの死亡率、ならびに幼児死亡率を知る必要がある。これにはかなり長期の継続的な調査が必要となる。カラマルエのパタスの場合、一九八四年に大沢さんが開始して以来、私が最後に訪れた一九九七年までの間だけでも一四年間分ものデータがある。しかし残念ながら、大沢さん、室山さん、そして私の誰も調査に入っていない時期も少なからずあり、真の意味では調査は継続的とは言い難い。何をいまさらと叱られそうだが、これは先に示した初産年齢や出産間隔の計算にも危うさをもたらす。図4-1から垣間見られるように出産季に調査したのは五年のみ。出産を観察していない年も多いのに、これでどうやって初産年齢や出産間隔が分かるというのか。

しかし、一九八八年から一九九四年の間に限れば、一九九〇年以外は誰かが出産季のほぼ半年後の交尾季に調査している。よって、このおよそ半年の間に生まれて死亡したアカンボウを除けば、ある雌が出産したことは分かり、平均出産日（一月二三日）に出産したと推定することで、初産年齢も出産間隔もかなり正確に推定できる。また、これから問題にする死亡についても、われわれが留守中のちょうど真ん中の日、正確に表現するなら先の調査時でその個体を最後に確認した日と、次の調査時にその個体の不在を初めて確認した日のちょうど間の日と推定することで、誤差は最大でもプラス・マイナス五ヶ月半で推定できた。なお、たった今ついつい「死亡」と書いてしまったが、観察された出来事を正確に表現すればそれはおおむね「消失」である。調査期間中でさえ死体が確認されることはごく稀だからだ。ただし、以下の三つの理由から、今問題にしている雌については死亡とみなしてよさそうだ。一つ、一九八八年から一九九四年の間では雌のコドモに限れば二歳から四歳児の消失は知られていない。二つ、一九八八年の時点でKK群にいた七頭の雌のうち五頭は、一九九四年の時点でも推定七歳から一六歳の年齢でKK群の一員として確認されている。みっつ、カラマルエにおいて単独性の雌は観察されたことがない。ついでにここで雄の消失についても触れておこう。同じく一九八八年から一九九四年の間で、満二歳になるまでに消失した子供の割合は、雌の子が二七%である一方、雄の子では三五%と大差ない。また、二歳齢の消失率はいずれの性も〇%である。ところが、三歳齢、四歳齢の消失率は、雌の子では前述のとおり〇%であるのに対し、雄の子では八〇%、一〇〇%(といっても後者はたった一頭だが)となる。また、交尾季には頻繁に単独性の雄が観察され、一九八四年から一九八五年には雄だけから構成される群れ、つまり雄グループも一群だが大沢さんにより観察されている。以上のことから考えれば、三〜四歳齢の雄の子の消失は「死亡」ではなくおおむね生まれた群れからの「移出」と考えてよさそうである。より積極的な表現に言い換えれば、パタスでは雌は生涯生まれた群れに留まるのに対し、雄は三〜四歳の間に生まれた群れから移出し、単独で、あるいは雄グループの一員として生活すると言える。

話がそれたが、ここでいいたかったのは、一九八八年から一九九四年の間に限れば、すでに披露した初産年齢や出産間隔のみならず、これから披露する年齢別死亡率についてもそれなりに信頼性が高いデータということである。図4-7は、一九八八年から一九九四年の間の雌における年齢別死亡率、

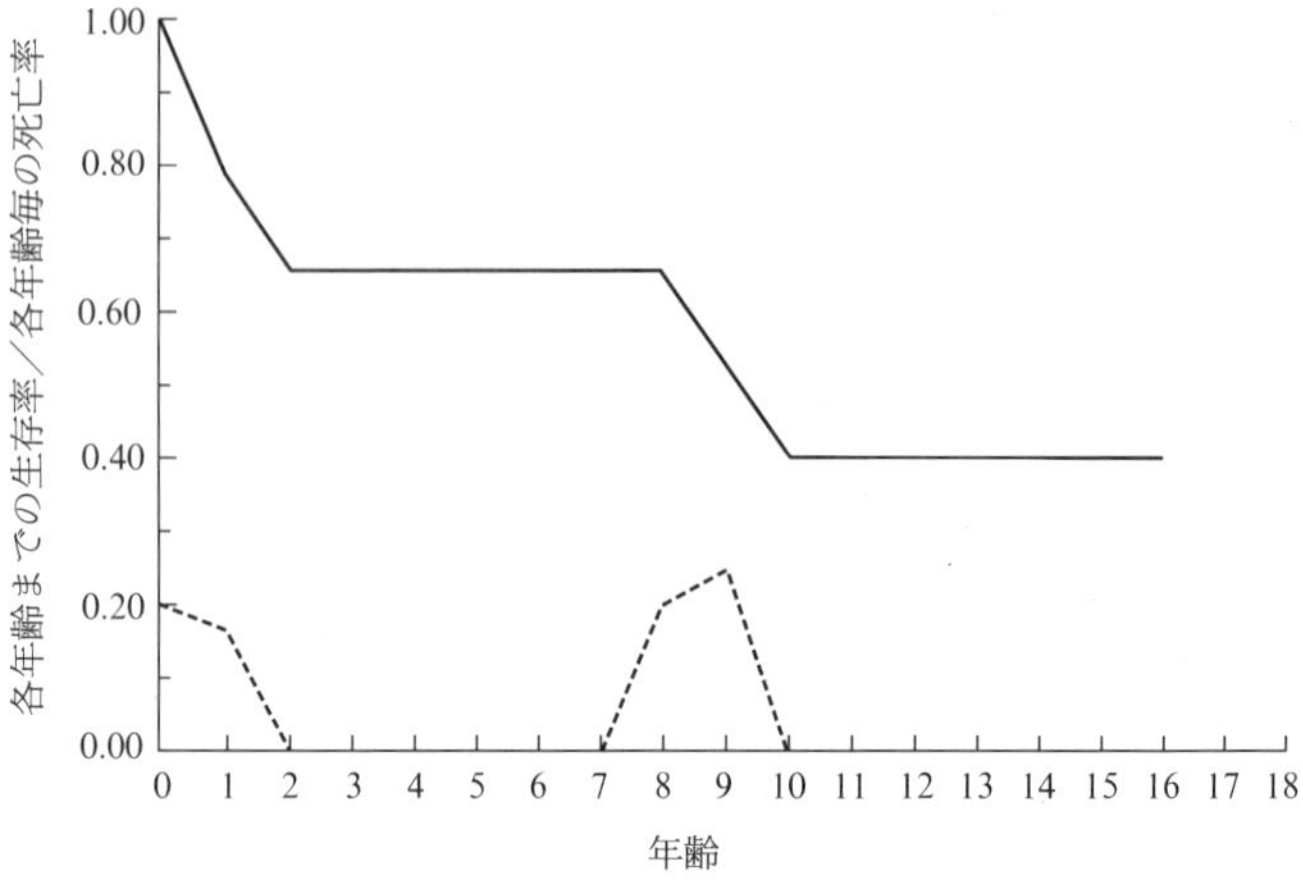

図 4-7　雌のパタスモンキーの年齢別死亡率と生存曲線（1988 年〜1994 年のデータより）.（文献 1 の Fig. 4a を改変）

ならびにその累積値を一から差し引いた値、つまりそれぞれの満年齢の誕生日まで生存した個体の割合の変化（生存曲線と呼ぶ）を表している。ただし、〇歳から二歳までの死亡率は、先にも触れたように性差はなさそうだったので、性別が不明の個体も含めて算出した。図から分かる通り、〇歳齢、一歳齢の死亡率はそれぞれ二一％、一七％であるが、二歳齢以降では、八歳と九歳でそれぞれ一頭ずつ死亡したのを除けば、死亡率はゼロであった。これを反映して満二歳の誕生日まで生存した個体の割合は六五・八％とかなり低いが、それ以降の年齢では満九歳で五三％、満一〇歳で三九％まで下がっただけで、生存曲線が完成する、つまり齢別死亡率が一〇〇％となる年齢のデータまでは得られなかった。なお、初産年齢である満三歳までの生存率六五・八％を使ってある計算式に基づいて算出されるチャーノフのいう平均瞬間幼児死亡率は一四・〇%、平均幼児死亡率は一三・〇%であった。他方、初産年齢時の平均余命を使ってある計算されるチャーノフの平均瞬間オトナ死亡率は生存曲線が未完成のため計算できなかったが、オトナの粗死亡率は四・三%となった。

さて、ここで以前ご覧頂いた比較のための表4-1の下半分にある死亡率データに目を向けて頂きたい。パタスでは野生群はもちろん飼育群でさえ、幼児死亡率、オトナ死亡率に関するデータは皆無なのである。この点が、初産年齢や出産間隔の場合と大きく異なる。だから、これら死亡率データを提示することこそがわれわれの研究のウリの一つとなり、これらを用いて、パタスの生活史の進化をチャーノフの新しい理論に則って検証するのが、われわれの研究の目的なのである。他方、比較対象である近縁の森林性グエノンに目を向けてみると、こちらは幸運なことにわずかながらデータが見つかった。ウガンダ・キバレ森林のアカオザルでは平均幼児死亡率は一〇〜一二%という。他方、南アフリカ共和国・ケープビダールのブルーモンキーではオトナの粗死亡率は四%。いずれの値もカラマルエで得られたパタスの値と大差ないではないか！　理論が正しいなら、死亡率はオトナでも幼児でもパタスのほうが高いはずである。チャーノフの理論は正しくないのか？　早合点しないで頂きたい。一九八八年から一九九四年の間は精度の高いデータが得られるからこそここまで分析の対象としてきたのだが、この間は死亡率の低い個体数の増加期に当たり、この期間をちょうどはさむ前後の数年が個体数減少期に当たるのである。

図4-8は一九八四年から一九九七年の間のKK群、ならびにその隣接群BB群の群れサイズ、群れ

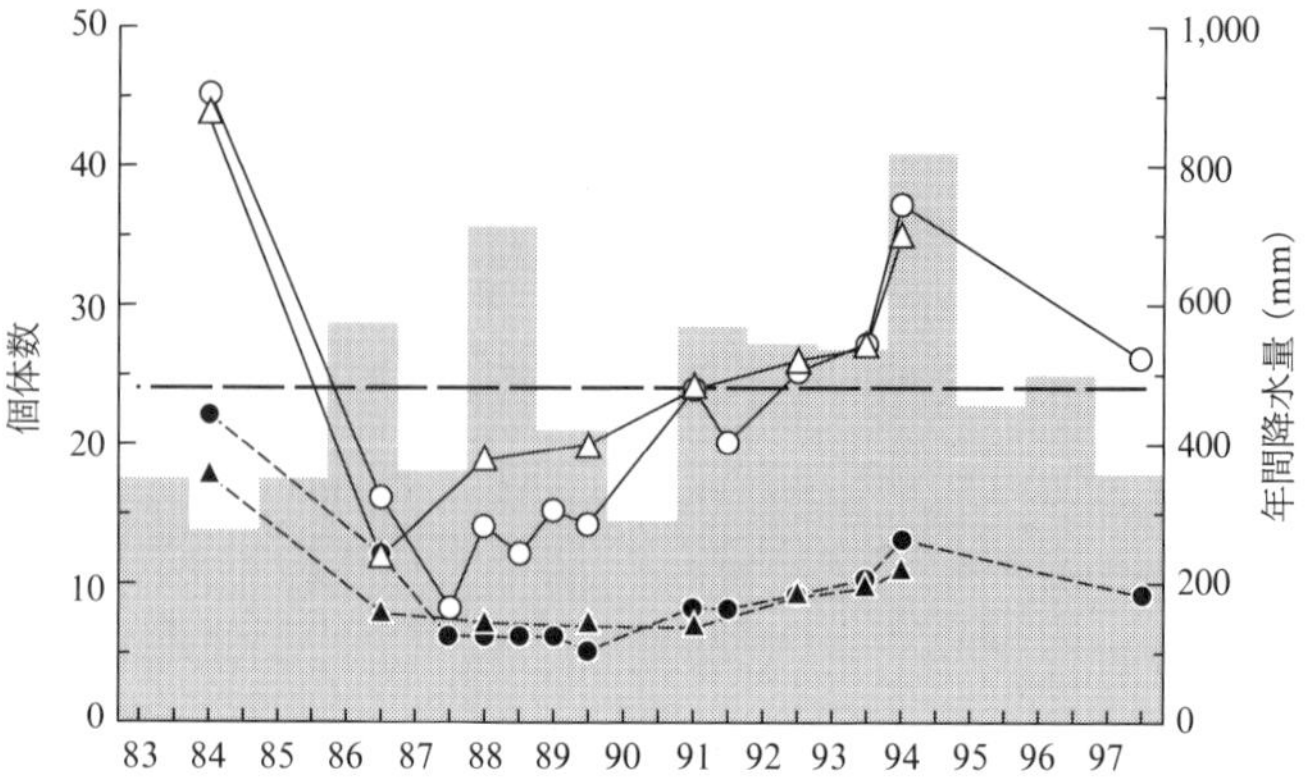

図 4-8　パタスモンキー KK 群，ならびに隣接群 BB 群の群れサイズ，群れ内のオトナ雌の数，および年間降水量の経年変化（1984 年〜1997 年）．○—○：KK 群の群れサイズ；△—△：BB 群の群れサイズ；●…●：KK 群のオトナ雌の数；▲…▲：BB 群のオトナ雌の数．破線の水平線は平均年間降水量．1984 年〜1994 年の降水量はクッセリで，1995 年〜1997 年の降水量は調査地から約 20 キロメートル離れたンジャメナ空港でそれぞれ記録されたもの．（文献 1 の Fig. 5 を改変）

内のオトナ雌の数、加えて年間降水量を示している。大沢さん単独による最初の調査における最後のカウントに基づけば、ＫＫ群の群れサイズは四五頭であったのが、それから二年と数ヶ月経過してから大沢さんと私が調査に入ったときには一六頭まで減少していたのである。この間に八頭いたアカンボウ全頭と二二頭いたオトナ雌のうち一〇頭が死亡していた。ＢＢ群についても同様で、群れサイズは四四頭から一二頭にやはり激減した。実は、一九八四年はサハラ砂漠南縁に広がるサバンナ・ステップ帯であるサヘル地帯全域が二〇世紀最大級の大旱魃に見舞われた年で、カラマルエもその例外ではなかった。この年の降水量はなんと二七五ミリメートル。この期間中の年降水量の平均値四八〇ミリからその標準偏差値一五八ミリを差し引いた値よりさらに低い。これはまさしく大旱魃と呼ぶにふさわしいだろう。さらに、その前後の年の降水量も平均値以下でこれも含めて三年連続の旱魃に見舞われていたのである。しかしその後は、一九九四年に私が単独で行った調査までの間、一九八九年から一九九〇年の二年連続の旱魃はあれど両群ともほぼ順調に個体数を増加させてきた。ところが、それから三年半ほど経過して大沢さんと私が行った一九九七年の調査までの間に、KK群の群れサイズは三七頭から二六頭に、オトナ雌の数は一三頭から九頭に減少していた。そして降水量データを調べてみると、やはりこの期間も三年連続した平年を下回る降水しかなかったことが分かった。全体としては、旱魃年が三年以上連続した場合、パタスの個体数は劇的に減少するようにみえる。

では、個体数の激減期も含めた一九八四年から一九九七年の間の齢別死亡率、および生存曲線を見てみよう（図4-9）。二年数ヶ月と三年半もの調査空白期間を含んではいるが、やはりそのちょうど真ん中の日を死亡推定日と見なすことによって、いってみればかなり強引に描いた図である。おかげで最高齢一七歳の個体の死亡が含まれ今度は完全な生存曲線が描けた。なおこの図でも、〇歳から二歳までの死亡率は性別不明も含めた両性のデータをもとに求めたことをお断りしておく。先の図4-7と大雑把に比較してみれば分かるのは、〇歳、一歳の齢別死亡率が概ね二〇％から四〇％に、二歳以降の齢別死亡率が概ね〇％から二〇％と、全体として死亡率が二〇％分上昇している。さらに齢別死亡率は一四歳頃から再び上昇し始める。そうなると当然、生存曲線はさらに極端なカーブを描くように

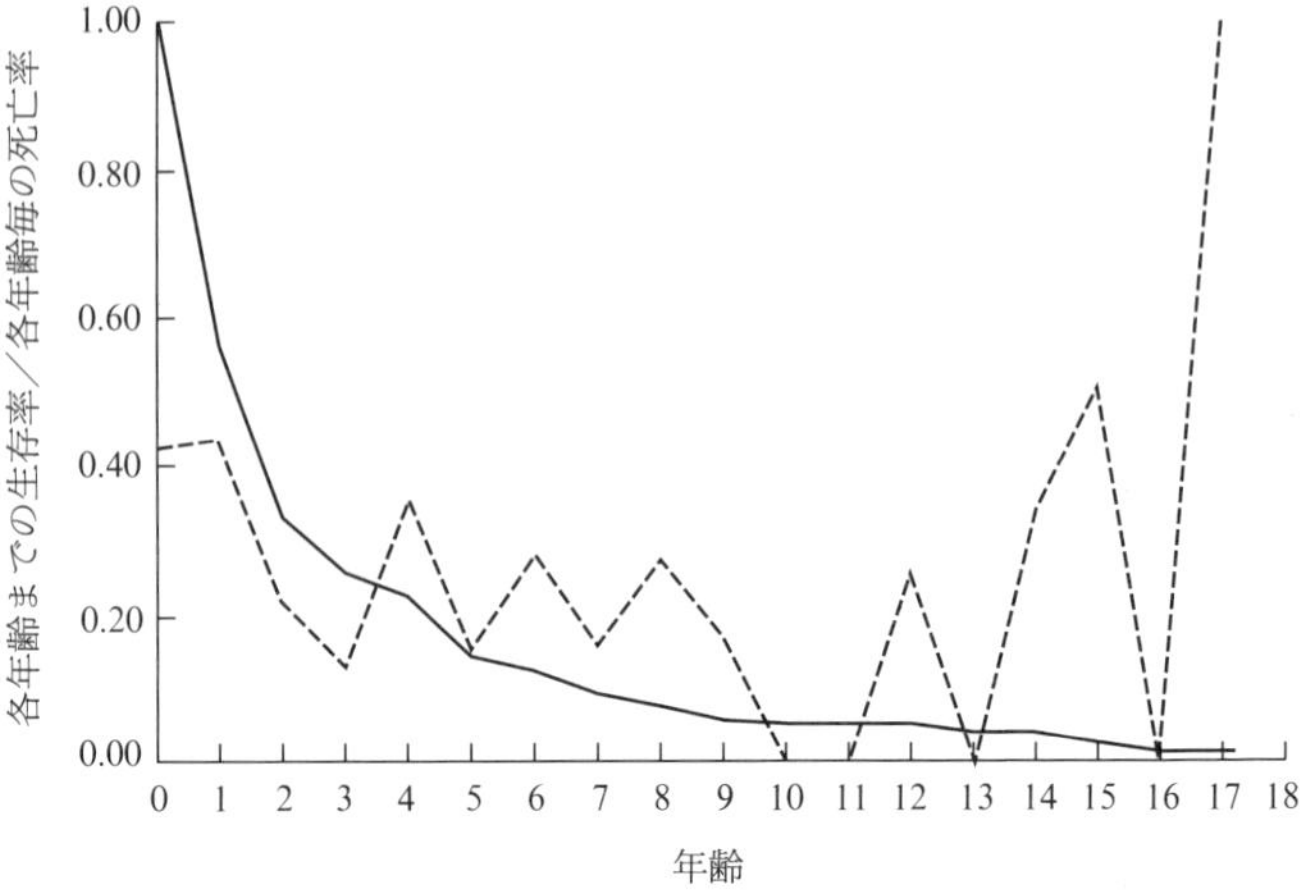

図 4-9　雌のパタスモンキーの年齢別死亡率と生存曲線 (1984 年〜1997 年のデータより). (文献 1 の Fig. 4b を改変)

なり、満二歳の誕生日を迎えることのできる個体の割合はなんと生まれた子供の三二％に過ぎないという計算になる。さて、先ほどと同様、平均瞬間幼児死亡率と平均幼児死亡率を計算すると、それぞれ四五・五％、三六・五％となった。他方、初産年齢時の平均余命四・二五歳を使って求めた平均瞬間オトナ死亡率は二六・八％、オトナの粗死亡率は二一・六％となった。慎重を期して、齢別死亡率を最小に見積もった場合の値も示しておこう。先ほどは死亡推定日を調査空白期間の真ん中と見なしたが、空白日の最後、言い換えれば次の調査が始まる前日に死亡したと推定してみた時の値である。この場合でさえ平均瞬間幼児死亡率と平均幼児死亡率はそれぞれ三七％、三一％、オトナの粗死亡率は一八％を示した。一般に死亡率は体の大きな個体のほうが低い傾向が認められるのだが、カラマルエのパタスは、近縁でより小型の森林性グエノンに比べて格段に幼児時、オトナ期問わず死亡率が高く、見事にチャーノフの理論的予測と一致する結果が得られたのである。

しかし、見かけ上はこのように一致しているものの死亡の原因という点では一致する部分としていない部分がある。彼の理論によれば、環境要因がオトナの死亡率を決めるとした。これは換言すればオトナの死亡率は、捕食圧や病気、気象条件などの外的要因によって決まっていることを指している。カラマルエでは個体数増加期にオトナ雌の死亡がほとんど認められなかったことからオトナ雌が捕食者の犠牲になる確率は非常に低いと考えざるを得ない。むしろデータが示していたのは、死亡の遠因としての旱魃である。直接的な原因が栄養失調なのか水不足か、なんらかの病気を併発したためかは不明だが、三年連続しての旱魃がオトナ雌の大量死を招いたのは間違いない。ともかく、オトナ雌の死亡率を決めるのは環境要因であり、この点でもチャーノフの理論と一致する。一致しないのは幼児死亡の原因である。チャーノフは長期的にみると自然個体群は、出産率と死亡率は釣り合う安定個体群で、それは密度依存的に決まる幼児死亡率によって保証されると考えた。しかし、カラマルエのパタス個体群は、安定個体群とは言いがたく、急激な個体数の減少期とそれに比べればゆっくりした個体数の増加期の二つのフェイズからなっていた。しかも、幼児死亡率が高密度下で密度依存的に上昇したというよりも、これもオトナと同様、旱魃が原因と考えたほうが合点がいく。

さて、最後に一見付随的に見えるが、個人的にはわれわれの研究の最大のウリだと考えている一連の発見を紹介しよう。第一は、パタスでは初産年齢も出産間隔も、野生群と飼育群で差がなかったこと（表4－1参照）。一般に霊長類では、野生群は飼育群、あるいは餌付け群に比べて初産年齢は遅く、出産間隔は長くなることが知られており、近縁種のブルーモンキーでも当てはまる。これは、野生群では飼育群に比べて栄養状態が悪く、繁殖へのエネルギー投資を控えるためであると考えられている。先ほどはせっかく野生群を対象に調べてみたのに飼育群とほぼ同じ値であったとネガティブに表現したが、実はこれこそが非常に珍しい現象の発見だったのである。第二に、出産率が初産齢（三歳）雌と経産齢（四歳以上）雌で差がないこと。初産齢での出産率は八八・八％を示し、全年齢を対象とした出産率の平均値七五％よりむしろ高い値を示す。一般に霊長類では、初産雌の出産率は低く、これは個体の成長と繁殖の間にはトレードオフの関係があるため、初産年齢では得たエネルギーすべてを繁殖に回さず一部は成長に残しておくためであると考えられている。第三に、アカンボウの死亡率が初産雌と経産雌の間で有意差がないこと。これも一般的な霊長類像とは異なる。普通は、初産雌のアカンボウのほうが死亡率が高くなる。これは初産雌はうまくアカンボウを扱えないという技術的な未熟さの影響ももちろん含まれるだろうが、まだ成長にエネルギーを費やすことによる母乳に回すエネルギー不足の影響もあろうからだ。以上のような一般霊長類とは異なる三つの発見から、成長、あるいは体を維持することさえ犠牲にしてでも、繁殖へのエネルギー投資を優先するパタスの姿が見えてきた。そしてこの姿は、初産年齢の低さと短い出産間隔という生活史とも一致した特徴であることは言うまでもない。

4　頻繁な乳母行動の説明原理——誰が育児するのか

本節では、「誰が」、「どのように」育児をし、それは「なぜ」なのかを中心にお話する。「誰が」育児をするかって？　そんなもん、母親に決まっているだろう。もちろんその通り。パタスでは飼育群を中心に、母親の育児行動、そしてコドモの発達について多くの研究がなされてきた[22][23][24]。その後、ライキピアで野生群の調査を開始したチズムさんのまさしく中心的な研究テーマである。彼女が観察していた飼育群のパタスを例に、生後六ヶ月齢までの母親による育児とコドモの発達をざっと紹介しよう。生まれたばかりのアカンボウは黒くて柔らかく疎らな体毛に被われ、裸出した顔はアカンボウらしくピンク色をしている。もちろん目は開いていず、母親のおなかにしがみついている。生後一週間までは、目は開いてくるもののおおむねこうした状態にある。二週目に入るとしがみついた手を離して何かを探るような行動が現れ、三週目までには見たものに手を延ばすようになる。この頃にはわずかながら母親にしがみつかずに体の接触を保ったまま休息するようになる。四週目に入るとよちよち歩きで自ら母親から離れるようになり、一ヶ月経過すると母親が腕を伸ばすくらいでは届かないところにもしっかりと歩いて行き、六週目に入るとひとりで木にも上り始める。とは言ってもまだ全体としては、活動時間の半分程度は母親と接触を保った状態にあるが、生後五ヶ月までにその頻度が急激に減少し、完全に独立して移動するようになる。他方、栄養上の独立については、体毛がオトナと同じ赤茶色に変わりはじめる七週目には固形物を食べ始め、九週目には母親から授乳を拒否され始め、生後六ヶ月に入るとほとんど授乳されなくなる。ライキピアの野生パタスではそれぞれ七ヶ月齢と九ヶ月齢で孤児となったアカンボウが、誰の世話になることもなく生きながらえたのだという(9)。

さて、実はパタスの育児行動について、まだ大切なことを紹介していない。それは、母親以外による育児行動、つまり乳母行動とでも呼ぶべき行動である。これが本節のメインテーマである。一般に霊長類では、乳母行動が見られる場合、母親の子供（新生児からみると姉妹）か、母親の姉妹（同伯母・叔母）、母親の母親（同祖母）といった近い血縁関係にある個体が乳母となることが多い。また、このような母系的血縁関係にない場合でも、未成熟雌や新生児を失ったばかりの雌は、乳母行動を行うことは普通に見られる。ところがパタスの場合には、奇妙なことに、母系的血縁関係になく、しかも自分自身新生児を生んだばかりの雌までもが、頻繁に乳母行動を行うのである。

チズムさんの飼育群ではなんと生後一二時間後、中央値としては生後一一日目の新生児に対し、乳母行動が始まった。新生児を持った母親に「ムー」とでも表記されうる音声を鳴きながら近づき、新生児に鼻面をつきつける。そして、やはり「ムー」を発しながらその尻尾を持ち上げて生殖器のあたりの臭いをかぐ。さらには、新生児を引っ張って母親から引き離し、抱きかかえようとする（写真4-4）。すぐに成功する場合もあれば母親の抵抗にある場合もある。うまくいかない場合は母親に毛づく

写真 4-4　パタスモンキーの乳母行動.

ろいを始める。もし母親が嫌がって移動するようだと追随して繰り返し試みる。新生児をゲットできた個体の中には、抱きかかえて移動するものがいる。そうなると今度は母親が追随することもある。「四週目に入るとよちよち歩きで自ら母親から離れるようになる」と先に書いたが、中央値で言えばそれは生後二五日。つまり、母親から自ら離れるより前に乳母によって母親から引き離される。母親から引き離されそうになった新生児は、当然、「キッー」という悲鳴や「ムウ〜ムウ〜ウ〜」とでも表記されるある種苦痛の声を発して母親にしがみ付こうとする。しかし無理やり引き離されても乳母が丁寧に扱ってくれるなら、今度は乳母に抱きつきおとなしくなる。そしてこれまた興味深いのは、乳母行動の対象となる新生児は、生後二から三週齢の間がピークで四から一〇週齢ではわずかに見られるもののそれ以降ではほとんどなくなることである。[22] 新生児が自ら母親から離れだした頃にはピークは過ぎ、母親と独立に移動する頃にはほとんど見られないというのだから、母親が抵抗する機会が少なくなるほど新生児に対する興味も失せていっているわけだから奇妙なようにも見える。しかし抵抗を示す時期にこそする価値がある行動と考えれば、なんら不思議なことではない。

乳母行動を進化生態学の一般理論に照らして考えれば次のようになる。未経産雌による乳母行動は、自分自身の出産と育児に先立ち、母親としての経験を積むことにより、自分の適当度を上げる、つまり利己的な行動と理解できる。他方、オトナ、つまり経産雌で見られる乳母行動は、自分の適応度は下げるが、交渉相手の適応度は引き上げるという、利他的な行動に相当する。自分の適応度を下げるような遺伝的形質を持った個体は集団中で広がっていかず淘汰されていってしまうことになるので、従来の自然選択理論では説明がつかなかった。そこで利他行動の説明原理として登場したのが、血縁選択と互恵的利他主義である。前者は、自分とも遺伝子を少なからず共有している血縁者が交渉相手なら、その交渉相手の適応度が上がることが、自分の適応度を上げることにもつながるため、進化するという考え方である。後者は、前者では説明できない、つまり自分と交渉相手の間に血縁関係が認められない場合の説明原理である。自分が交渉相手に利他的行動をするだけなら確かに自分の適応度は下がるが、交渉相手からも利他的行動を返してもらえれば、お互いに適応度が上がる可能性が出てくるというものである。もちろんこの説明原理が成立するための条件は結構厳しい。例えば、お返ししてもらうためには、同じ交渉相手とまた出会わなくてはならない。そもそも同じ交渉相手かどうかを判断できる認知能力が備わっていることが前提だし、次の交渉まで時間差があるとしたらその間、記憶しておく能力も必要である。また、利他的行動から得られる利益に比べ、利他的行動を行うコストが低いような行動でないと、全体としてお互いの適当度を上げることにはならない点も重要である。

パタスで見られる乳母行動も、こうした説明原理が当てはまると考えられてきた。パタスで特徴的な母系的血縁関係にない、自分自身新生児を生んだばかりの雌による乳母行動についても、チズムさん曰く、互恵的利他主義で説明可能であり、それ以外の説明は必要ないだろうという。確かにパタスは認知能力・記憶能力に優れた霊長類で、しかも群れを形成し群れメンバー間では何度も出会うわけだから、互恵的利他主義の成立要件の多くは自ずと満たしていると考えてよいだろう。また、彼女にそう言わしめる最大の根拠は、サバンナに住んでいるパタスの場合、乳母行動により得られる利益がそのコストのわりに非常に高いと考えられるからである。パタスはサバンナのしかも、グラスランドをも利用するため、その食物密度の低さのおかげで、群れとしても一日に四〜六キロメートルもの距離を移動せねばならない。個体レベルで考えればその移動距離は一〇キロメートルは下るまい。生後数週齢の新生児の場合、母親は基本的にはその間ずっとアカンボウを腹に抱えて移動せねばならないのである。ごくわずかの距離ならひとりでほっておいてもよさそうにも思うかもしれないが、相手はなにせアカンボウ。木から落下する危険だってある。さらに言えば、そこは捕食圧の高いサバンナ。ひとりでいるとき、捕食者に襲われたらひとたまりもない。ごくわずかの時間であっても、アカンボウを誰かに預けて移動、採食できれば母親としてはどれほど心強く、しかもどんなに楽なことか。他方、乳母にしてみれば、襲撃されたアカンボウを助けるのはかなりのコストを伴うかもしれないが、捕食者を警戒したり、アカンボウが木から落下するのを防ぐぐらいなら朝飯前だろう。ところがである。互恵的利他主義が成立するなら、同一の個体間で乳母行動とそのお返しに当たるであろう行動が交換されているはずである。一番、分かりやすいのは、乳母行動と乳母行動の交換である。また、乳母行動をしてもらったら、そのほかの行動で返していると考えてもよい。例えば、高順位の母親の子供に乳母行動をすることで、その母親のそばで採食することを許容してもらったり、ほかの個体との争いの際にその母親に助けてもらうなど。しかし実際にはどれも証明されていない。

話の流れで言えば、「そこで私は調べてみました」となるところだろうが、サイドワークとしてはやるにはそれなりに手間がかかりそうだし、他人が立てた仮説の検証は好まないという性格も手伝って調べていない。しかし、全く手間のかからない方法で、結果的には他人が立てた仮説とは異なるパタスの乳母行動の進化要因についての仮説を導くことになったサイドワークを二つ紹介しよう。

5　音声再生実験——アカンボウの声に誰が応えるか

一つは、一九九四年一月から二月に行った音声再生（プレイバック）実験と呼ばれている野外実験[25]。あらかじめ音声を録音しておき、場合によってはそれを加工して、野外でスピーカーを通して再生してサルに聞かせてその反応を調べるという実験である。最も有名なのは、サバンナモンキーが捕食者のタイプに応じて異なる種類の警戒音を鳴き分け、かつ聞き分けていることを導いたR・セイファースさんとD・チニーさんによる実験だ。[26]録音してその音響構造を調べてみると、捕食者のタイプによって違う音声で鳴いていることが分かった。タカの接近に対しては「タカだ」、ヒョウの接近に対しては「ヒョウだ」、ヘビの接近に対しては「ヘビだ」と叫んでいるというのだ。そしてそれぞれの音声を再生すると、聞き手である群れの他のメンバーもその音声に応じて、適切な反応を示す。例えば、「タカだ」という声を聞けば、樹冠で身を隠す。ちなみにこの警戒音も、発声者は目だって危険に陥りやすくなるにもかかわらず、他者に対して危険を知らせることになるから、利他的行動と見なされている。しかし、私が感化されたのはこの実験ではなく、現在、霊長類研究所・行動神経研究部門・認知学習分野教授の正高信男さんの一連の実験であった。正高さんが霊長類研究所に助手として赴任された直後に開催された所員向けの講演会を聞いて、正高さんの音声再生実験の目のつけどころとその結果のクリアさに衝撃を覚えた。一例を挙げよう。ジョフロイクモザル三個体A、B、Cに対し、それらとは別個体Dの三通りのロングコールという音声を再生する。三通りとは、A、B、Cが以前、それぞれが鳴き返した音声である。すると、以前鳴き返した音声にはやはり鳴き返すことが多かった。これでクモザルは自分に向けての音声と他個体に向けての音声を識別していることは証明できたわけだが、秀逸なのは次の実験である。「多かった」ということは自分に向けられた音声でも鳴き返さない場合があったことを示すわけだが、この時、それを知ったほかの二個体の反応を調べてみると、本来鳴き返すべき個体のほうを見ることが多かったのだ。われわれでも名前を呼ばれている人が返事をしないと、ついついその人のほうを見やるだろう。これと同じことをクモザルがやっているわけだ。つまり、クモザルはいわば互いに仲間の名前を呼び合い、しかも誰と誰が呼び合っているかまで認識しているという話である。(27)

私にはこれほど切れ味鋭い研究は無理だとしても、一度はこの音声再生実験をやってみたいと機会を伺っていた。そして一九九四年の出産季、その機会が訪れた。実は、一九八七年の二度目の調査時から、将来的にはパタスの音声目録を作成できればと考えて、時間の余裕ができたときに彼らのいろいろな音声を録音していた。その中に、母親からわずかなりとも離れたアカンボウが発するある種苦痛の音声も含まれていた。「ムウ〜ムウ〜ウ〜」とでも表記されるような、抑揚があり、アカンボウにしては低音でかつ持続時間の長い音声である。サバンナではこれが遠くまで聞こえやすい音響的特徴なのだろう。出産季にはこの声のおかげで見失っていた個体が見つかるほどである。だから、パタスもこの音声を頼りにして乳母行動をすべくアカンボウのもとに集まってくるのではと考えた。そして、一九九一年の出産季、その時録音したあるアカンボウのこの音声を、試しにアカンボウの母親以外のオトナ雌のそばで再生してみた。すると予想どおり、いや予想以上の反応が見られた。音声のほうを見るだけでなく、駆け寄ってきて、しかも私に向かって威嚇するのである。このときはテープレコーダーを手に持ったままその内臓スピーカーから再生したため、どうやらすぐそばにいる私がアカンボウを危険にさらしているという状況に写ったようである。そして、一九九四年の出産季、スピーカーを持参していよいよ本格的な音声再生実験を行った。対象はＫＫ群の母親とその二〜四週齢の新生児四ペア。母親の順位は、一三頭のオトナ雌中六、七、九、一〇位と中順位で、新生児はすべて雄である。実験に先立って新生児の「ムウ〜ムウ〜ウ〜」とやはり乳母行動時に発せられた母親の音声「ムー」を録音した。これらの音声に加えて、一九九一年に記録しておいた当事のあるアカンボウ（Ｋｚ）の音声を彼らにとっては聞き知らぬ音声と見なして、被検体からおよそ五メートルの茂みに隠したスピーカーを通して再生した。被検体は、新生児の音声の場合にはその母親以外の母親、母親の音声の場合にはその発声者以外の母親である。再生時には発声者が被検体の視界内にいない時で、かつ被検体が採食時か休息時に行うようにした。そして、被検体の反応を次の五レベルに分けて記録した。レベル０）顕著な反応なし。レベル（１）音源を定位しようとあたりを見回す。レベル（２）「ムー」を発せずにスピーカーのほうを見る。レベル（３）「ムー」を発して立ち上がってスピーカーのほうを見るか、あるいはスピーカーに向けて、一メートル未満の距離を接近する。レベル（４）スピーカーに向けて、一メートル以上接近する。

さて、まず乳母の音声「ムー」と自身の子以外のアカンボウの音声「ムウ〜ムウ〜ウ〜」に対する反応の違いを見てみよう（表４-２）。乳母の音声に対しては、レベル３、４の強い反応が見られたのは一一五回中三回（二・六％）に過ぎず、七四回（六四・三％）は無反応（レベル１）であった。これと対照的にアカンボウの音声に対しては、一三〇回中九七回（七四・六％）でなんらかの反応が見られ、うち

表 4-2　乳母の音声と自身の子以外のアカンボウの音声を再生した際のオトナ雌の反応．（文献 25 の Table 2 を改変）

発声者	反応レベル1$					合計
	0	1	2	3	4	
乳母	74	24	14	2	1	115
アカンボウ	33	27	41	5	24	130#
合計	107	51	55	7	25	245

$：本文参照．
#：観察者のほうを見た 3 例を除く．

表 4-3　自身の子以外のアカンボウの音声を再生した際のオトナ雌の反応における血縁の影響．（文献 25 の Table 3 を改変）

発声者	反応レベル$					合計
	0	1	2	3	4	
血縁者	7	3	6	0	1	17
非血縁者	21	22	24	4	11	82
Kz	5	2	11	1	12	31
合計	33	27	41	5	24	130#

$：本文参照．
#：観察者のほうを見た 3 例を除く．

二九回（二二・三%）はレベル3、4の強い反応であった。一九九一年に試しにやってみた実験時の反応は決して珍しい反応ではなかったのである。もちろんこれら二とおりの音声に対しての反応の間には有意な差が認められた。

そこでアカンボウの音声に絞って、発声者と被検体が血縁関係にあるか否かに分類してその反応の違いを調べてみた（表4-3）。四頭の被検体のうち二頭は母娘なので、ここでいうアカンボウと乳母との関係で言えば、祖母と孫、および姉妹の関係にある。強い反応（レベル3、

4）が認められたのは、アカンボウが血縁関係にある場合一七例中一例（五・九%）に過ぎず、逆に血縁関係にない場合八二例中一五例（一八・三%）だったが、両者の間に有意差は認められなかった。さらに驚くべきは、被検体にとっては聞き知らぬ音声であるとして聞かせたＫｚの音声に対しての反応である。三一例中一三例（四一・九%）で強い反応、しかも一例を除けばレベル4の反応が認められ、血縁関係にある場合、ない場合、いずれと比較しても有意に強い反応を示した。

6 特殊な観察事例――他群のアカンボウへの乳母行動

こうした結果からどんな議論を展開するかは後のお楽しみとして、もう一つのサイドワークを紹介しよう。次は、先と同じ調査期間中の一九九四年二月二日に偶然、観察したある事件(28)に端を発している（図4-10）。この日、

午前六時四〇分―ＫＫ群の観察を開始した（地点A）。

午前七時五二分―まだ五〇メートル以上離れてはいるが、隣接群であるＢＢ群の存在に気づく。

午前七時五六分―ＢＢ群がＫＫ群から二〇メートルの距離まで接近。その後、両群近接したまま数一〇〇メートル平行して北北東に移動（ＢはＢＢ群の動き）。

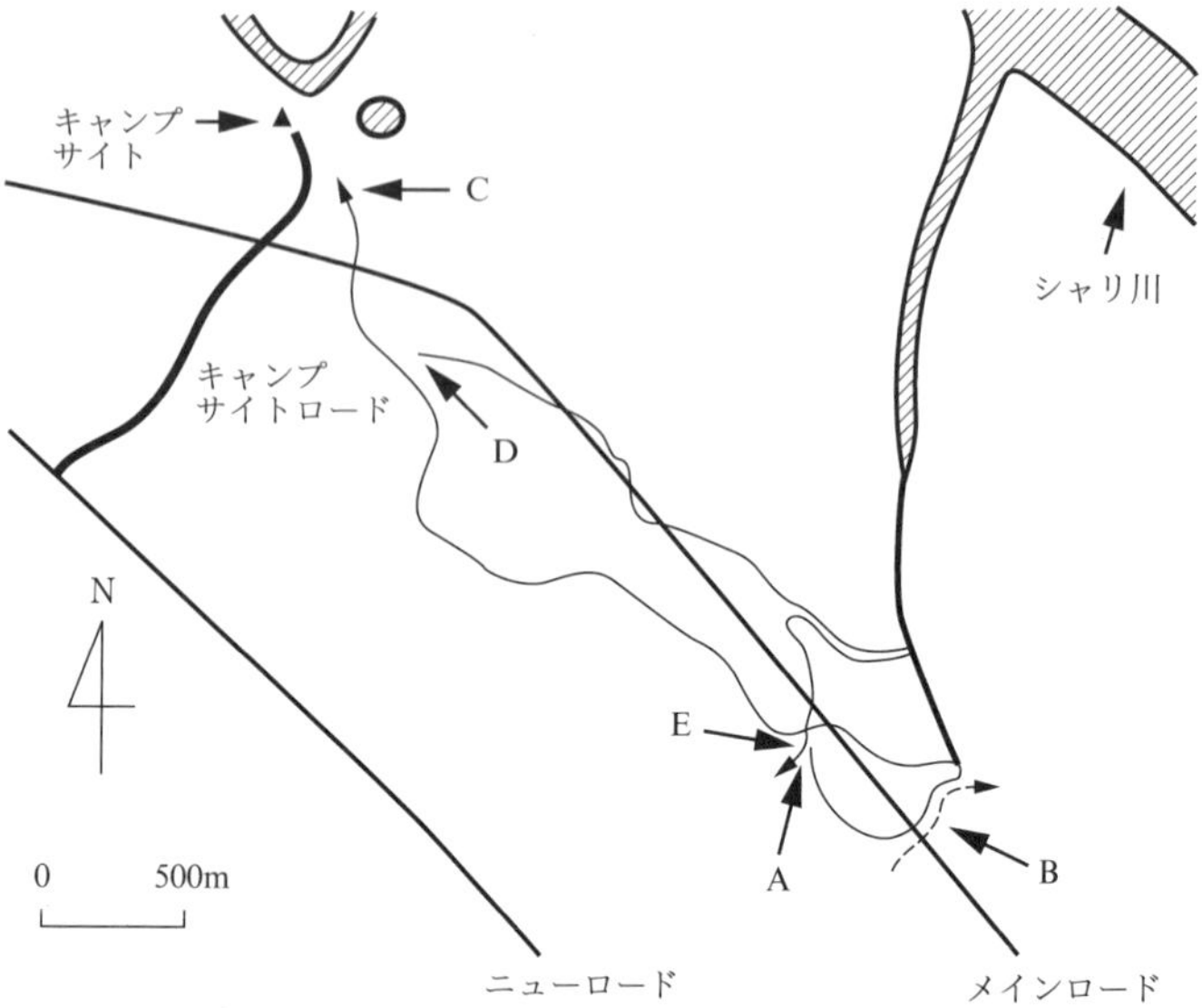

図 4-10　パタスモンキー KK 群でみられた BB 群のアカンボウさらいと乳母行動，および遺棄が観察された場所．A：アカンボウさらいがみられた 1994 年 2 月 2 日の観察開始地点；B：アカンボウさらいが起こったであろう間の BB 群の動き；C：2 月 2 日の観察終了地点；D：2 月 3 日の観察開始地点；E；アカンボウが遺棄された地点．

午前八時二〇分―双方一〇メートルまで接近し、激しく敵対的交渉を繰り返す。その後、一旦平静に戻る。

午前九時一八分〜三〇分―再び、激しく敵対的交渉。

午前九時三〇分〜―一頭の雄のアカンボウが時々置いてきぼりになりながらも、KK群のオトナ雌二頭Ks、Siと二歳雌Fw、二歳雄Stがかわるがわる腹に抱いて運んでいるのに気づく。群れが定常状態にあるときならまだしも多くの個体が移動中の場合、母親もそばに付いて来ているはずだが、母親らしき個体は見当たらない。どうもおかしい。母親が死亡したのかもしれない。

午前九時四五分～九時五五分―ちょうど群れ全頭が見渡せる開けた場所に出たので二度にわたって、母親とアカンボウの数を数える。昨日までにアカンボウを持っていた母親一〇頭をいっしょにいるアカンボウ一〇頭とともに確認。繁殖可能である三歳以上の雌は全部で一三頭いたが、うち一頭（Ｆｔ）は今季死産、一頭はおそらく流産（Ｓｒ）。残る一頭（Ｋｚ）はこのアカンボウの母親である可能性はあったが、アカンボウはどう見ても生後直後には見えない。事実、Ｋｚのお腹はこの時点では大きく、この四日後の二月六日に流産した模様。ＫＫ群のアカンボウではないことは間違いない。どうやら先ほどのＢＢ群との出会い時のドサクサに紛れて、誰かがＢＢ群からさらってきたアカンボウのようだ。えらいことになった。ほかの群れのアカンボウをさらってきてまで乳母行動をするとは。少なくともパタスでは聞いたことはない。興奮で手が震えた。

午前一〇時〇〇分―ちょうどシャリ川の支流から西に向かって移動を開始したあたりから、このアカンボウを追跡して誰がどのような乳母行動を示すのか、記録してみることにした。乳母行動は、以下の五つのタイプに分けた。運搬：アカンボウを腕で抱えるか、腹に抱いて運ぶ。抱く：移動しない状態でアカンボウと腹で接触している。毛づくろい：アカンボウに毛づくろいをしている。触る：アカンボウと腹を接しない状態で手で触る（毛づくろいは除く）。鼻面つき：アカンボウに鼻面を押しつける。

乳母行動初日のこの日は群れが地点Cまで移動した午後四時三三分までの間、五時間四三分のデータの収集に成功。翌二月三日、午前六時三五分に地点Dで群れを発見し、当該アカンボウの追跡を再開。ところが結末を先取りすることになるが、午後一時一二分に最後の乳母行動が終了して以降、かわいそうにこのアカンボウは遺棄された。この間の六時間二三分データは収集された。

誰かが乳母行動した時間割合は、初日六〇・一％（三時間五〇分）、第二日六〇・二％（三時間二六分）と両日で差はなかった。さらに、乳母行動のタイプごとの全乳母行動に占める割合は、運搬、抱く、毛づくろい、触る、鼻面つき、それぞれ初日で二九・六％、二八・九％、〇・〇三％、一・六％、〇・一％、第二日で二二・七％、三五・八％、〇・三％、一・一％、〇・二％と、両日で有意差は認められなかった。

これを個体ごとにばらして示したのが図4-11である。ただし、時間数が長い「運搬」と「抱く」、時間数の短い「毛づくろい」、「触る」、「鼻面つき」は、別に示した。なお、BLCは群れ唯一のオトナ雄、FtからSiまでが三歳以上のオトナ雌、Ssは三歳雄、Fw、Km、Tgは二歳雌、Stは二歳雄、Huは二歳だが性別が分かっていない。一歳は七頭いるが識別できていないのでまとめて表した。また、オトナ雌、コドモ、それぞれ順位が高い順に左から右へ並んでいる。二日間でまとめて眺めると、KzとSrを除くすべてのオトナ雌、三歳雄（Ss）、すべての二歳、そして少なくとも二頭の一歳児が乳母行動を行っていることが分かる。またKzとSrも直接乳母行動を示す機会はなかったものの、アカンボウには接近を試みることはあった。例えば、Kzはアカンボウが Huに運ばれて

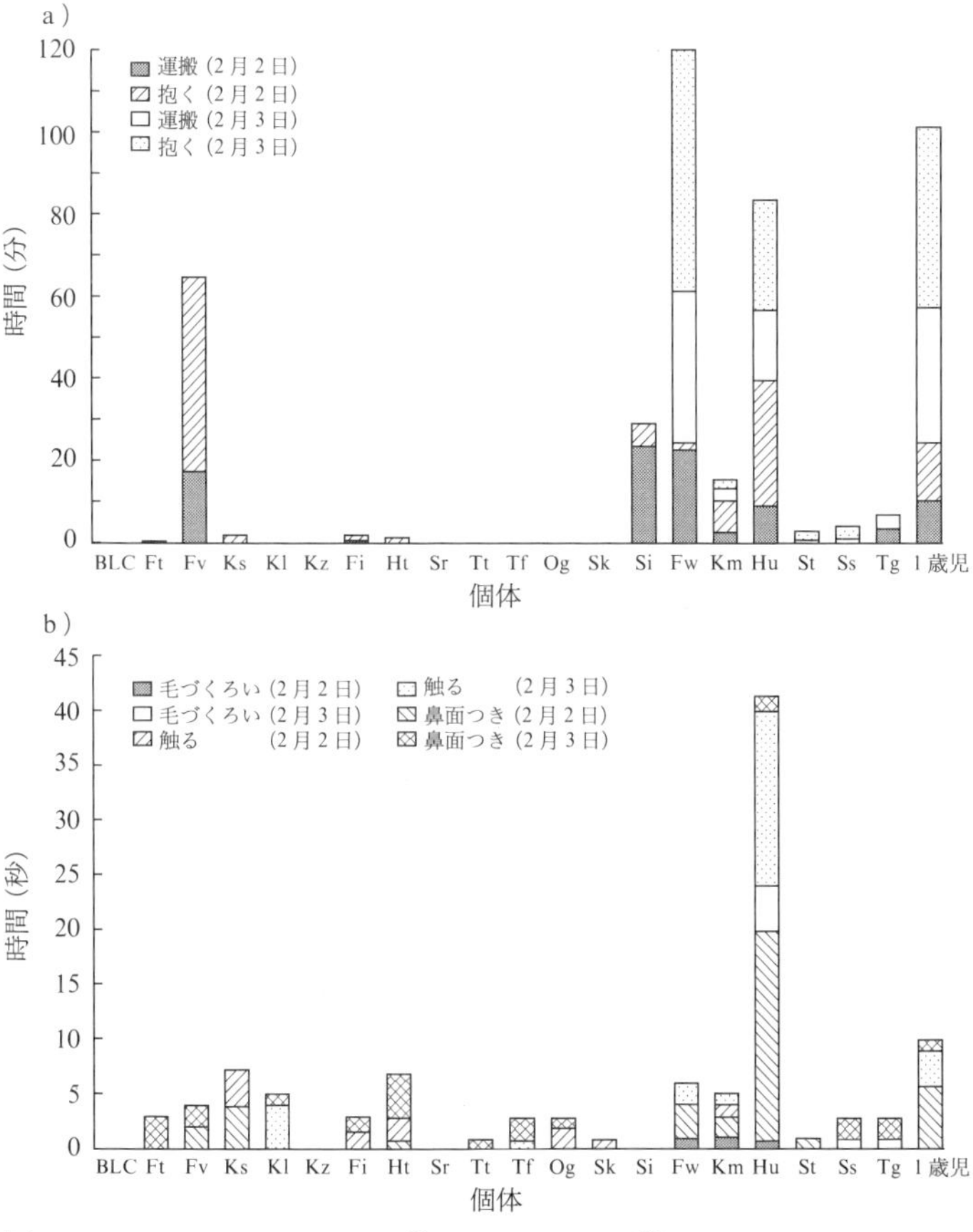

図 4-11　パタスモンキーKK群でみられたBB群からさらってきたアカンボウの乳母行動. アルファベットは個体名を表す. BLCは群れ唯一のオトナ雄, FtからSiまでが3歳以上のオトナ雌, Ssは3歳雄, Fw, Km, Tgは2歳雌, Stは2歳雄, Huは性別不明の2歳. 1歳は7頭いるが識別できていないのでまとめて表した. また, オトナ雌, コドモ, それぞれ順位が高い順に左から右へ並んでいる. オトナ雌のうちFt, Kz, およびSrはこの時点で自身のアカンボウがいない.（文献28のFig. 1を改変）

鳴いているのを聞いて接近した。また、ある一歳がアカンボウを触るとＫｚが近づいて一歳を威嚇し触るのをやめさせた。Ｓｒは雄のＢＬＣがアカンボウに接近するのを見て、Ｋｓとともに雄を威嚇しアカンボウから雄を遠ざけた、などである。しかしながら、初日と第二日目では、乳母行動を行う個体の年齢構成に大きな違いが見てとれる。初日にはＦｖとＳｉを中心に、六頭のオトナ雌で時間長の長い乳母行動（「運搬」と「抱く」）が見られたが、第二日目にはこれらは全く見られず、八頭のオトナ雌で時間長の短い乳母行動が見られるに留まった。そのため観察された乳母行動の全時間長を各性年齢クラスの頭数に比例配分して求めた期待値と比べると、オトナ雌の実際の乳母行動時間は、初日は期待値と一致したが、第二日目は期待値よりかなり短かった。対照的に第二日目はコドモによる乳母行動が全時間の九九・二%を占め、特に二歳雌（Ｆｗ）と性別不明の二歳（Ｈｕ）がそれぞれ四一・二%、一七・九%の時間割合を占めた。

さて、前述のとおり、乳母行動初日、ＦｖとＳｉは格段に長い時間、運搬と抱くという乳母行動に勤しんだのだが、これは実は驚くべき行動を伴っていることに起因する。そう、授乳である。ただし、厳密には本当に授乳があったかは不明で観察事実としては乳首をくわえていたことだけであることをお断りしておく。まず一つめの事例。午前一一時二八分、Ｓｉが自身のアカンボウとともにさらわれてきたアカンボウを運搬。この時、自身のアカンボウは乳首をくわえて授乳を受けていたが、さらわれてきたアカンボウは乳首を吸えずに鳴く。ところが一一時三二分、自身のアカンボウが右乳首をくわえる傍らで、ついに左乳首を吸わせてもらいおとなしくなる。授乳期間はおよそ一分間。事例（二）

午後一時二二分、Ｆｖが二頭のアカンボウを抱く。自身のアカンボウは左乳首を、さらわれてきたアカンボウは右乳首をくわえる。授乳時間はおよそ一〇分。事例(三)午後二時二六分、Ｆｖ自身のアカンボウは母親のそばを這いまわったりＳｒとその三歳の息子(Ｓｓ)や二歳雌(Ｋｍ)に運搬され抱かれている。この間、さらわれてきたアカンボウだけがＦｖに抱かれて乳首くわえている。授乳時間およそ二〇分間。

次にアカンボウの遺棄前後の様子を紹介しよう。

午後一二時四一分二九秒―タマリンドの樹上で休息していた群れメンバー全員が樹下に下りて移動したあと、最後に残った性別不明の二歳(Ｈｕ)が樹下で横たわっていたアカンボウを運搬する。

午後一二時四九分二九秒―Ｈｕ、がアカンボウを下ろし、ひとりで移動を開始すると、アカンボウ鳴く。するとＨｕがすぐアカンボウのそばまで戻り、少しの間抱いたり運搬したりする。また、Ｈｕが群れに追随してひとりで移動を開始すると、またアカンボウが鳴き戻る。これを何度も繰り返しながら、先ほどのタマリンドから約二〇〇メートル移動。

午後一二時五二分二四秒―ようやく他のメンバーが樹上で豆を採食中のタマリンドに到着し、Ｈｕはアカンボウを下ろす。

午後一二時五五分四二秒―Ｈｕはタマリンドの樹下でアカンボウを触ったあと、ひとりで移動開始。するとアカンボウ、繰り返し鳴く。ただし、ほかのメンバーはまだ樹上にいる。

午後一二時五八分〇〇秒―Ｋｉがタマリンドから去る。アカンボウさらに鳴く。

午後一時二分一五秒―Ｈｕが戻ってきてアカンボウを抱き、その後五〇メートル運搬して、また別のタマリンドの樹上二メートルへ運ぶ。同じ樹上にはＨｕの母親であるＨｔ、Ｋｓ、Ｋｉ二歳雌（Ｋｍ）、そして一歳が二頭がいた。

午後一時八分五八秒―Ｈｔがアカンボウに鼻面つきをしてすぐ去る。その後、アカンボウが木から落下し鳴く。以後、この樹下の位置から動くことはなかった。Ｈｕは母親のＨｔに追随してアカンボウをおいて去りかけたが、この鳴き声を聞いて再び後戻り。

午後一時九分二八秒―Ｈｕが横たわったアカンボウを二秒間触る。

午後一時一〇分二八秒―Ｈｕは群れが移動した方向に去る。

午後一時一〇分四〇秒―Ｈｕはアカンボウが鳴いたので一瞬立ち止まるが、そのまま去る。

午後一時一二分八秒―同じ樹上にいた一歳が木から下りる際に二秒間アカンボウに触り、去る。これが最後の乳母行動となった。以後、アカンボウ横たわったまま四度鳴く。

午後一時一六分四七秒―Ｋｉが木から下り去る。

午後一時一六分四九秒―もう一頭いた一歳が木から下り去る。

午後一時一七分一三秒―Ｆｖ、そして最後にＫｓがアカンボウの鳴き声にためらうことなく木から下り去る。この後、アカンボウは午後一時二四分四二秒までの間に一一回鳴く。二〇メートル離れた別の木の樹上である一歳がアカンボウの鳴き声の音源を探る様子を示し、一度は音声で応答する。

午後一時二四分四二秒―この一歳もさらに離れていく。その後、午後一時三五分四八秒までにアカンボウは横たわったままで八度鳴く。
午後一時三五分四八秒―アカンボウは樹下を這いまわりながら一四度鳴く。
午後一時四四分二〇秒―再び横たわり一度鳴く。
午後二時五分三〇秒―再度樹下で這い回りながら五度鳴く。
午後二時二〇分三二秒―再び横たわる。
午後二時二七分〇〇秒―私も一旦、アカンボウの観察を終了し群れを追随。
午後三時一四分〇〇秒―再び、同じ木の樹下へ戻り、横たわって眠っているアカンボウを確認。その日の観察は終了。つまり私もアカンボウを遺棄。

このように最後、アカンボウは横たわっていることが多く、かなり衰弱している様子であった。そのアカンボウを半ば引きずるようにして運搬し、最後まで一番面倒を見ていたのが二歳のＨｕ。アカンボウを置き去りにしては鳴かれて戻ることを繰り返した。しかし、一番最後はまだほか個体がアカンボウのそばにいるうちに先に離れた。自分が最後になると、置き去りにできない自分を知っているかのように私の目には映った。そして最後になったのはまだ一歳の個体。自分がこのアカンボウの運命を握っている。でも自分ではもうどうすることもできない。「ごめんね」とでも言っているような、アカンボウの鳴き声に対する返答だった。そして、私自身もこの一歳と全く同じ気持ちで、アカンボウに同じ言葉をかけてその場を後にした。

翌二月四日午前六時二八分。アカンボウが遺棄されたタマリンドの木を訪れるも、アカンボウの姿はなし。しかし、なんとあたりにはＢＢ群が来ていた。うち数頭がその木から五メートルの距離にある別のタマリンドの樹上で泊まった模様。ひょっとして、群れに合流し助かったかとかすかな期待を抱いて、ＢＢ群をカウントしてみる。母親とアカンボウを九ペア確認できたが、衰弱したアカンボウはいなかった。やはりジャッカルの犠牲になったのだろう。ちなみにアカンボウのいないオトナ雌は三頭の三歳雌を含めて五頭。前年交尾季の大沢さんによるカウント結果では、オトナ雌一〇頭、三歳雌一頭、二歳雌三頭だからちょうど数は合う。つまり、問題のアカンボウはＢＢ群の孤児ではなく、今回のカウントでアカンボウのいなかった五頭の雌誰かのアカンボウだったと思われる。

7　頻繁な乳母行動の説明原理再考

さて、今回観察した事件を、まずは従来の考え方の範囲内で考察してみる。乳母行動初日、コドモのみならず、オトナ雌たちもしきりと乳母行動を示した。しかし相手は、なにせ他群のアカンボウだから血縁関係にないばかりか、乳母行動の見返りも望むべくもない。おそらくは一日アカンボウと交渉を交わす中でそのことを理解し、第二日目は乳母行動を止めたと考えられる。他方、コドモの乳母行動は、母親としての育児経験を積むための利己的な行動である。だからコドモは二日目も乳母行動を続けたのだが、いかんせんアカンボウが弱ってきた。自身の力ではしがみつく力がなくなり、抱えることにより引きずるように運搬せねばならなくなった。つまり、乳母行動をすることの利益はあってもコストが高まってきたため、遺棄するに至ったと考えられる。

しかし、たとえ初日だけとはいえ、赤の他人に対する授乳行動は互恵的利他主義で説明するのは無理に思えた。コストが高すぎるのである。現に、自身のアカンボウが死亡した母親が他人のアカンボウを授乳することは稀に観察されているが、血縁関係にあるアカンボウでさえ自身の子以外に授乳することは霊長類ではほとんど知られていない。

次に、音声再生実験の結果を思い出してもらいたい。血縁選択、互恵的利他主義がそれぞれ成立するためには、それぞれ血縁認知、個体認知の能力が備わっていることが条件になるわけだが、霊長類ではいくつもの種を対象に証明されている。しかも、先に紹介した正高さんによるクモザルの研究で用いたのと同様の手法を用いて、音声の種類にもよるが音声だけでも血縁認知はもちろん個体認知ができることが証明されている。ところが私が行った実験では、パタスはアカンボウの血縁さえその音声では識別できていないようなのである。しかも全く見知らぬアカンボウの音声もまたしかりである。むろん生後数週齢のアカンボウだからそのアカンボウの音声を学習するには期間が短すぎるのかもしれない。しかし、例えば自分の妹弟、あるいは孫に乳母行動をすることによってその生存率が上がるのであれば、その音声を識別する能力が早いうちから進化する可能性だってじゅうぶんありうるだろう。つまり、新生児の音声による血縁認知を進化させる淘汰圧が弱かったのではないだろうか。また、反応が強いのも説明できない。音源に向かって移動する、場合によっては駆け寄るなどというかなり強い反応が、姿の見えない誰の音声に対しても見られたのである。まだアカンボウを音声で識別できないのなら、誰が鳴いているのか特定すべく音源を見やる程度にしておけばいいだろうに。

もう一点、従来の考え方ではパタスの乳母行動を理解できないと思う理由がある。それは室山さんの発見した乳母行動の生起するパタンである。[29] 彼はパタスの調査を始める以前にニホンザルの毛づくろいを利他的行動と見なして分析をし、非常に興味深い結果を出してきた。パタスでも同様の視点から毛づくろいを分析してみたところ、出産季前、つまりアカンボウのいない時期では、血縁関係にない雌の間では、毛づくろいを受けたら、毛づくろいを返すという互恵的なやりとりが認められた。ところが出産季に入ってアカンボウが生まれるとそのパタンが一変した。アカンボウのいる雌に対して一方的な毛づくろいが見られるようになったのである。では毛づくろいすることの見返りはないのか。それはきちんとある。乳母行動である。毛づくろいをしたら乳母行動をさせてもらう、あるいは乳母行動をさせてもらったら毛づくろいをするというふうに、毛づくろいすることと乳母行動させてもらうことが互恵的に交換されるのである。しかし、よく考えるとこれはおかしくはないか？　乳母行動することと、毛づくろいすることが利他的行動なのだから、乳母行動すれば毛づくろいされてしかるべきである。パタスの乳母行動には毛づくろいしてまでするほどの何かしら大きな利益があると考えるほかない。

では、その高い利益とは何だろうか？　言い換えれば、パタスの非血縁者間の乳母行動の進化要因は何か？　それは、互恵的利他主義ではなく、実は血縁選択によると考えている。非血縁者間の利他行動が血縁選択によるとはどういう意味か？　ここまで非血縁者間の乳母行動といってきたが、それは母系的には非血縁だという意味であった。パタスの場合には、単雄複雌群、つまり一つの群れにはオトナ雌は複数いるがオトナ雄は一頭しかいない群れを形成している。よって、その雄が群れの雌と独占的に交尾を行うのだとすれば、その間に生まれた子である群れ内の雌たちは、母親は違っても父親はみな同じ、同父異母兄弟姉妹にあたることになる。そして乳母行動はそのアカンボウに対して行われるわけだから、乳母にとってアカンボウは父方の甥姪にあたることになる。

実は、単雄複雌群を形成するラングールと呼ばれるサルで非血縁個体による乳母行動の頻度がパタス同様に高いのは、このためであるとする仮説が三編の総説論文[30][31][32]で発表されている。私はこのアイデアに乗っかったに過ぎないのだが、心強いことではある。しかし、非常に心細いことがある。大沢さんの研究結果によればこの仮説は支持できない。大沢さんは主にパタスの交尾行動、いわば「誰が」、「誰と」、「どのように」交尾するかを調査されてきた。その結果、パタスの単雄群の唯一の雄であるハレム雄が交尾季に群れの雌と独占的に交尾している場合がある一方で、群れに多くの群れ外雄が流入して群れ内の雌と乱婚状態になる場合があることが分かった。そして後者の様相を呈するのは、その前にハレム雄の交代が起きている。群れ外の雄がハレム雄を襲撃し、血みどろの闘争の挙句、追い出しに成功した場合である。一九八六年の例を挙げれば、ハレム雄による交尾は全交尾の三一％に過ぎなかった。具体的にどれくらいの割合でそれぞれの場合が生じるのか、数字を挙げてみよう。一九八四年から二〇〇〇年の間に観察したのべ二二群中、一〇群で群れ外雄の流入もハレム雄の交代も見られなかった。また六群でハレム雄の交代が直接観察され、このすべてで多くはその日のうち、遅くとも数日中に群れ外雄の流入が起きた。他方、ハレム雄の交代なしに雄の流入がみられたのも二群あった。残る四例では観察を開始する以前に雄の流入が起きておりハレム雄の交代も確認できていない[33]。

そして一九九一年の出産季には、どの雄が子供を作ったのかをいわゆるDNA指紋法を用いて調べるべく、同僚であった故竹中修先生とその学生さんであった村山（井上）美穂さんをカラマルエに招いた。現在でこそ糞、尿、体毛などさまざまなものからDNAを抽出する技術が確立されているが、当時はまだ血液サンプルに頼らざるを得なかった。よって、お手製の檻を使ってパタスを捕獲し、麻酔をかけて採血する必要があった（写真4-5）。結果はやや意外なものだった[34]。乱婚的に交尾が行われた年度生まれの個体では、五頭中四頭（八〇％）がハレム雄の子供であった。逆に、ハレム雄が独占的に交尾を行った年度生まれの個体では、ハレム雄の子供は四頭中二頭（五〇％）に過ぎなかった。ハレム雄の交代がなくても雄が流入した場合に相当する。この場合、ハレム雄は群れ外雄が群れに流入してくると撃退しようとするのだが、いつも完全に撃退しきれるとは限らない。群れの雌のほうは接近してきた群れ外の雄に近づいていくから、ハレム雄に気づかれずにこっそりと交尾に成功する雄もいて、しっかり子供を残している場合もあるらしい。しかし、半分の子供がそうだというのは大沢さんら自身認めているとおり、サンプル数が少ないことによるバイアスかもしれない。逆に、乱婚的に交尾が行われた年であるのに八〇％がハレム雄の子供であるというのも、同様の理由でバイアスがかかって

写真 4-5　パタスモンキー採血中の様子．左から村山（井上）美穂さん，竹中修さん，大沢秀行さん．

いるかもしれない。ただいずれの場合でも、大なり小なりハレム雄以外が群れ雌との間で子供を残していることは確かである。そして、ハレム雄の交代が起こらなかった年には一〇〇%といわずともハレム雄がかなりの子供の父親だとすると、その年生まれの母親たちの間では互いに乳母行動がみられるが、ハレム交代が起こった年生まれの母親たちの間では乳母行動はあまりみられないという予測が立つ。残念ながらこの予測を確かめるデータを一九九七年に収集したのであるが、いまだ分析できていない。従来どおりノートによる記録以外に、ビデオでデータを記録していたのだが、時間が経過するにつれ、ビデオに映っている個体の識別が怪しくなってくるので、このままでいくと役に立たないデータになる可能性が高い。なんとかしなくては。

第五章◎社会生態学的研究

1　社会生態学とは

社会生態学の定義については、まず大家の定義を引用しておこう。「環境への社会的適応と社会的形質を生み出す自然選択の働き方を調べる学問」である。[1] 私流に平たく言えば、どのような環境要因が、動物の社会構造や社会行動にどのように影響を及ぼしているかを調べる学問である。とはいっても、群れという社会構造に遺伝子はないので、淘汰圧が働くのはその構成員である個体、さらには個体が持つ遺伝子である。個体が〝群れる〟という社会行動に対して淘汰が働き、特定の社会が形成されるのだから、行動の進化を探る行動生態学の一つの領域ともいえる。だから、採食生態学、繁殖生態学と同様の表現を使うなら、社会生態学は、社会行動の〈5W1H〉を調べる学問ということになる。誰が（Who）、いつ（When）、どこで（Where）、誰と（Whom）、どのような（How）社会行動をするか観察し、なぜ（Why）そうなのかを調べる学問である。

2 ヴァン・シャイックの社会生態学モデル

一九八九年にC・ヴァン・シャイックさんが古典モデル[2]として提案し、一九九七年に同僚らとともに発展させた社会生態学モデル[3]は、霊長類社会生態学において燦然と輝く金字塔とさえ呼ばれる[4]ほど強い影響力を持ってきた。

図5-1には、ヴァン・シャイックの社会生態学モデルの基本的な考え方を流れ図で示している。まず、群れ雌の数は、食物の分布様式により規定される雌に働く群内外の採食競合の相対的な強さの違いと捕食の危険によって決定される。そして、次に、群れ雄の数が群れ雌の数に依存して決まる。最終的には、この群れ内外の採食競合の相対的な強さの違いが、雌の社会関係を決定する。ここまでが古典モデルの内容である。その後、発展させたモデルで導入されたのは、「生息地の飽和」と「子殺し

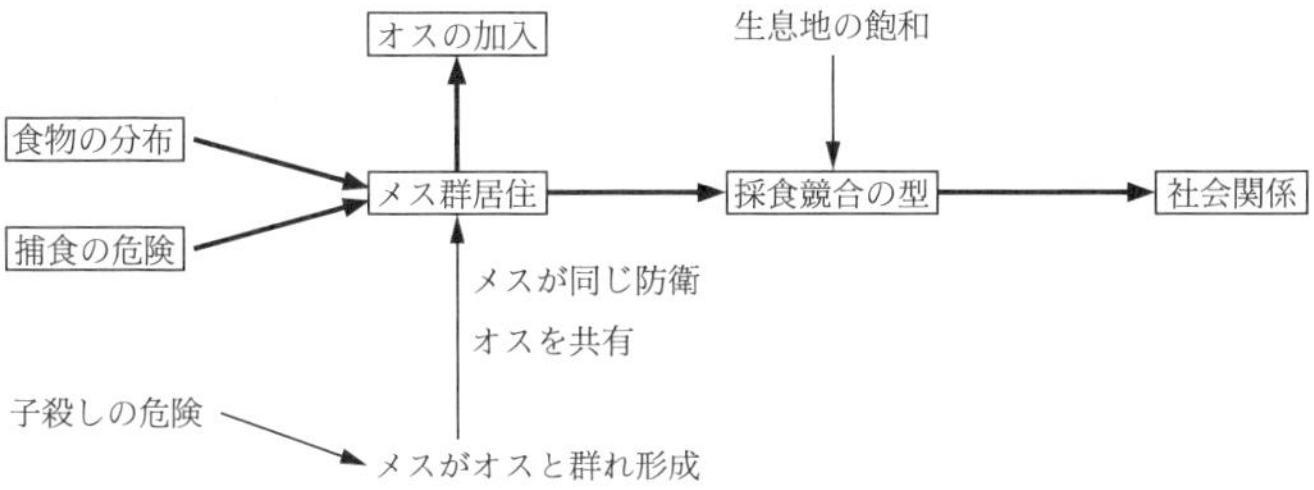

図 5-1　ヴァン・シャイックの社会生態学モデルを中心とした社会生態学モデルの基本的な考え方を示した流れ図．古典モデル（van Schaik，1989）（文献 2）については，実線で囲われた太字と太い矢印で表し，修正モデル（Sterck et al., 1997）（文献 3）で新たに加わった要因については細字と細い矢印で表している．

の危険」という要因である。前者は、近年、人間活動がもたらした環境変化が、「生息地の飽和」を引き起こし、その種が本来持つ社会行動のパタンをあいまいにし、非適応的なものにさえ変えた可能性を指している。後者はもっと本質的である。子殺しは、雄がほかの雄のアカンボウを殺すことによって自身の子供を作る機会を増やす雄にとっては適応的な行動と理解されているが、雌にとってはたまったものではない。そこで子殺しへの対抗戦略として、雌は子殺しから守ってくれる強い雄をいわば用心棒として雇い、さらにその雄を複数の雌で共有することによって、複雌群が形成されたというアイデアである。本章で紹介する私のパタスの研究において関係しているのは、古典モデルの真髄である、食物の分布様式から群れ内外の採食競合の相対的な強さを経由して、雌の社会関係に至る部分である。よって、この部分についてはさらに説明を続けるが、それ以外については中川（一九九九）[5]と中川・岡本（二〇〇三）[6]を参照願いたい。

表 5-1　ヴァン・シャイックの社会生態学モデルの要約[2,3]．（文献 7 の Table I を改変）

	採食競合の型			
	群内スクランブル	群間コンテスト（＋群内スクランブル）	群内コンテスト（＋群内スクランブル）	群内コンテスト＋群間コンテスト（＋群内スクランブル）
食物量と分布	分散か，低質・集中 (PS>GS)	高質・低密度集中 (PS>GS)	高質・集中 (PS<GS)	高質・低密度集中 (PS>GS)，かつ高質・集中 (PS<GS)
食物を巡る敵対的交渉	まれ	頻繁（群間）	頻繁（群内）	頻繁（群間・群内）
メスの移籍	あり	まれ	まれ	まれ
メス同士の同盟	まれ	頻繁（群間）	頻繁（群内）	頻繁（群間・群内）
メス間の優劣関係	一貫性なし	一貫性なし	一方向的	一方向的
メス間順位の安定性	低い	低い	高い	高い
メス間の順位序列	なし，あるいは非直線的，個別的	なし，あるいは非直線的，個別的	直線的，母系的	直線的，母系的
儀式的劣位信号	なし	なし	あり	あり
メス間の許容性	—	—	なし	あり
社会カテゴリー	雌分散・平等型 (Dispersal-Egalitarian)	雌定留・平等型 (Resident-Egalitarian)	雌定留・縁者びいき型 (Resident-Nepotistic)	雌定留・縁者びいき・許容型 (Resident-Nepotistic-Tolerant)

PS：パッチの大きさ，GS：群れの大きさ．

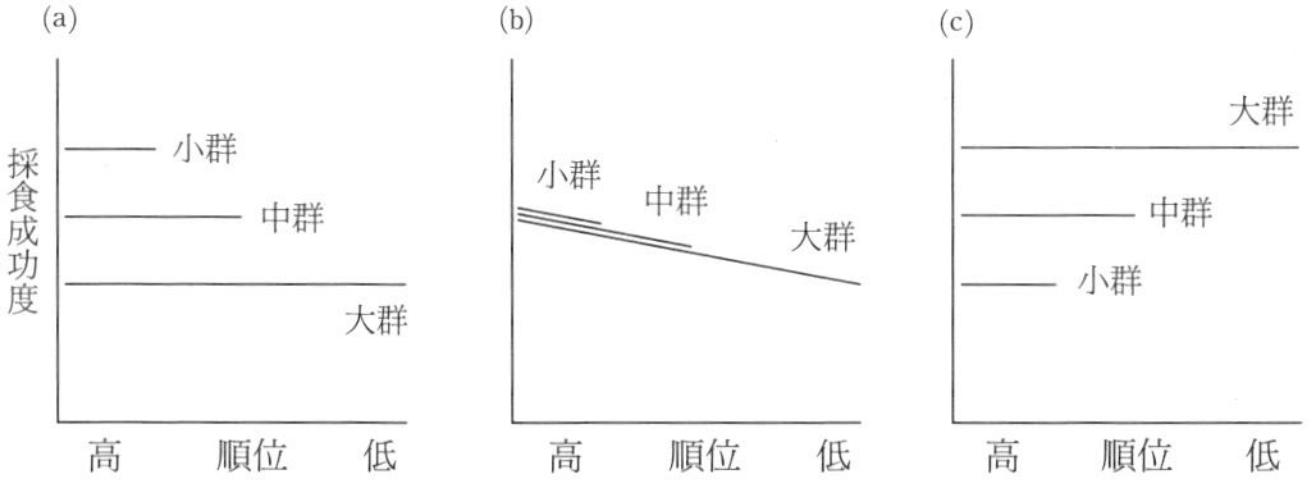

図5-2　異なる型の採食競合が働いた場合，群れ内の個体の順位と群れサイズが，個体の採食成功度に及ぼす影響．a）群内スクランブルのみが働いた場合，b）群内コンテストのみが働いた場合，c）群間コンテストのみが働いた場合．

表5-1は、ヴァン・シャイックの古典モデルの真髄部分の内容を整理したものである。ただし、中川・岡本（二〇〇三）で指摘したモデルの不備を補うべく若干、改変していることをお断りしておく。雌が晒される主要な採食競合の型など生態学的要因から凝集性の高い複雌群を形成する霊長類は四つの社会カテゴリーに分類できる。なお、ここで登場する三つの採食競合の概要は次の通りである（図5-2）。（一）群内スクランブル（間接的競合、資源利用競合）とは、限られた食物資源を分け合うことにより生じる、群れメンバーすべてに均等に採食成功度の低下をもたらす競合。通常、群れサイズが大きくなるほど一頭当たりの資源量が減少するため、採食成功度が低下する（図5-2a）。（二）群内コンテスト（直接的競合、干渉競合）とは、食物資源を巡って攻撃的、あるいは回避的行動が起こることにより生じる、群れメンバー間で不均等に採食成功度の違いをもたらす競合。通常、高順位個体ほど有利に働くため採食成功度が高くなる（図5-2b）。（三）群間コンテストとは、食物資源を巡って攻撃的、あるいは回避的行動

が起こることにより生じる、異なる群れ間で不均等に採食成功度の違いをもたらす競合。通常、群れサイズが大きいほど有利に働き、採食成功度が高くなる（図5-2c）。

雌分散・平等（DE）型は、あちこちに分散しているか、あるいは質は低いが集中しており群れメンバー全員を収容できるほど比較的大きなパッチで存在する食物に依存する霊長類が該当する。食物タイプとして、前者は昆虫を、後者は葉をイメージすればよい。こうした霊長類では、群内スクランブルは働くものの、群内コンテストや群間コンテストがほとんど働かない。つまり、群内でも群間でも雌同士の間で食物を巡る敵対的交渉はあまり起こらない。その結果、雌間に優劣関係は存在しないか、存在したとしても非直線的・不安定な順位序列、いわば平等的なものになる。直線的順位序列とは、X、Y、Z三個体がいたとすると、XがYより優位で、かつYがZより優位なら、かならずXはZより優位になる関係である。XがYより優位で、かつYがZより優位であるのにもかかわらず、ZがXより優位であるといういわば三すくみの関係が見られたり、優劣が一貫しない場合に非直線的順位序列と呼ぶ。敵対的交渉時に血縁者同士の同盟（縁者びいき）が有利性を発揮しないため、雌の順位序列は個体の能力によって個別的に決まる。したがって、雌は血縁者がいない別の群れに移籍して低順位となっても、さほど不利益を被らないため、移籍をする場合にかかるコストが相対的に低い。その一方で、群内スクランブルが働くので、雌は大きな群れから小さな群れへ移籍すると、スクランブルの軽減による利益が大きい。このため雌の移籍、言い換えれば分散が起こりやすい。

雌定留・縁者びいき（RN）型は、質が高く集中分布しているが、群れメンバー全員を収容できるほどには大きなパッチを形成しない食物に依存する多くの果実食者の霊長類が該当する。こうした生態学的条件下では、群内コンテストのみが強く働く、つまり群内の雌の敵対的交渉の頻度は高い。よって、雌間に厳格な直線的順位序列が安定的に形成・維持され、順位はいわば専制的なものになる。劣位者は優位者の接近に対し、攻撃を受ける以前に、劣位であることを示す儀礼的な信号、例えばマカク属でみられる泣きっ面という表情やワオキツネザルでみられるスパット・コールという音声などを発して攻撃を回避する。また、群内の敵対的交渉場面で血縁者同士の同盟（縁者びいき）が頻発する。雌分散・平等型と対照的に、移籍のコストが高いため雌の移籍は見られない。つまり、雌は一生生まれた群れに留まる。

雌定留・平等（RE）型は、質が高くて、かつ群れメンバー全員が収容できるほど大きなパッチが低密度で存在する食物に依存する種が該当する。巨木に絡みついて枯死させる一方で自身は大きく成長する絞め殺し型のイチジクのような大きな果実樹をイメージしてもらえればよい。この場合、群間コンテストが強く働き、群れ同士の間で頻繁に敵対的交渉が交わされることになる。こうした場面で同盟相手である血縁者が多くいたほうが有利なので雌は移籍せず一生群れに留まる。他方、群内コンテストは働かないため、群内の雌の敵対的交渉の頻度は低く雌間の順位序列は平等的、かつ個別的なものとなる。

雌定留・縁者びいき・許容（RNT）型は、雌定留・縁者びいき型と雌定留・平等型をもたらす生態学的条件が同じ程度に実現する環境に生息する種が該当する。つまり、質が高くて、かつ群れメンバー全員が収容できるほど大きなパッチが低密度で存在する食物と、質が高いが全員は収容できないようなパッチを形成する食物の両方を利用する場合である。前者のタイプの食物では群間コンテストが強く働き、異なる群れの雌同士の間で敵対的交渉が頻発する。したがって、雌定留・平等と同じ理由で雌の移籍は起こらない。他方、後者のタイプの食物では群内コンテストが強く働き、群内の雌の敵対的交渉の頻度は高いはずである。つまり、雌間に厳格な直線的順位序列が形成されるはずである。しかし、高順位の雌がその優位性を発揮させれば、不利益を被る低順位の雌が群間の敵対的交渉で加勢するのを渋ることが予想される。よって食物の分布様式としては高順位雌が優位性を発揮させるべきところを、それを控え低順位雌に対し許容的に振舞うようになる。たとえば、低順位雌からの反撃を許したり、低順位雌と闘争後に毛づくろいを通じて仲直りする。もっとも、依然わずかながら群内コンテストは働くので、順位序列には弱いながらも縁者びいきが反映され、儀礼的劣位信号も認められる。

以上のように、社会生態学モデルは食物パッチの質やサイズや分布様式といった生態学的要因が群れ雌が晒される採食競合の主たる型を決め、最終的に雌の順位序列と分散のあり方を決定することを明確に示した画期的なモデルである。しかも、凝集性の高い複雌群を形成する霊長類では、おおむねどの種類も上記四つの社会カテゴリーのいずれかに分類されると言えそうである。さらには、雌分散・平等型、雌定留・縁者びいき型に関しては、生態学的要因と社会カテゴリーが一致することが検証されている。検証方法としては、それぞれの社会カテゴリーに属すると予測できる種間の比較である。

しかし、系統的にかけ離れた種間を比較して異なる社会カテゴリーに属すると結論できたとしても、それは系統が異なるせいかもしれず、生態学的要因が異なるからとは結論しにくい。そこで、種間比較といっても同属内の種間比較が行われる。

検証研究の一例を挙げておこう。コスタリカ・コルカヴァドでセアカリスザルの社会生態を調査したS・ボインスキーさんと、ペルー・マヌでコモンリスザルを調査したC・ミッチェルさんは、ヴァン・シャイックさんを共著者に加えてこの近縁二種の比較を行った[8]。彼らの主たる捕食者は猛禽類で、捕食圧は同程度。食物は両種とも、果実、花蜜、昆虫類に加えトカゲやカエルなどとかなり幅広いメニューを持っている。この点でもあまり違いはない。大きく違うのは彼らがその果実を食べる木の大きさである。セアカリスザルは二次林に住むため、一次林に住むコモンリスザルに比べ全体的に採食樹が小さい。前者では採食樹の樹冠直径は最大でも二〇メートル以下で、五メートル未満の木で果実採食の七五%の時間を費やす。木の空間分布は不明だが、採食樹の大きさがほぼそろっているという意味で、セアカリスザルの果実樹は一様分布をしていると考えることができる。他方、後者の採食樹の樹冠直径は二五メートルを越えるものがあり、五メートル未満の木からこうした超大木までどの大きさの木もまんべんなく利用している。その意味で、コモンリスザルの果実樹は集中分布をしている。こうしたパッチサイズの違いを反映して、セアカリスザルの採食集団サイズ(一つのパッチで同時に採食する頭数)は三〜四頭と少ないが、コモンリスザルのそれは一七〜一八頭とかなり大きい。さて、社会行動の比較に入る。いずれの種でも遊動域は隣接群と大きく重なっており、群間コンテストは弱い。

他方、群内コンテストは、食物が集中分布をしているコモンリスザルの方がかなり強い。食物をめぐっての攻撃的交渉は、セアカリスザルでは三〇〇〇時間以上の観察時間でたった一二回だが、コモンリスザルではおよその七〇倍の頻度で起こっている。採食集団サイズの違いを考慮しても、コモンリスザルの攻撃的交渉はかなり多い。こうした争いの際、複数の個体が協同してほかの個体を攻撃するということは、セアカリスザルではまったくみられなかったが、コモンリスザルでは二三％の争いでみられ、多くは血縁者同士が協同した。こうした群内コンテストの強さの違いは、雌間の順位序列に反映され、コモンリスザルでは安定した直線的な序列があるのに対し、セアカリスザルでは明確な序列はみられない。最後に、雌の移籍はコモンリスザルでは三年間にわたる観察で一度も観察されていないのに対し、セアカリスザルでは一一ヶ月の観察期間中に七頭の雌が群れを移籍している。これらの結果から、セアカリスザル、コモンリスザルはヴァン・シャイックのモデルにおいて予測された雌分散・平等型、雌定留・縁者びいき型、それぞれの特徴を持っていると結論できた。ほかにも、ケニアのドグエラヒヒと南アフリカのチャクマヒヒが、それぞれ雌分散・平等型、後者が雌定留・縁者びいき型が示すべき生態学的要因も含めた諸特徴を一貫して示すことが分かっている。

他方、群間コンテストが強く働く場合に生じると予測されている雌定留・平等型と雌定留・縁者びいき・許容型については、生態学的要因がモデルの予測とまったくもって一致しない。マカク属の一種ムーアザルは社会カテゴリーとしては雌定留・縁者びいき・許容型の諸特徴を示し、かつ群間コンテストもそこそこ高いのだが、群間の敵対的交渉に雌が参加することが少ない。だから、群間コンテストで劣位雌の協力を得るために、優位雌が劣位雌に寛容に振舞わざるを得ない生態学的要因は認められないのである。雌定留・縁者びいき・許容型はマカク属でしか知られていないのだが、マカク属で見られるもう一カテゴリー雌定留・縁者びいき型といずれの型を示すかは、むしろマカク属内の系統関係で説明できると見なされている。[9]

さて、ここでようやくパタスの登場となる。ヴァン・シャイックさんらは、雌が出自群に留まることと、そして群間の敵対的交渉が頻繁であることについてはチズムさんとラウエルさんのライキピアの野生パタスの結果[10]を、雌の順位が平等的であることについてはJ・ロイさんらの論文[11]の飼育群の結果を引用してパタスを雌定留・平等型に分類している。他方、その後に行われたイズベルさんらの研究によれば、第三章第五節で詳述したとおり、ライキピアのパタスは小さく分散した昆虫に依存する。さらに、イズベルさんらは、同所的に生息する近縁種ベルベットと比較し、ベルベットの順位が専制的であるのに対し、パタスのそれは平等的であるとした[12][13]。もちろんイズベルさんの結果でもパタスにおいて雌の移籍は知られていないから、雌定留・平等型がぴったり当てはまるようにも見えるが、彼女の観察によればパタスの群間の敵対的交渉は稀だという。あちらを立てればこちらが立たずという状況なのである。

3 パタスの社会学的研究小史

さて、ここでパタスの社会学的研究史について簡単に触れておく（表5-2）。というのは、パタスが平等的か専制的かに関連した研究が数多くなされており、かなり混乱した状況にあるからだ。なお、ここで社会生態学的研究とはせずに社会学的研究としたのは理由がある。ここで紹介する研究は、主に、（一）オトナ雌における直線的順位序列があるのかないのか、（二）あるのだとすれば雌の順位が、そして（三）血縁が、雌間の親和的行動に影響を及ぼすのか否か、さらに（四）オトナ雌に儀礼的劣位信号があるのかないのか、（五）あるのだとすればその信号が雌間の敵対的交渉に影響を及ぼすのか否か、に焦点があり、そうした社会的な特徴が進化した生態学的な要因に焦点を当てた研究はごく一部であるためだ。

パタスの社会学的研究は、私が一九九二年にカラマルエのパタスを対象とした論文を発表するまでは、すべて飼育群を対象にして行われ、研究チームとしては四チームあった。一つは、野生パタスモンキーのパイオニアワークを行ったホールさんはじめ英国・ブリストル大学チーム。二つめは、ラウエルさんはじめカリフォルニア大学バークリー校チーム。三つめは、当時それぞれアラバマ大学とエ

表 5-2　パタスモンキーを対象とした社会学的研究：おとな雌における直線的順位序列の有無，および順位と血縁が雌間の親和的交渉に及ぼす影響の有無，儀礼的劣位信号の有無，およびその敵対的交渉に及ぼす影響の有無．

	調査地	生息・飼育環境	直線的順位	順位の影響	血縁の影響	劣位信号	信号の影響
Hall (1967)[16]	英・ブリストル大学	屋内檻 (27.6m²)	○	○			
Hall et al. (1965)[18]						○	
Hall & Mayer (1967)[19]						×	
Rowell & Hartwell (1978)[14]	米・カリフォルニア大学バークリー校	屋外放飼場 (900m²)	○				
Kaplan & Zucker (1980)[17]	プエルトリコ・グアイカン島	自由遊動・常時餌付け (0.35km²)	○	×	×		
Jacobus & Loy (1981)[20]	米・ロードアイランド大学	屋内檻 (25m²)	○			○	
Rowell & Olson (1983)[24]	米・カリフォルニア大学バークリー校	屋外放飼場 (900m²)			○	○	×
Zucker (1987)[15]	プエルトリコ・グアイカン島	自由遊動・常時餌付け (0.35km²)	○	(○)			
Loy & Harnois (1988)[23]	プエルトリコ・グアイカン島	屋外放飼場 (2,000m²)	○	○/×	○		
	米・ロードアイランド大学	屋内檻 (25m²)	○	×	○		
Nakagawa (1992)[21]	カメルーン・カラマルエ	野生・時たま餌付け	○	○	○		
Loy et al. (1993)[11]	米・ロードアイランド大学	屋内檻 (13.2m²)	○			○	×
Goldman & Loy (1997)[22]		屋内檻 (18.1m²)	○	×	○		

モリー大学にいたJ・カプランさんとE・ツッカーさんのチーム。そして残るは、ロードアイランド大学のJ・ロイさんらのチームである。カプランさんとツッカーさんのチーム以外は、いずれも自身が籍を置く大学に飼育しているパタスが対象である。ただし、ロイさんらのチームはプエルトリコ大学カリブ霊長類研究センターのラ・パルグエラ霊長類施設で飼育しているパタスも対象にしている。当時この施設はプエルトリコ本島の南西に浮かぶ面積〇・三五平方キロメートルのグアイカン島にあり、そこにはロイさんらが観察した屋外放飼場のパタス以外に、餌は与えられているが自由に遊動しているパタス一群がアカゲザル二群とともに生息していた。カプランさんとツッカーさんのチームはこの自由遊動群を対象にしていた。

表からすぐさま分かるとおり、檻飼育、放飼場飼育、餌付け群、そしてカラマルエの野生群問わず、雌間に直線的順位序列が見られるという点では一致している。ところが雌の順位が毛づくろいをはじめとする親和的交渉に影響を及ぼすかといえば、なんと多くの研究が否定的な結果を導いているのである。ニホンザル、アカゲザルはじめ数種のマカク属のサル、ベルベット、サバンナヒヒなど多くの霊長類で、高順位雌ほど毛づくろいを受けることが報告されている中で、パタスは特異な例として注目された。順位の影響があるとしたツッカーさんの研究でも、高順位雌は相互に毛づくろいを交わし、中・低順位雌もやはり相互に毛づくろいを交わすという内容で、より上位の雌に毛づくろいするという傾向は認められなかった[15]。この傾向が見出せたのは、ホールさんの初期の研究[16]とロイさんらによるグアイカン島屋外放飼場での研究[23]であった。しかし、前者はいかんせんデータ数が少なかったし、後者もこの傾向が認められたのは群れの創設期のみであり、創設から年月が経つとこの傾向はなくなったという。ところがである。次節で詳述するように、カラマルエの野生パタスでは高順位雌ほど毛づくろいを受けることが明らかになったのである。他方、さらに多くの霊長類で認められている血縁の影響も、初期のカプランさんとツッカーさんの研究では否定的であった[17]。ただし、これは彼らの血縁推定が不正確だったためで、その後の研究では肯定的な結果が得られている。さらに、議論が錯綜しているのは儀礼的劣位信号についてである。ホールさんらのチーム内でさえこの信号の有無について一致していなかった[18][19]。この不一致にもかかわらず、パタスでは儀礼的劣位信号が欠けている種という位置づけが定着している中、これに異議を申し立てたのがS・ヤコブさんとロイさんの研究であった[20]。ロードアイランド大学で飼育されたパタスでは、劣位雌は優位雌に対し「カッカッカッ」という音声を発しながら泣きっ面をするという。「泣きっ面」とは、口角を後方に引き上げるように口を開けて歯を見せ、眉の部分が上がって目を見開く表情で、マカカ属でも見られる。しかし、その後、この信号の存在そのものは否定してはいないが、敵対的交渉に及ぼす影響は少ないことを示す研究が、他のチームのみならず、同チームからも発表された。後者の結果の一部を紹介すると、優位雌が劣位雌を威嚇・攻撃した時、優位雌が威嚇・攻撃を止めた割合は、劣位雌がこの信号を発した場合八七・二%、発しなかった場合八一・七%とほぼ変わらなかった。なお、この研究では雌間に直線的順位序列があることは認めているにもかかわらず、先に述べたようにヴァン・シャイックさんらはこの研究を引用して、パタスを平等的な種として分類している。誤引用といわざるを得ない。

4　誰と親和的交渉を交わすのか――順位と血縁の影響

前節で述べたとおり、私がカラマルエで調査を開始した時点では、パタスの雌の順位や血縁が親和的交渉に影響を及ぼすか否かは議論の的であった。しかも、これまでの結果はすべて飼育群、あるいは餌付け群を対象に得られたものであったから、それなりに調べてみる価値はありそうだった。そこで、一九八七年度の非交尾季・非出産季である十一月から十二月に時間を割いてこのためのデータを採ってみた[21]。当時のKK群の構成は、オトナ雄一頭、オトナ雌六頭、そしてアカンボウ一頭の合計八頭であった。オトナ雌間には直線的順位序列が認められ、高順位からFt、Fd、Kr、Tf、Tt、Skの順であった。また、FtはFdの母親、TtはTfの母親、さらにアカンボウFiの母親はFdであった。うちオトナ雄一頭とオトナ雌六頭をそれぞれ二日間ずつ終日追跡を行って、その個体に関する以下の四つの親和的交渉について記録した。(一)三メートル以内に近接している個体名、(二)毛づくろいの方向と相手個体名、(三)「ムー」と表記される音声の回数とその音声を鳴き交わした場合の方向と相手個体名、(四)夜、同じ木でいっしょに泊まった個体名。なお、(三)と(四)については、一一月にWTLとFdのみを対象に行った個体追跡のデータも補足的に用いた。いずれの行動につい

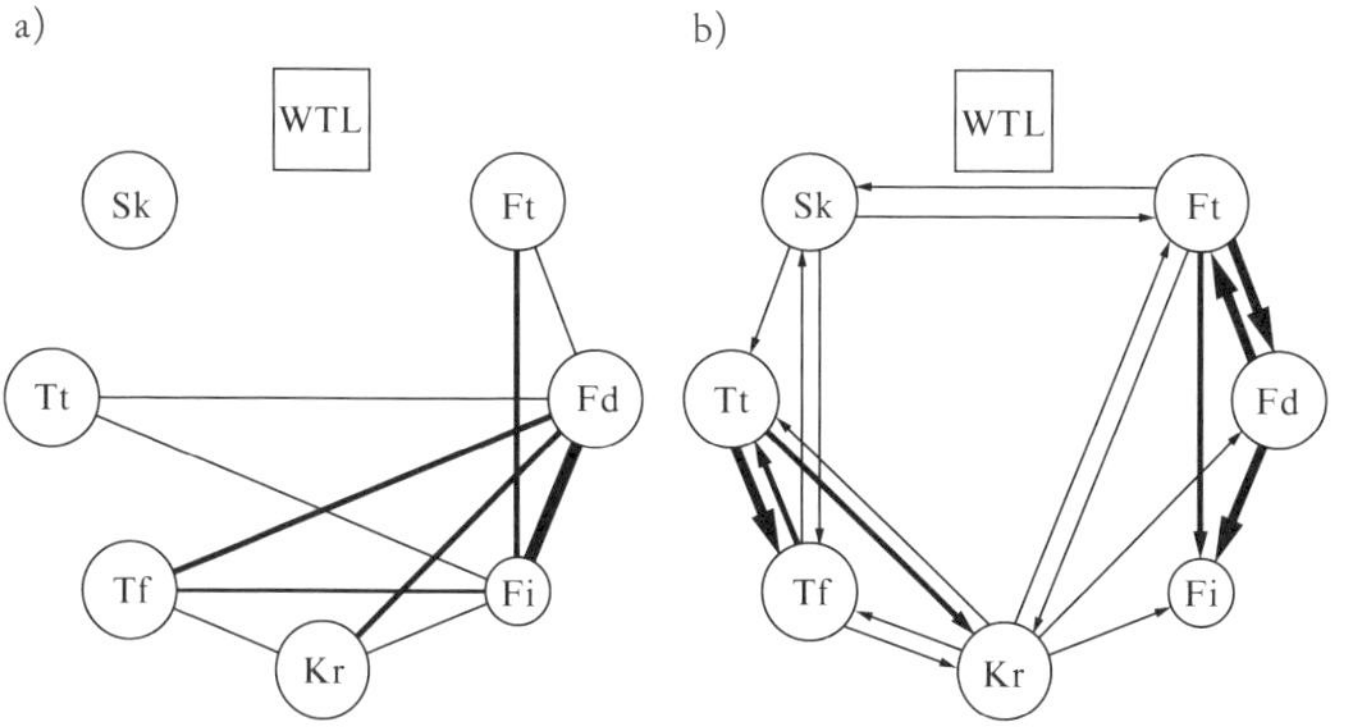

図 5-3　4 種の親和的交渉の頻度をもとに描いたパタスモンキー KK 群のソシオグラム．a) 3 メートル以内の近接；b) 毛づくろい；c)「ムー」と表記される音声の鳴き交わし (1：他群との出会い時；2：非出会い時)；d) 泊まり木の共有．アルファベットは個体名を表す．WTL はオトナ雄，Fi はアカンボウ，それ以外はすべてオトナ雌で順位が高い順に時計回りに並んでいる．いずれの行動についても，その頻度に応じて線の太さを変えて図に表した．平均値から平均値に標準偏差を足した値の間を示す個体間には細い実線，平均値に標準偏差を足した値から標準偏差の二倍を足した値の間を示す個体間は中程度の太さの実線，さらに平均値に標準偏差の二倍を足した以上の値を示す個体間は太い実線で表した．(文献 21 の Fig. 2，4，6，7 を改変)

ても、その頻度に応じて線の太さを変えて図に表した。平均値から平均値に標準偏差を足した値の間を示す個体間には細い実線、平均値に標準偏差を足した値から標準偏差の二倍を足した値の間を示す個体間は中程度の太さの実線、さらに平均値に標準偏差の二倍を足した以上の値を示す個体間は太い実線で表した（図5-3）。

　まず血縁については一目瞭然。三メートル以内の近接と音声の鳴き交わしについては、Ｆｔ—Ｆｄの母子

c1)

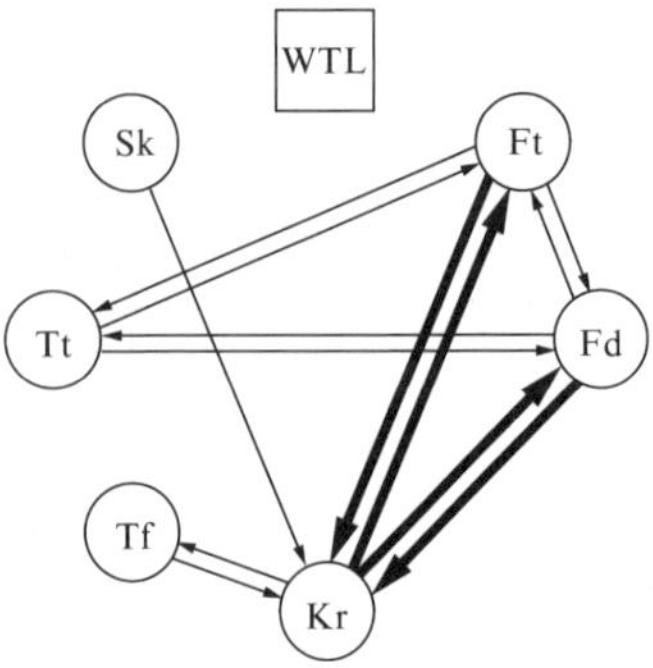

c2)

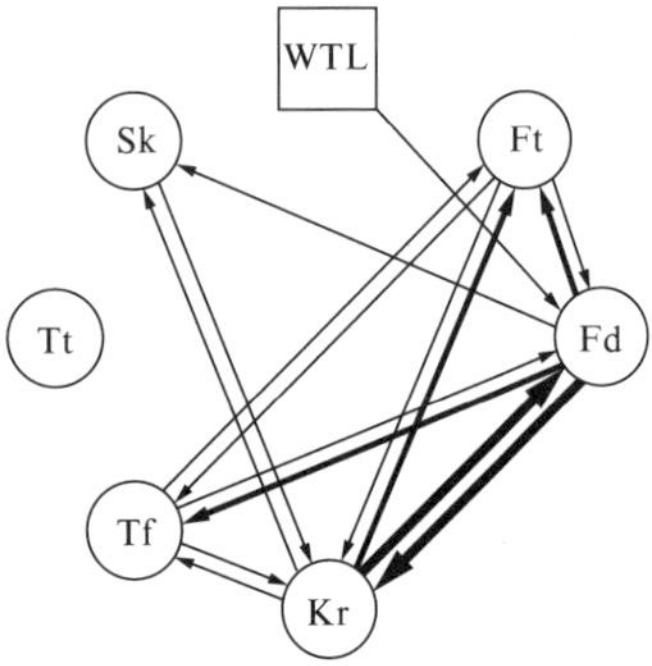

d)

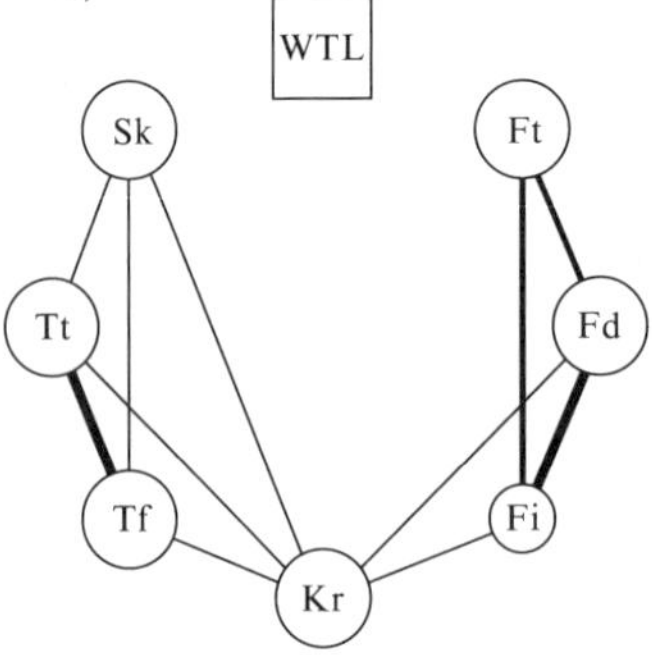

ペアについてはそこそこ高い値を示すものの、もう一ペアの母子Ｔｔ―Ｔｆ間の値は低かった。しかし、毛づくろいの交換と泊まり木利用については、いずれの母子間についても高い値を示し、血縁の影響は明らかだった。ついでながら、オトナ雄がいずれの行動においても孤立していることも指摘しておく。他方、雌の順位の影響については、毛づくろいと音声の鳴き交わしについて有意な結果が認められた。高順位雌ほど毛づくろいを受ける時間の総

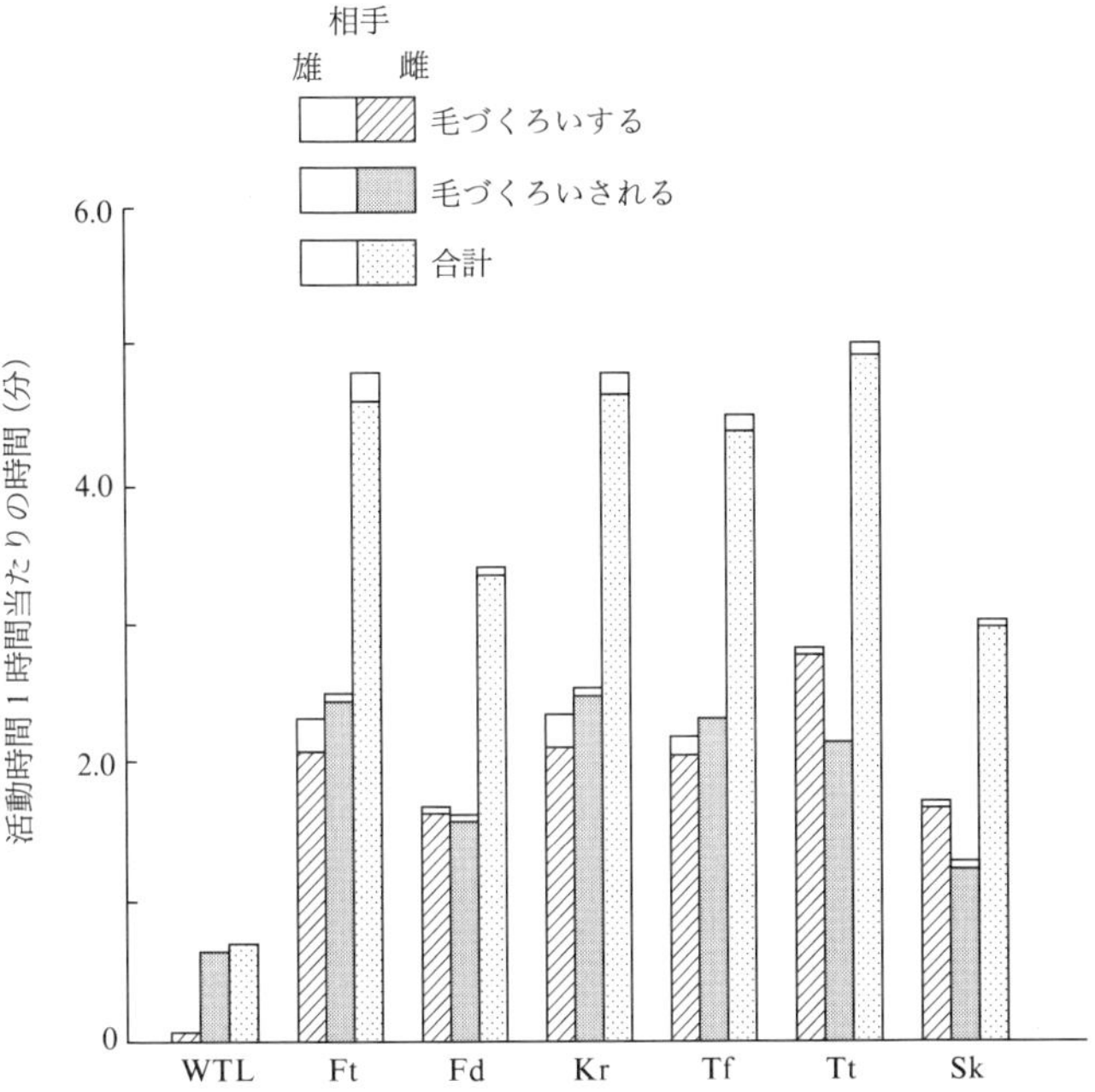

図 5-4　パタスモンキー KK 群のオトナ個体の活動時間 1 時間中の毛づくろい時間．アルファベットは個体名を表す．（文献 21 の Fig. 3 を改変）

量が有意に高く（図5-4）、ペア間で個々に調べてみても、より高順位雌のほうが毛づくろいを受けていることがその逆よりも多かった。また、他群との出会い時に限れば、高順位雌ほど発声頻度が高く、また鳴き交わしの見られた発声の割合も高かった。こうした結果をもとに私は、血縁はもとより順位もパタスの雌間の親和的交渉に影響を及ぼし、高順位雌は親和的交渉の焦点であり、群れのまとまりの中心として機能していると結論づけた。

この結論は、後の論文[22]で、言い過ぎた表現として批判されるに至る。「ムー」という音声の機能が分からないし、毛づくろいについても先行研究[23]でそうだったように群れの歴史によって劇的に変わるという理由である。前者については厳密に言えば機能は明らかになってはいない。しかし、他群との出会い時という緊張した状態で頻度が上がることから群れのまとまりの維持に働きそうな音声ではあるまいか？　また、後者については単なるいちゃもんとしか言いようがない。

5　どのように敵対的交渉を交わすのか——野生群は平等的か、専制的か

ヴァン・シャイックさんの社会生態学モデルに戻ろう。パタスの順位序列が平等的というのは彼らの誤引用であるばかりか、パタスに直線的順位序列があることを否定した研究は実はそれまでなかった。ところが先に触れたように、あのイズベルさんがそれを実証した論文を発表した。[12]彼女らは、ライキピアのパタスと近縁種のベルベット各一群の四六ヶ月間の敵対的交渉を分析した。敵対的交渉には、叩いたり、噛み付いたりといった肉体的接触を伴うものや、走って追跡するという激しい交渉はもちろん、威嚇の表情や接近に対して場所を譲るという穏やか交渉も含む。

ベルベットの群れには最大九頭のオトナ雌がいたので、雌間の組み合わせ数で言えば三六ペアあるわけだが、そのうち二六ペア（七二%）で合計一二七回の敵対的交渉が観察された。敵対的交渉の勝者を列方向に、敗者を行方向にして、その間の交渉数を両者が交差する欄に書き入れた表を作る。この時、高順位雌が低順位雌に負ける事例が極力少なくなるように個体を並べる工夫をする。すると、最低順位の雌二頭間では交渉が全く観察されなかったために順位が決定できなかったものの、高順位雌が低順位雌に負けることの全くない、言い換えれば交渉がすべて表の右上半分におさまる表が完成した（表5-3a）。つまり、ベルベットの雌間には完全な直線的順位序列が認められ、それが四六ヶ月間の長きにわたって安定していたことが分かった。

他方、パタスはどうだろう。パタスの群れには最大一七頭のオトナ雌がおり、雌間の組み合わせ数で言えば一一八ペアあるわけだが、そのうち六九ペア（五八%）で合計一九二回の敵対的交渉が観察された。ベルベットの場合と同様に表を作ってみたが、すべての交渉が右上半分におさまる形にはどうしてもならなかった。一九二回中三四回（一八%）の敵対的交渉が、高順位雌が低順位雌に負ける形の図になってしまった。一七頭の雌のうち一一頭が実際、より低順位の雌に時々負けているのだから仕方ない。ベルベットに比べれば明らかに雌間の順位は非直線的、つまり平等的である。なお、パタスでも高順位雌二頭、中順位雌三頭、低順位雌四頭の相互の順位で交渉がないために判別できなかった（表5-3b）。

そして彼女らはこうした近縁二種間で見られた雌間の順位序列の違いを生態学要因で説明した。ア

表 5-3　ケニア・ライキピアの (a) ベルベットモンキー，および (b) パタスモンキーのオトナ雌間の敵対的交渉，およびその結果としての順位序列．同じアルファベットの上付き文字で表された雌のペア間は，交渉がないため序列がつかない．（文献 13 の Fig. 1 を改変）

(a) ベルベットモンキー

		敗者									
		CRV	FRJ	CHL	SAL	TOR	MOO	QSD	BUR	MND	合計
勝者	CRV	xxx	5	4	6	1	3		3		22
	FRJ		xxx	17	8	2	6		5		38
	CHL			xxx	13	4	9	2	7		35
	SAL				xxx	4	7	1	6		18
	TOR					xxx	3	2	3		8
	MOO						xxx				0
	QSD							xxx	4	2	6
	BUR[a]								xxx		0
	MND[a]									xxx	0
	合計	0	5	21	27	11	28	5	28	2	127

(b) パタスモンキー

		敗者																	
		SCO	MNT	GEO	PEN	MIC	TAZ	GYA	WAR	VNC	ELB	CEZ	REN	PIC	RIG	BET	DAL	REM	合計
勝者	SCO[b]	xxx			2	2	1	1	5	5	2			3	1	1			23
	MNT[b]		xxx	1			1					5		4			2		13
	GEO			xxx	2					1				2			2		7
	PEN	2		1	xxx	5		1	2	1		4		5			2		23
	MIC	2				xxx	1	3	1	2		1		4			1		15
	TAZ	1				2	xxx	3	5		1	2		8	2		4		28
	GYA				1		1	xxx	2	2		1		3		1		1	12
	WAR		1			3	3		xxx	4				7		2	3		23
	VNC					1	4		1	xxx	3			7			5	1	22
	ELB[c]		1			1	1		1		xxx			2		1			7
	CEZ[c]					1				1		xxx		2				4	8
	REN[c]												xxx	1					1
	PIC						1				1	1		xxx	1	1	3		8
	RIG[d]														xxx				0
	BET[d]						1									xxx			1
	DAL[d]					1											xxx		1
	REM[d]																	xxx	0
	合計	5	2	2	5	16	14	8	17	16	7	14	0	48	4	6	22	6	192

写真 5-1　アカシア・ゴレパノロビウムが優占する生息地に住むライキピアのパタスモンキーの雄．（L. イズベル氏撮影）

カシア・キサントフォレアが優占する川辺林に住むベルベットは、大きく集中分布したこのアカシアのガムや豆を主食にするため群内コンテストが強く働き、優位雌は劣位雌に対し敵対的交渉を仕掛ければ食物の独占が可能になる。よって、直線的順位序列を進化させた。他方、アカシア・ドレパノロビウムが優占する生息地に住むパタス（写真5-1）は、あちこちにランダムに分散して分布している樹高わずか一・二メートルの小木のガムや共生アリを主食とするため、分散して採食すれば群内コンテストはほとんど働かない。よって、パタスではそのメリットがないため直線的順位序列を進化させなかった。

社会生態学的に考えるなら、なるほど

理にかなった説明であり、生態学的データもある。では、パタスに直線的順位序列を認めてきたこれまでの研究結果はどう説明してくれるのか。もちろんイズベルさんにぬかりはない。これまでの研究は、飼育群や餌付け群で行われ、その場合、餌は限られた場所に集中して投与されるから、群内コンテストが高まり、直線的順位序列が見られたのだという。誰しもが考えつく真当な説明である。本来、野生のパタスでは食物が小さく分散するために、雌間の順位序列は平等的なのだ。その飼育群や餌付け群でさえ親和的交渉に順位が影響を及ぼすほどには、変化を及ぼさないのだと考えれば、ほとんどすべてが丸く収まる。ラウエルさんとD・オルソンさんは、パタスの儀礼的劣位信号が、敵対的交渉に及ぼす影響は少ないことを示した上で、ある仮説を提唱した[24]。パタスでは順位ではなく、視覚による他個体の行動のモニタリングが、パタスの群れの統合に機能しているという。つまり、パタスは視界のよい開けた環境に住むため、儀礼的劣位信号を発するほど接近するよりも前に、相手の存在を視覚的に認知し、互いに避けあっているというのだ。この仮説も含め、雌間の順位序列が平等的であるというのが一般的な野生パタスの姿であることはたとえ認めたとしても、私の野生群での研究成果はどこへ行ってしまったのか？　雌間に直線的順位序列が認められることを前提として、その順位が親和的交渉に影響を及ぼすとした研究である。無視されたわけではなかった。私の研究はイズベルさんらの論文ではなんと餌付け群を対象とした研究として扱われていたのである。確かにカラマルエではパタスに殻付きピーナツやミレットなどの人工的な餌を与えている（写真5-2）。しかし、基本的にはそれは各調査期間のはじめに限られ、私が実際にデータを記録している期間中はいっさい餌は与えて

写真 5-2　餌付け中のカラマルエのパタスモンキー KK 群.

いない。このまま声を挙げなければ、私の研究は他の研究と同様、餌付け群の結果として定着してしまう可能性が出てきた。そこで、私は古いデータを引っ張り出して、再度分析を行った[25]。先の論文を書いた時点ではパタスの雌間に直線的順位序列があることには異論がなかったので、そこは詳細な分析をせずじまいでいたからだ。

再分析の対象としたのは、一九八七年十一月から一九八八年二月、一九八九年七月と八月に収集したパタスKK群、タンタルスS1群の観察から得たデータである。しかし、この間、比較生態学的研究のために個体追跡で収集していたデータは、雌については基本的には各期一個体という深刻な問題があった。パタスについては、前節で紹介した社会学的なデータ収集を目的としたすべての雌を対象としたデータがあったのでそれをデータに加え、それもなかったタンタルスについては一個体の雌を追跡中にアドリブ観察で得たデータを加えて、その不備を補った。

タンタルスＳ１群はオトナ雌とワカモノ雌合計八頭の群れであったが、雌間の組み合わせ数二八ペア中一八ペア（六四％）で合計六七回の敵対的交渉が観察された。高順位雌が低順位雌に敗れた敵対的交渉はいっさい観察されず、タンタルスの雌間では厳格な直線的順位序列が認められた（表５－４ａ）。

他方、パタスＫＫ群はオトナ雌六頭という小群であったため、雌間の組み合わせ数一五ペアすべてで合計一三〇回の敵対的交渉が観察された。高順位雌が低順位雌に敗れた敵対的交渉は一三〇回中たった二回（一・五％）、Ｔｔ－Ｔｆという母娘間でのみ見られた。データ収集を始めてすぐの一九八七年一一月。それまで優位だった母親Ｔｔが娘Ｔｆから攻撃を受けはじめたが、一ヶ月もしないうちに順位の逆転が完了し、それ以降はＴｔからの攻撃は見られなかった。よって、カラマルエのパタスの雌間には、直線的順位序列が見られるといってよいだろう（表５－４ｂ）。

次に、採食時間一〇〇時間当たりの雌間の敵対的交渉の回数を、種間で比較し、さらにはライキピアのパタスとベルベットとも比較してみた。ただし、種ごと、地域ごとに群れの雌数が異なるので、雌の組み合わせ数で割ってペア当たりの交渉頻度に換算して比較した。カラマルエのパタスでは採食時間一〇〇時間当たり一ペア当たり五・四回の敵対的交渉が観察され、タンタルスのそれは三・一回であったが、両者の間には有意差は認められなかった。他方、ライキピアでは、パタスが〇・四回であるのに対しベルベットは〇・六回と両者の間には有意差があった。この結果も、ライキピアのパタス、ベルベットのそれぞれの順位序列が平等的、専制的と呼べる根拠になっていることは言うまでも

表 5-4　カラマルエの (a) タンタルスモンキー，および (b) パタスモンキーのオトナ雌間の敵対的交渉，およびその結果としての順位序列．（文献 25）

(a) タンタルスモンキー

		敗者								
		AF6	YF3	AF7	JF	AF1	AF2	YF1	YF2	合計
	AF6	xxx	18	1				3		22
	YF3		xxx	3	3	3	1	14		24
	AF7			xxx	6	2	1	2	1	12
勝者	JF				xxx	3				3
	AF1					xxx		1	1	2
	AF2						xxx	2		2
	YF1							xxx	2	2
	YF2								xxx	0
	合計	0	18	4	9	8	2	22	4	67

(b) パタスモンキー

		勝者						
		Ft	Fd	Kr	Tf	Tt	Sk	合計
	Ft	xxx	2	5	3	2	5	17
	Fd		xxx	20	26	16	21	83
勝者	Kr			xxx	6	5	3	14
	Tf				xxx	3	4	7
	Tt				2	xxx	7	9
	Sk						xxx	0
	合計	0	2	25	37	26	40	130

ない。また、地域間で比較するとパタス、そしてサバンナモンキーいずれの種も、カラマルエのほうがライキピアより敵対的交渉の頻度が有意に高いということも明らかになった。

すでにこれで結論を得るには充分のデータではあったが、ダメ押しとして、これまで専制的、平等的と見なされている種における敵対的交渉の頻度の値と比べてみることにした。本来なら、先ほどと同じ指標で比較できればいいのだが、そうはいかなかった。論文に掲載されている敵対的交渉頻度の指標が異なるのでその指標に合わせて、カラマルエのデータを計算しなおしてやる必要があった。前々節で紹介したミッチェルさんらの研究が対象にしたコモンリスザルは専制的、セアカリスザルは平等的と分類されたわけだが、この論文で採用した観察時間一〇〇時間当たり群れメンバー一頭当たりの敵対的交渉の頻度で見ると、平等的なセアカリスザルの値[8]はコモンリスザルはもとよりカラマルエのパタス、タンタルスと比べても格段に低いことが分かった。また、バートンさんらの研究が対象にしたアヌビスヒヒは専制的、チャクマヒヒは平等的と分類された[26]が、この論文で採用した採食時間一〇〇時間当たり群れメンバー一頭当たりの敵対的交渉で見ても、平等的なチャクマヒヒの値はアヌビスヒヒはもとよりカラマルエの二種と比べてもやはり格段に低い値を示していた。

以上の結果から、実際の順位序列を見ても、敵対的交渉の頻度で見ても、カラマルエのパタスはタンタルス同様に専制的だといえる。

6　カラマルエの野生群はなぜ専制的か

では同一種であるにもかかわらず、ライキピアのパタスは平等的でカラマルエのパタスは専制的なのか？　実は、同一種内で野生個体群の社会カテゴリーが異なる例がこれまでに一例だけ知られている。密度は低いが質が高く集中分布する食物に依存しているネパール・ラムナガールのハヌマンラングールは、雌定留・縁者びいき型となり、質は低いが高密度で一様に分布する食物に依存するインド・カンハの個体群は雌分散・平等型を示すという。[27]　カラマルエのパタスの雌の順位がライキピアのパタスと違って専制的なのも、やはり食物の質や分布が影響しているのだろう。

第三章で述べたようにカラマルエのパタスは小さく分散している食物の典型であるバッタも主食の一つであり、その採食時間割合は、年間ベースで三四％を占める。しかし、質が高くてそこそこ大きなパッチに集中分布するような主食も多い。例えば密度の低い中高木であるカキノキ属の一種の果実は、年間ベースでみると七％だが、果実が熟して利用される乾季中初期には一三％を占める。また、さらに密度の低い高木であるエノキ属の一種の果実は雨季には一五％をも占める（写真5-3）。こうした食物に出会うと、群れメンバーがいっせいに一本の木に上がって採食するが、当然、敵対的交渉が

写真 5-3　集中分布するエノキ属の１種の果実を食べるパタスモンキーの雌.

頻発する。その結果、劣位雌は木から追い落とされることさえある。明らかに直線的順位序列が有効に働く状況がそこにある。

こうした状況では、遺伝子を共有している血縁者同士が同盟を組んで、他者を追い落とすことができればその適応度は上がることが期待される。だからこそ、専制的な順位序列が見られる種は雌定留・縁者びいき型と呼ばれるのだ。充分なデータはお示しできないが、敵対的交渉時の血縁者同士の同盟は見られることは確かである。その矛先が私であったのでよく記憶しているのだが、ＴｔとＴｆの母娘がいっしょに近づいてきて、ともに威嚇の表情をしながら脚をはたかれたことがある。そして、先に述べたように、もちろんカラマルエでも雌の移籍は知られていないから、カラマルエのパタスは雌定留・縁者び

表 5-5　パタスモンキーKK 群, タンタルスモンキーS1 群の遊動域内の隣接群との重複利用域.（文献 28 の Table V を改変）

	乾季		雨季	
	面積（ha）	%	面積（ha）	%
パタスモンキー				
重複利用なし	147	28.4	74	20.5
KB 群のみ	211	40.7	114	31.5
BB 群のみ	14	2.7	11	3.0
DM 群のみ	36	7.0	4	1.1
KB 群 & BB 群	100	19.3	139	38.4
KB 群 & DM 群	10	1.9	20	5.5
BB 群 & DM 群	0	0	0	0
合計	518	100.0	362	100.0
タンタルスモンキー				
重複利用なし	72	80.0	34	79.1
S2 群のみ	0	0	6	13.9
S3 群のみ	7	7.8	0	0
S5 群のみ	11	12.2	3	7.0
合計	90	100.0	43	100.0

いき型ということになる。

しかし、カラマルエのパタスでは、群れ間の敵対的交渉の頻度が高い。KK群を観察中、隣接するBB群、KB群、DM群と出会った場所を地図上にプロットしてみることにより、KK群の遊動域内での他群の遊動域との重複率を示したのが表5-5である[28]。KK群が独占的に利用できる場所は、乾季で二八%、雨季では二一%に過ぎない。KK群含めて三群以上が重複利用している場所は、乾季で二一%、雨季には四四%に達する。独占的に利用できる場所が乾季・雨季とも八〇%を占めるタンタルスS1群とは大きく異なる。これでは、他群と出会ってしまうのもいたしかたない。観察時間に占める割合では五・四%で他群が一〇〇メートル以内にいて少なくとも互いの存在を認識した状態でいる。先に書いたとおり、こうした状態では雌の「ムー」という音声の頻度が高まり、それが鳴き交わされる頻度も高まる。また、それぞれの群れのハレム雄が「ガッーグッー」とでも表記されるような唸り声をやはり頻繁に発するようになる。こうした緊張した近接状態を経て互いに離れていく場合もあるが、普通は直接的な交渉に至る。最前線は主にコドモも含めた雌たちが対峙し、攻防を繰り返す。時にハレム雄が相手の群れの陣内に突入して、かき乱すこともある。そうした雄の勇気をたたえるように、前線で雌が雄の毛づくろいをすることも見られる(写真5-4)。こうした群間の敵対的交渉はKK群の場合、一本一本の木は小さいが特定の場所だけに集中して分布するアカシア・セヤルの高質の豆や花を巡って、あるいは水場を巡ってよく起こり、やはりより大きな群れの勝利に終わることが多い。いずれの資源においても、群れ内のメンバーを収容するだけの量はあるので、ヴァン・シャイックの社会生態学モデルの予測に従えば、群内コンテストは弱く、雌定留・平等型となってもよさそうなものだが、カラマルエのパタスは本節で明らかになったように、雌定留・縁者びいき型なのである。やはり、群間コンテストが社会カテゴリーに及ぼす影響についてはまだまだ検討せねばならないようだ。

写真 5-4　パタスモンキーの群れ同士の出会い時にみられる敵対的交渉．

おわりに

本書の中心をなす第三章から第五章に書かれた内容を、思い切って端折って書くなら次のようになるだろう。「サバンナ性」霊長類として代表的なパタス。サバンナの高い捕食圧と分散した食物のために、サル界の「世界最速走行」と「世界最速歩行」、そして頻繁な「乳母行動」、さらには「平等社会」までをも適応進化させるに至った。また、「世界最速歩行」のおかげで乾季に豆をつけるアカシアの利用が可能となり「乾季出産」を進化させ、サバンナモンキーとの同所的種分化に至った。「昼間出産」も高い捕食圧を避けるべく進化させた形質である。さらには、サバンナの持つもう一つの側面である不安定な環境変動がもたらす高い死亡率が、「高い繁殖率」という形質を適応進化させることにもなった。これで、パタスのいずれの行動形質も、すべてサバンナという環境に適応進化してきたことがこれまで以上に印象深く記憶に留めて頂けたことと期待する。

しかし、生物の形質の進化には系統がもたらす制約があるのも事実である。たとえ空を飛ぶことで高速移動を可能にしたとしても、鳥ではないパタスにはそれは叶わない。本書の多くの部分ではパタスと系統的に近縁なサバンナモンキーを比較対象とすることを通じて、またそのほかの部分でも系統の影響を考慮した上で、議論を進めたことも同時にご確認頂きたい。また、パタスの行動形質のすべてがサバンナへの適応で説明できるわけでもない。大沢さんが明らかにしたように、パタスは単雄複雌群でありながら交尾季には複雄複雌群的な様相を呈することがあるが、この形質は森林性グエノンで共通する特徴であるから、系統の制約を強く受けた形質でありそうだ。

今さら言うまでもないだろうが、本書はパタスに関する研究を網羅的に紹介するつもりで著したわけではない。あくまでも私が行ったパタスに関する研究とそれに関連する研究しか紹介しきれていない。その結果、同じ調査隊の大沢さんや室山さんによる研究の紹介さえじゅうぶんなものではない。しかし、パタスではそれまで専門としていた採食生態学的な研究の枠を超えて別の研究領域にも足を踏み入れたため、前著『食べる速さの生態学——サルたちの採食戦略』に比べれば、浅くはあるが広い領域をカバーできたと自負している。

実は本書は、私にとってリベンジの書でもあった。今から約八年前の一九九九年六月。私は、本書と同じ京都大学学術出版会刊行の生態学ライブラリーシリーズの第四巻として、前著『食べる速さの生態学——サルたちの採食戦略』を上梓した。それを通じて、私独自の研究ツール「食べる速さ」から見えてくるサルの採食戦略の面白さを初学者に向けて紹介することを意図していた。

しかし、刊行後、編集者である高垣重和さんから、「食べる速さ」は初学者には少しマニアック過ぎたかもしれないという主旨の率直なコメントを頂戴し、これには同意せざるを得なかった。「食べる速さ」という研究ツールの独自性を強調し過ぎるあまり、初学者を遠ざけてしまっていたことに気づかされたのである。そして今回、この反省を生かして多くの初学者を引き付けられるような内容にすることを条件に、再度、同シリーズに執筆の機会を頂戴した。もちろん勝算があってのことである。

前著では、大学院修士課程で宮城県金華山島のニホンザルを対象に行った研究を中心に紹介した。対象とした群れには、主に社会行動の調査を始めていた先輩がいらっしゃったから、私は採食行動の調査をすることを条件に、その群れでの調査を認められたという経緯があった。さらに、研究史の長いニホンザルの場合、採食行動といってもそれなりに研究がなされていたから、テーマはそこそこ限定されることになる。こうした状況の中、私の場合、独創的な研究をするためのツールが「食べる速さ」だったわけで、前著がマニアックな内容になってしまったのは、考えてみれば当然のことであった。

それに対し本書で紹介したのは大学院博士後期課程から開始した研究であった。調査対象としたカメルーンのパタスは、当時私が所属していた京都大学霊長類研究所・生活史研究部門（現在、社会生態部門・生態機構分野）の大沢さんが数年前から交尾行動を中心テーマに据えた調査を開始していた。他方、私は修士課程からの流れで採食行動に関する研究をすることで調査に加わった。しかし、今回の場合、先行研究者は教員だったし、大沢さん自身の寛容さも手伝って、交尾行動以外ならテーマ選びに気を遣う必要はなかった。また、研究史という点でもニホンザルと大きな違いがあった。パタス、特に野生のパタスを対象とした研究は当時ほとんど行われていないに等しかった。つまり潜在的には未知のテーマに溢れ、かつそれを制約なく選べる状況にあったわけである。おかげで、ニホンザル研究の場合の「食べる速さ」に相当するような独自のツールがなくても、それなりに独創的な研究が行えたし、かつ採食行動に拘らず幅の広い研究を行うことになった。私がパタスを対象に行ってきた研究を紹介すれば、多くの初学者を引き付けることができるという勝算にはこうした背景があった。

ただ、別の研究領域に足を踏み入れるといっても、サバンナ環境への適応進化という枠内の研究をしていたことに気付かされた。特に、意識してそうしたわけではないのに結果的にそうなったのは、採食生態学的研究を通じて培われた思考回路と、そして幼少時代からのサバンナへの強い憧れのせいなのだろう。採食生態学的研究を行うことが私の研究者として生き残っていくためのいわば適応であったと見なすなら、サバンナへの憧れは逃れることのできないいわば系統的慣性と言えるのか？ちょっと強引ではあるが生物進化とアナロガスな現象のせいで、幅広い読者の心をつかめずリベンジが叶わなかったとしたら、もちろん私の能力のなさである。他方、幅広い読者の心をつかむこととは別に、個人的な密かな想いもある。パタスというサルに魅力を感じ調査研究をしてみようという、ほんの少数の読者が出てくることである。

私は、一九九七年を最後にカラマルエから遠ざかってしまった。当時、所属していた大学では夏休みくらいしか調査には出られず、しかもその期間は最大でも二ヶ月。この年も四〇日間の夏休みを使って調査に出かけた。大沢さんとバネッサ夫人に調査許可証の取得などすべてをアレンジしてもらって、首都ヤウンデを経由することなくカラマルエに直行することができた。それでも調査地で実働できたのは二〇日間程度。識別個体を思い出すだけで調査期間が終了してしまった。これでは出かける意味がない、ということでこの年を最後に調査継続を断念したのである。大沢さんはその後も数年間は、北海道大学の揚妻直樹さんと芳美夫人、京都大学霊長類研究所の茶谷薫さんらとともに断続的に調査を行って来られた。しかし結局は継続が困難となりカラマルエという調査地を一応たたむこととなった。他方、イズベルさんらのライキピアの調査地も、継続調査は打ち切られたと聞いている。なんと、現在、野生のパタスを対象として調査を継続している場所はおそらく世界中どこにもないのである。

こんなにも魅力的な研究対象をこのまま放置していいのかという想いは強い。私自身が積み残している課題だけでもいくつかある。乳母行動の進化要因に関する研究、乳母行動時にアカンボウが発する音声「ムウ〜ムウ〜ウ〜」の音響構造的特徴に関する研究、音声全般の目録作成、パタスの種分化とその後の分布拡大に関する研究、などである。二〇〇四年十一月、幸運なことに長期調査を行うにはこれ以上ない所属に異動を果たした。京都大学大学院理学研究科人類進化論研究室である。私が大学入試では一浪しても入れなかった学部の大学院であり、大学院入試では迷ったものの受験しなかった研究室である。そんなところの助教授を私が勤まるのか、多少悩まなくもなかったが調査を行うためには願ってもない職場。山極寿一教授の尽力があって採用して頂いた。パタス調査再開の環境はほぼ整ったと言える。しかし、私自身がカラマルエで調査を開始するかについては、まだ思案中である。別の展開も考えたいからだ。ただ、本書を読んでパタスの調査研究をしてみようと思われた方々の応援はぜひともしていきたい。

そんな中、二〇〇六年三月末日をもって、大沢さんが京都大学霊長類研究所を停年退職された。しかもそれと同時にバネッサ夫人の母国オーストラリアに移住されたのである。私を憧れのかの地へ誘って下さり、現場でフィールドワークのノウハウを叩き込んで下さった大沢さん。私の書いた論文を丁寧に読んでコメントをくださった大沢さん。そもそも私のパタス研究の中心テーマは大沢さんのアイデアだった。また、研究とは離れて酒を飲みながらバカ話もよく交わした。しかも大沢さんの奢りで。そんな大沢さんにこれまでの感謝の気持ちをこめて本書を捧げたい。実は、大沢さんの停年退職のサプライズとして予定していたのだが、随分と遅れてしまった。そのために京都大学学術出版会の高垣重和さんを随分とやきもきさせてしまった。お詫びするとともにリベンジの機会を与えて下さったことに感謝したい。

カラマルエの調査では大沢さん以外にも多くの方々のお世話になった。カメルーンの調査隊を率いて下さった河合雅雄先生と杉山幸丸先生。最初の調査行で首都ヤウンデまでご一緒させて頂いた星野次郎さん、現地調査をともにした室山泰之さん、故竹中修先生、村山(井上)美穂さん、そして大沢夫人であるバネッサさん。気象データや古環境に関する文献をご教示下さった門村浩先生、植物を同定して下さった中条広義先生、パタスの食物の栄養分析を引き受けて下さった奥崎政美先生、そしてカメルーンにおいて二五〇キロメートル離れた日本人の隣人として激励頂いた文化人類学者の江口一久先生。このほかにも三井物産、スモカ、日本大使館などに勤めておられた現地在留邦人の方々、調査許可証の発行機関であった科学技術省、動物学研究所、観光局の方々など。以上の方々はじめ数え上げられないほどの方々から賜った有形無形の援助に対し、深謝する次第である。

　最後に家族へ。四歳の次女・優楽々は将来の夢といってもさすがによく分かっていないようだが、七歳の長女・鈴音はダンスの先生になりたいとすでに自分の夢を語り始めている。子供の夢物語だからと一笑にふさずに、私の両親がそうであったように彼女たちの夢をできるだけ応援していってやりたいと妻・美樹とも話している。この本《ほん》を書《か》くために三人《さんにん》の家族《かぞく》と過《す》ごす時間《じかん》を多少《たしょう》なりとも削《けず》らなくてはならなかった。ごめんな。これから埋《う》め合《あ》わせするから。

〈霊長類の音声〉
正高信男 (1991)『ことばの誕生——行動学からみた言語起源論』, 紀伊国屋書店.
小田亮 (1999)『サルのことば——比較行動学からみた言語の進化』, 京都大学学術出版会.
杉浦秀樹・田中俊明 (2000)「コミュニケーション——クー・コールを通してニホンザルの心をのぞく」, 高畑由起夫・山極寿一 (編著)『ニホンザルの自然社会』, 京都大学学術出版会, pp. 129-158.

〈パタスモンキーの繁殖生態学, 行動生態学〉
大沢秀行 (1990)「サバンナのサル　パタスモンキーの社会」, 河合雅雄編『人類以前の社会学——アフリカの霊長類を探る』, 教育社, pp. 358-370.
室山泰之 (1992)「毛づくろい」, 正高信男 (編)『ニホンザルの心を探る』, 朝日新聞社, pp. 67-100.
村山美穂 (2003)『遺伝子は語る』, 河出書房新社.
大沢秀行 (2006)「パタスモンキーの社会と父子判定」, 竹中修 (企画)『遺伝子の窓から見た動物たち——フィールドと実験室をつないで』, 京都大学学術出版会.

第 5 章

〈社会生態学〉
杉山幸丸 (1990)『サルはなぜ群れるのか』, 中央公論社.
三浦慎悟 (1998)『社会』(哺乳類の生物学④), 東京大学出版会.
中川尚史 (1999)「食は社会をつくる——社会生態学的アプローチ」, 西田利貞・上原重男 (編)『霊長類学を学ぶ人のために』, 世界思想社.
松村秀一 (2000)『優劣のきびしい社会とゆるやかな社会——マカク属のサルの比較研究から』, 杉山幸丸 (編)『霊長類生態学——環境と行動のダイナミズム』, 京都大学学術出版会, pp. 339-360.
山越言 (2000)「アフリカ類人猿のソシオエコロジーTHV 仮説の現在」, 杉山幸丸 (編)『霊長類生態学——環境と行動のダイナミズム』, 京都大学学術出版会, pp. 109-127.
島泰三 (2004)『サルの社会とヒトの社会——子殺しを防ぐ社会構造』大修館書店.
山極寿一 (2005)『ゴリラ』, 東京大学出版会.

岩本俊孝 (1997)「採食――生きる糧を得る」，土肥昭夫・岩本俊孝・三浦慎悟・池田啓 (共著)『哺乳類の生態学』，東京大学出版会.
高槻成紀 (1998)『生態』(哺乳類の生物学⑤)，東京大学出版会.
山極寿一 (1994)『サルはなにを食べてヒトになったか』,女子栄養大学出版部.
中川尚史 (1999)『食べる速さの生態学――サルたちの採食戦略』京都大学学術出版会.
西田利貞 (2001)『動物の「食」に学ぶ』，女子栄養大学出版部.
中川尚史 (2006)「栄養素の窓から――フィールドと実験室を結んで」(竹中修企画)『遺伝子の窓から見た動物たち――フィールドと実験室をつなぐ』，京都大学学術出版会，pp. 419–436.

第 4 章

〈繁殖生態学，行動生態学全般〉

粕谷英一 (1990)『行動生態学入門』，東海大学出版会.
トリヴァース，R・L，中嶋康裕・福井康雄・原田泰志 (訳) (1991)『生物の社会進化』，産業図書.
クレブス・J・R・，N・B・デイビス，山岸哲・巌佐庸 (監訳) (1994)『進化からみた行動生態学』，蒼樹書房.
菊沢喜八郎 (1995)『植物の繁殖生態学』，蒼樹書房.

〈霊長類の繁殖生態学，行動生態学〉

高畑由紀夫 (編著) (1994)『性の人類学――サルとヒトの接点を求めて』，世界思想社.
榎本知郎 (1999)「繁殖と性行動」，西田利貞・上原重男 (編)『霊長類学を学ぶ人のために』，世界思想社, pp. 203–225.
室山泰之 (1999)「利他行動」，西田利貞・上原重男 (編)『霊長類学を学ぶ人のために』，世界思想社, pp. 140–161.
大沢秀行 (2000)「サルの人口学」,杉山幸丸 (編)『霊長類生態学――環境と行動のダイナミズム』，京都大学学術出版会，pp. 251–272.
デイビッド・スプレイグ (2004)『サルの生涯，ヒトの生涯――人生計画の生物学』，京都大学学術出版会.

読書案内

全章

〈それぞれの霊長類種の一般的な特徴〉

杉山幸丸（編）（1996）『サルの百科』，データハウス社.
D・W・マクドナルド（編），伊谷純一郎（監修）（1986）『霊長類』（動物大百科第3巻），平凡社.

第1章

〈アフリカでのフィールドワークにまつわるエピソード〉

伊谷純一郎（1961）『ゴリラとピグミーの森』，岩波書店.
古市剛史（1988）『ビーリャの住む森で——アフリカ・人・ピグミーチンパンジー』，東京化学同人.
伊谷純一郎（1990）『自然の慈悲』，平凡社.
杉山幸丸（1996）『アフリカは立ちあがれるか——西アフリカ自然・人間・生活探訪』，はる書房.
山極寿一（1996）『ゴリラの森に暮らす——アフリカの豊かな自然と知恵』，NTT出版.
加納隆至，黒田末寿，橋本千絵（編著）（2002）『アフリカを歩く——フィールドノートの余白に』，以文社.
中川尚史（2003）『カメルーン・トラブル紀行』，新風舎.

第2章

〈アフリカの自然〉

伊谷純一郎，小田英郎，川田順造，田中二郎，米山俊直（監修）（1989）『アフリカを知る事典』，平凡社.
水野一晴（編著）（2005）『アフリカ自然学』，古今書院.

第3章

〈採食生態学〉

中川尚史（1994）『サルの食卓——採食生態学入門』，平凡社.

(21) Nakagawa, N. (1992) Distribution of Affiliative Behaviors among Adult Females within a Group of Wild Patas Monkeys in a Non-mating, Non-birth Season. *International Journal of Primatology*, 13: 73-96.

(22) Goldman, E. N. and J. Loy (1997) Longitudinal study of dominance relations among captive patas monkeys. *American Journal of Primatology* 42: 41-51.

(23) Loy, J. and M. Harnois (1988) An assessment of dominance and kinship among patas monkeys. *Primates* 29: 331-342.

(24) Rowell, T. E. and D. K. Olson (1983) Alternative mechanisms of social organization in monkeys. *Behaviour* 86: 31-54.

(25) Nakagawa, N. (2005) Patas monkeys (*Erythrocebus patas*) are not Egalitarian in Kala Maloue, Cameroon? Abstracts at Kyoto Conference: "Delphinid and Primate Social Ecology: A Comparative Discussion", p. 32.

(26) Barton, R. A., R. W. Byrne, and A. Whiten (1996) Ecology, feeding competition and social structure in baboons. *Behavioral Ecology and Sociobiology* 38: 321-329.

(27) Koenig, A. (2000) Competitive regimes in forest-dwelling Hanuman langur females (*Semnopithecus entellus*). *Behavioral Ecology and Sociobiology* 48: 93-109.

(28) Nakagawa, N. (1999) Differential habitat utilization by Patas monkeys (*Etythrocebus patas*) and Tantalus monkeys (*Cercopithecus aethiops tantalus*), living sympatrically in northern Cameroon. *American Journal of Primatology, 1999*, 49: 243-264.

systems among macaques. *Primates* 40: 23–31.

(10) Chism, J. and T. Rowell (1988) The natural history of pats monkeys. In. A. Goutier-Hion, F. Bourlière, J.-P. Gautier and J. Kingdon (eds.) *A Primete Radiation: Evolutionary Biology of the African Guenons*. Cambridge University Press, New York, pp. 412–438.

(11) Loy, J., B. Argo, G-L. Nestell, S. Vallett, and G. Wanamaker (1993) A reanalysis of patas monkeys, "grimace and gecker" display and a discussion of their lack of formal dominance. *International Journal of Primatology* 14: 879–893.

(12) Isbell, L. A. and J. D. Pruetz (1998) Differences between vervets (*Cercopithecus aethiops*) and patas monkeys (*Erythrocebus patas*) in agonistic interactions between adult females. *International Journal of Primatology* 19: 837–855.

(13) Pruetz, J. D. and Isbell L. A. (2000) Correlations of food distribution and patch size with agonistic interactions in female vervets (*Chlorocebus aethiops*) and patas monkeys (*Erythrocebus patas*) living in simple habitats. *Behavioral Ecology and Sociobiology* 49: 37–47.

(14) Rowell, T. E. and K. M. Hartell (1978) The interaction of behavior and reproductive cycles in patas monkeys. *Behavioral Biology* 24: 141–167.

(15) Zucker, E. L. (1987) Social status and the distribution of social behavior by adult female patas monkeys: a comparative perspective. In. E. L. Zucker (ed.) *Comparative Behavior of African Monkeys*, Alan R. Liss, Inc, New York, pp. 151–173.

(16) Hall, K. R. L (1967) Social interactions of the adult male and adult females of a patas monkeys group. In. S. A. Altmann (ed,) *Social Communication Among Primates*, University of Chicago Press, Chicago, pp. 261–280.

(17) Kaplan, J. R., and Zucker, R. (1980) Social organization in a group of free-ranging patas monkeys. *Folia Primatologica* 34: 196–213.

(18) Hall, K. R. L., R. C. Goelkins, and M. J. Goswell (1965) Behaviour of patas monkeys, Erythrocebus patas, in captivity, with notes on the natural habitat. *Folia Primatologica* 3: 22–49.

(19) Hall, K. R. L., and B. Mayer (1967) Social interactions in a group of captive patas monkeys (Erythrocebus patas). *Folia Primatologica* 5: 213–236.

(20) Jacobus, S, and J. Loy (1981) The grimace and gecker: a submissive display among patas monkeys. *Primates* 22: 393–398.

nal behavior of nonhuman primates. *American Antholopologist* 81: 310-319.

(32) Kohda, M. (1985) Allomothering behavior of New and Old world monkeys. *Primates* 26: 28-44.

(33) Ohsawa, H. (2003) Long-term study of the social dynamics of patas monkeys (*Erythrocebus patas*): group male supplanting and changes to the multi-male situation. *Primates* 44: 99-108.

(34) Ohsawa, H., M. Inoue, and O. Takenaka (1993) Mating strategy and reproductive success of male patas monkeys (*Erythrocebus patas*). *Primates* 34: 533-544.

第5章

(1) Goss-Custard, J. D., R. I. M. Dunbar, and P. G. Aldrich-Blake (1972) Survival, mating and rearing strategies in the evolution of primate social structure. *Folia Primatologica* 17: 1-19.

(2) van Schaik, C. P. (1989) The ecology of social relationships amongst female primates. In. V. Standen. and R. A. Foley (eds.) *Comparative Socioecology*, Blackwell, Oxford, pp. 195-218.

(3) Sterck, E. H. M., D. P. Watts, and C. P. van Schaik (1997) The evolution of female social relationships in nonhuman primates. *Behavioral Ecology and Sociobiology* 41: 291-309.

(4) Janson, C. H. (2000) Primate socio-ecology: the end of a golden age. *Evolutionary Anthropology* 9: 73-86.

(5) 中川尚史 (1999)「食は社会をつくる」，西田利貞・上原重男編『霊長類学を学ぶ人のために』，世界思想社，京都，pp. 50-92.

(6) 中川尚史，岡本暁子 (2003)「ヴァン・シャイックの社会生態学モデル：積み重ねてきたものと積み残されてきたもの」『霊長類研究』19：243-264.

(7) Koenig, A. (2002) Competition for resources and its behavioral consequences among female primates. International Journal of Primatology 23: 759-783.

(8) Mitchell, C. L., S. Boinski, and C. P. van Schaik (1991) Competitive regimes and female bonding in two species of squirrel monkeys (*Saimiri oerstedi* and *S. sciureus*). *Behavioral Ecology and Sociobiology* 28: 55-60.

(9) Matsumura, S. (1999) The evolution of "egalitarian" and "despotic" social

Oxford.
(18) Charnov E. L. (1991) Evolution of life history among female mammals. *Proceedings of the National Academy of Sciences of the United States of America* 88: 1134–1137.
(19) Harvey, P. and S. Nee (1991) How to live like a mammal. *Nature* 350: 23–24.
(20) Purvis, A. and P. H. Harvey (1995) Mammal life-history evolution: a comparative test of Charnov's model. *Journal of Zoology (London)* 237: 259–283.
(21) Ross, C. and Jones, K. E. (1999) Socioecology and the evolution of primate reproductive rates. In: P. C. Lee (ed.) *Comparative Primate Socioecology*. Cambridge University Press, Cambridge, pp. 73–110.
(22) Chism, J. (1986) Development and mother-infant relations among captive patas monkeys. *International Journal of Primatology* 7: 49–81.
(23) Rowell, T. and J. Chism (1986) The ontogeny of sex differences in the behavior of patas monkeys. *International Journal of Primatology* 7: 83–107.
(24) Loy, K. M. and J. Loy (1987) Sexual differences in early social development among captive patas monkeys. In. E. L. Zucker (ed.) *Comparative Behavior of African Monkeys*, Alan R. Liss, Inc, New York, pp. 23–37.
(25) Nakagawa, N. (1998) Indiscriminately response to infant calls in wild patas monkeys (*Erythrocebus patas*). *Folia Primatologica* 69: 93–99.
(26) Seyfarth, R. M., Cheney, D. L., and P. Marler (1980) Monkey response to theree different alarm calls: evidence for predator classification and semantic communication. Science 210: 801–803.
(27) Masataka, N. (1986) Rudimentary representational vocal signaling of fellow group members in spider monkeys. *Behaviour* 96: 49–61.
(28) Nakagawa, N. (1995) A Case of Infant Kidnapping and Allomothering by Members of Neighboring Group in Patas Monkeys. *Folia Primatologica* 64: 62–68.
(29) Muroyama, Y, (1994) Exchange of grooming for allomothering in female patas monkeys. *Behaviour* 128: 103–119.
(30) Gouzoules, S. (1981) Primate mating systems, kin associations, and cooperative behavior: Evidence for kin recognition? *Yearbook of Physical Anthropology* 27: 99–134.
(31) Quiatt, D. (1979) Aunts and mothers: Adaptive implications of allomater-

behavior among wild patas monkeys: Evidence of and adaptive pattern. *International Journal of Primatology* 4: 167–184, 1983.

(5) 保坂和彦，松本晶子，マイケル・A・ハフマン，川中健二 (2000)「マハレの野生チンパンジーにおける同種個体の死体に対する反応」『霊長類研究』16：1–16.

(6) Nakamichi, M., N. Koyama, and A. Jolly (1996) Maternal responses to dead and dying infants in wild troops of ring-tailed lemurs at the Berenty Reserve, Madagascar. *International Journal of Primatology* 16: 505–523.

(7) Ross, C. (1988) The intrinsic rate of natural increase and reproductive effort in primates. *Journal of Zoology* (*London*) 214: 199–219.

(8) デイビッド・スプレイグ (2004)『サルの生涯，ヒトの生涯——人生計画の生物学』，京都大学学術出版会.

(9) Chism, J., T. Rowell, and D. K. Olson (1984) Life history patterns of female patas monkeys. In. M. Small (ed.) *Female Primates: Studies by Women Primatologists*. Alan R Liss., New York, pp. 175–190.

(10) Loy, J. (1981) The reproductive and heterosexual behaviours of adult patas monkeys in captivity. *Animal Behaviour* 29: 714–726.

(11) Swart, J., Lawes, M. J. and Perrin, M. R. (1993) A mathematical model to investigate the demographic viability of low-density samango monkeys (*Cercopithecus mitis*) populations in Natal, South Africa. *Ecological Modelling* 70: 289–303.

(12) Cords, M. (1987) Forest guenons and patas monkeys: male-male competition in one-male groups. In. B. B. Smuts, D. L. Cheney, R. M. Seyfarth, and R. W. Wrangham, T. T. Struhsaker (eds.) *Primate Societies*. The University of Chicago Press, Chicago, pp 98–111.

(13) Cords, M. and T. E. Rowell (1987) Birth intervals of *Cercopithecus* monkeys of the Kakamega forest, Kenya. *Primates* 28: 277–281.

(14) Struhsaker, T. T. and T. R. Pope TR (1991) Mating system and reproductive success: a comparison of two African forest monkeys (*Colobus badius and Cercopithecus ascanius*). *Behaviour* 117: 182–205.

(15) Rowell, T. E. and S. M. Richards (1979) Reproductive strategies of some african monkeys. *Journal of Mammalogy* 60: 58–69.

(16) MacArthur, R. H. and E. O. Wilson (1967) *The theory of island biogeography*, Princeton University Press, Princeton.

(17) Stearns, S. C. (1992) *The Evolution of Life Histories*, Oxford University Press,

University, Yale, pp. 68-87.

(25) Clutton-Brock, T. H. and P. H. Harvey (1977) Species differences in feeding and ranging behaviour in Primate. In. T. Clutton-Brock, (ed.) *Primate Ecology: Studies of Feeding and Ranging Behavior in Lemurs, Monkeys, Apes*, Academic Press, London, pp. 557-579.

(26) Silk, J. B. (1987) Activities and feeding behavior of free-ranging pregnant baboons. *International Journal Primatology* 8: 593-613.

(27) Cords, M. (1986) Interspecific and intraspecific variation in diet of two forest guenons, *Cercopithecus ascanius* and *C. mitis*. *Journal of Animal Ecology* 55: 811-827.

(28) Gautier-Hion, A. (1980) Seasonal variations of diet related to species and sex in a community of *Cercopithecus* monkeys. *Journal of Animal Ecology* 49: 237-269.

(29) Boinski, S. (1988) Sex differences in the foraging behavior of squirrel monkeys in a seasonal habitat. *Behavioral Ecology and Sociobiology* 23: 177-186.

(30) Chism, J. (1986) Development and mother-infant relations among captive patas monkeys. *International Journal of Primatology* 7: 49-81.

(31) Schoener, T. W. (1971) Theory of feeding strategies. *Annual Review of Ecology and Systematics* 11: 369-404.

(32) Isbell, L. A. and T. P. Young (1993) Social and ecological influences on activity budgets of vervet monkeys, and their implications for group living. *Behavioral Ecology and Sociobiology* 32: 377-385.

(33) 中川尚史 (1999)『食べる速さの生態学——サルたちの採食戦略』京都大学学術出版会.

第4章

(1) Nakagawa, N., H. Ohsawa, and Y. Muroyama (2003) Life history parameters of a wild group of West African patas monkeys (*Erythrocebus patas patas*). *Primates*, 44 : 281-290.

(2) Jolly, A. (1972) Hour of birth in primates and man. Folia primatologica 18: 108-121.

(3) Altmann, J. (1980) *Baboon Mothers and Infants*. Harvard University Press, Cambridge.

(4) Chism, J., D. K. Olson, T. E. Rowell (1983) Diurnal births and perinatal food resource size, density, and distribution. *Behavioral Ecology and Sociobiology* 42: 123–133.

(15) Isbell, L. A. (1998) Diet for a small primate: Insectivory and gummivory in the (large) patas monkey (*Erythrocebus patas pyrrhonotus*). *American Journal of Primatology* 45: 381–398.

(16) Mahoney S. A. (1980) Cost of locomotion and heat balance during rest and running from 0 to 55°C in a patas monkey. *Journal of Applied Physiology* 49: 789–800.

(17) Isbell, L. A., J. P. Pruetz, M. Lewis, and T. P. Young (1998) Locomotor activity differences between sympatric vervet monkeys (*Cercopithecus aethiops*) and patas monkeys (*Erythrocebus patas*): implications for the evolution of long hindlimb length in *Homo*. *American Journal of Physical Anthropology* 105: 199–207.

(18) Steudel-Numbers, K. L. (2003) The energetic cost of locomotion: Humans and primates compared to generalized endotherms. *Journal of Human Evolution* 44: 255–262.

(19) Nakagawa, N. (2000) Foraging energetics in Patas monkeys (*Etythrocebus patas*) and Tantalus monkeys (*Cercopithecus aethiops tantalus*): Implications for reproductive seasonality. *American Journal of Primatology* 52: 169–185.

(20) Butynski, T. M (1988) Guenon birth seasons and correlates with rainfall and food. In. A. Goutier-Hion, F. Bourlière, J.-P. Gautier and J. Kingdon (eds.) *A Primete Radiation: Evolutionary Biology of the African Guenons*. Cambridge University Press, New York, pp. 284–322.

(21) Chism, J., T. Rowell, and D. K. Olson (1984) Life history patterns of female patas monkeys. In. M. Small (ed.) *Female Primates: Studies by Women Primatologists*. Alan R Liss., New York, pp. 175–190.

(22) 中川尚史 (2006)「栄養素の窓から——フィールドと実験室を結んで」(竹中修企画)『遺伝子の窓から見た動物たち——フィールドと実験室をつなぐ』, 京都大学学術出版会, pp. 419–436.

(23) Page, S. L., C. Chiu, and M. Goodman M. (1999) Molecular phylogeny of Old World monkeys (Cercopithecidáe) as inferred from γ-globin DNA seauences. *Molecular Phylogenetics and Evolution* 13: 348–359.

(24) Maley, J (2001) The impact of arid phases on the African rain forest through geological history. In. Weber W., L. J. T. White, A. Vedder, and L. Naughton-Treves (eds.) *African Rain Forest Ecology and Conservation*, Yale

Erythrocebus patas, in Uganda. *Journal of Zoology* (*London*) 183: 342-383.
(3) Struhsaker, T. T. and J. S. Gartlan (1970) Observations on the behaviour and ecology of the Patas monkey (*Erythrocebus patas*) in the Waza Reserve, Cameroon. *Journal of Zoology* (*London*) 161: 49-63.
(4) Nakagawa, N. (1989) Activity budget and the diet of the Patas monkeys in Kala Maloue National Park, Cameroon: a preliminary report. *Primates* 30: 27-34.
(5) Chism, J. and T. Rowell (1988) The natural history of pats monkeys. In. A. Goutier-Hion, F. Bourlière, J.-P. Gautier and J. Kingdon (eds.) *A Primete Radiation: Evolutionary Biology of the African Guenons*. Cambridge University Press, New York, pp. 412-438.
(6) 中川尚史 (1990)「サバンナのサル　パタスモンキーの採食生態」,河合雅雄編『人類以前の社会学――アフリカの霊長類を探る』, 教育社, pp. 371-386.
(7) Nakagawa, N. (1999) Differential habitat utilization by Patas monkeys (*Etythrocebus patas*) and Tantalus monkeys (*Cercopithecus aethiops tantalus*), living sympatrically in northern Cameroon. *American Journal of Primatology* 49: 243-264.
(8) Gebo D. L. and E. J. Sargis (1994) Terrestrial adaptations in the postcranial skeltons of guenons. *American Journal of Physical Anthropology* 93: 341-371.
(9) Strasser, E. (1992) Hindlimb proportions, allometry, and biomechanics in Old World monkeys (Primates, Cercopithecidae). *American Journal of Physical Anthropology* 87: 187-213.
(10) 茶谷薫 (2004)「草原生活は二足歩行を促進したのか――野生パタスモンキーの運動観察から――」『自然人類学研究 I 』, 金星舎, pp. 9-17.
(11) Nakagawa, N. (2000) Seasonal, sex, and interspecific differences in activity time budgets and diets of Patas monkeys (*Etythrocebus patas*) and Tantalus monkeys (*Cercopithecus aethiops tantalus*), living sympatrically in northern Cameroon. *Primates*, 41: 161-174.
(12) Nakagawa, N. (2003) Difference in food selection between patas monkeys (*Etythrocebus patas*) and Tantalus monkeys (*Cercopithecus aethiops tantalus*) in Kala Maloue National Park, in relation to nutrient content. *Primates*, 44: 3-11.
(13) Fleagle J. G. (1988) *Primate Adaptation & Evolution*, Academic Press.
(14) Isbell, L. A., J. P. Pruetz, and T. P. Young (1998) Movements of vervets (*Cercopithecus aethiops*) and patas monkeys (*Erythrocebus patas*) as estimators of

引用文献

第1章

（1） 中川尚史（1999）『食べる速さの生態学——サルたちの採食戦略』京都大学学術出版会.

（2） Malbrant, R. and A. Maclatchy (1949) *Faune de L'équateur Africain Français, Tome 2, Mammifères*. Paul Lechevalier, Paris.

（3） 中条広義（1990）「西アフリカ・カメルーン東部における人為サバンナ「Andropogon sp. 草原」の生態」『アフリカ研究』36：45-67.

（4） 中川尚史（2003）『カメルーン・トラブル紀行』，新風舎.

第2章

（1） Steenthoft, M. (1988) *Flowering Plants in West Africa*, Cambridge University Press.

（2） Kavanagh, M. (1978) National park in the Sahel. *Oryx* 14: 241-245

（3） Grubb, P. T. M. Butynski, J. F. Oates, S. K. Bearder, T. R. Disotell, C. P. Groves, and T. T. Struhsaker (2003) Assessment of the diversity of African primates. *International Journal of Primatology* 24: 1301-1358.

（4） Nakagawa, N. (1999) Differential habitat utilization by Patas monkeys (*Etythrocebus patas*) and Tantalus monkeys (*Cercopithecus aethiops tantalus*), living sympatrically in northern Cameroon. *American Journal of Primatology* 49: 243-264.

（5） Disotell, T. R. (1996) The phylogeny of Old World monkeys. *Evolutionary Anthropology* 5: 18-24.

（6） Lernould, J.-M. (1988) Classification and geographical distribution of guenons: a review. In. A. Goutier-Hion, F. Bourlière, J.-P. Gautier and J. Kingdon (eds.) *A Primete Radiation: Evolutionary Biology of the African Guenons*. Cambridge University Press, New York, pp. 54-78.

第3章

（1） 中川尚史（1994）『サルの食卓——採食生態学入門』，平凡社.

（2） Hall, K. R. L. (1965) Behavior and ecology of the wild patas monkey,

索　引

中川尚史（なかがわ　なおふみ）
京都大学大学院理学研究科准教授．理学博士．
1960年　大阪府生まれ．
1989年　京都大学大学院理学研究科霊長類学専攻博士後期課程修了．
日本学術振興会特別研究員，シオン短期大学教養学科助教授，神戸市看護大学看護学部看護学科助教授を経て現職．
専　門　動物生態学
著　書　『カメルーン・トラブル紀行』（新風舎，2003年）．『食べる速さの生態学――サルたちの採食戦略』（京都大学学術出版会，1999年）．『サルの食卓――採食生態学入門』（平凡社，1994年）．『遺伝子の窓から見た動物たち』（分担執筆，京都大学学術出版会，2006年）．『霊長類生態学』（分担執筆，京都大学学術出版会，2000年）．『霊長類学を学ぶ人のために』（分担執筆，世界思想社，1999年）．*Evolution and ecology of macaque societies*（分担執筆，Cambridge University Press, 1996）．『ニホンザルの心を探る』（分担執筆，朝日新聞社，1992年）．『人類以前の社会学――アフリカに霊長類を探る』（分担執筆，教育社，1990年）．

サバンナを駆けるサル
――パタスモンキーの生態と社会　　生態学ライブラリー16

2007年4月10日　初版第一刷発行

著　者　中　川　尚　史
発行者　本　山　美　彦
発行所　京都大学学術出版会
京都市左京区吉田河原町15-9
京大会館内（606-8305）
電　話　075-761-6182
FAX　075-761-6190
振　替　01000-8-64677
URL http://www.kyoto-up.or.jp
印刷・製本　株式会社クイックス

ISBN978-4-87698-316-2

Printed in Japan　定価はカバーに表示してあります

生態学ライブラリー・第Ⅰ期

生態学ライブラリー・第Ⅱ期（白抜きは既刊、＊は次回配本）